医疗建设项目
全过程工程咨询服务指南

主　编　周玉锋
副主编　杨江林　刘　海

中国建筑工业出版社

图书在版编目（CIP）数据

医疗建设项目全过程工程咨询服务指南/周玉锋主
编；杨江林，刘海副主编．—北京：中国建筑工业出版
社，2023.12
ISBN 978-7-112-29540-1

Ⅰ.①医…　Ⅱ.①周…②杨…③刘…　Ⅲ.①医院-
建筑工程-咨询服务-指南　Ⅳ.①TU246.1-62

中国国家版本馆 CIP 数据核字（2023）第 254279 号

本书是国内首册从全过程工程咨询管理角度探讨医疗建设项目管理的参考图书，作者兼顾业主视角并吸取和消化专家领域的宝贵意见，结合典型案例和大数据整理研判，直击医疗建设项目全过程咨询管理中的顽疾与痛点。

本书共分 15 章，分别是：医疗建设项目特点分析；医疗建设项目重难点分析；医疗建设项目的规划与设计建议；医疗专项提资（反向）分析；医疗建设项目的招采建议；医疗建设项目质量控制；医疗建设项目进度控制；医疗建设项目投资控制；医疗建设项目安全管理；医疗建设项目信息管理；BIM 技术在医疗系统中的应用；医疗建设项目数字化验收及移交；医疗建设项目全过程审计风险防控；医疗建设项目全过程咨询参考数据；运营管理。

本书除可作为全过程管理现场工具书外，还可作为工程监理单位、建设单位、勘察设计单位、施工单位和政府各级建设主管部门有关人员及大专院校工程管理、工程造价、土木工程类专业学生的学习参考书。

责任编辑：边　琨
责任校对：赵　力

医疗建设项目全过程工程咨询服务指南

主　编　周玉锋
副主编　杨江林　刘　海
*
中国建筑工业出版社出版、发行（北京海淀三里河路 9 号）
各地新华书店、建筑书店经销
北京龙达新润科技有限公司制版
天津翔远印刷有限公司印刷
*
开本：787 毫米×1092 毫米　1/16　印张：17¼　字数：394 千字
2023 年 12 月第一版　　2023 年 12 月第一次印刷
定价：**89.00** 元
ISBN 978-7-112-29540-1
（42172）

数字赋能全面推工程

谘询助推建设事业

高质量发展

癸卯元夕
王旭生题

编审委员会

前言

习近平在党的二十大报告中对健康中国建设作出重要部署，强调"把保障人民健康放在优先发展的战略位置"，"健康中国"建设进入重要阶段。特别是 2020 年新冠病毒❶大流行让中国医疗卫生体系面临巨大考验，因此构建符合现阶段基本国情的医疗体系就显得至关重要。特别是为进一步贯彻执行习近平："构建起强大的公共卫生体系，为维护人民健康提供有力保障""人民至上、生命至上"的指示精神，大量平急结合医疗项目的新建、改建与扩建掀起了新一轮建设热潮。但医疗建设项目作为较复杂的公共建筑之一，因其特有的跨学科、专业多、复杂性、系统性以及特殊性的特点，是一个复杂的系统工程，常常牵一发而动全身，使得医疗建设项目在全过程咨询管理中面临极大的挑战和困难，特别是当工程管理专业人员在面对比较陌生的医疗专项：医用净化系统、医用气体系统、纯水制备、污水处理系统、放射防护系统、物流传输系统时，在面对各种大型医疗设备安装调试时，常常因不了解医疗流线与医疗功能需求而在设计、招采、建造、验收过程中出现这样或那样的问题，导致出现功能缺失、工期延误、拆改返工等建设管理瑕疵与遗憾，以至于"医疗建设项目永远是缺陷建筑"成为常态。

为有效解决医疗建设项目全过程咨询管理中长期存在的顽疾与痛点问题，湖北省住房城乡建设厅全过程工程咨询专家委委员、正高职高级工程师、中韬华胜工程科技有限公司总经理周玉锋带领编委会成员从全过程咨询管理的视角，结合从业二十余年、350 万 m^2、46 个医疗建设项目全过程咨询管理的经验与数据，与湖北多家高校、医院联合研究探索，从医疗项目建设前期策划、勘察、设计、招采、建造、交付、运营等方面进行技术、管理提炼与总结，希望能把握医疗建设项目各阶段的管理要点，解决医疗建设项目管理过程中的难点与堵点问题。同时希望通过建立的医疗建设项目过程中各项指标的大数据模型，找到基于数据驱动的管理方法论体系，以期得出对后续新建医院全过程咨询管理有价值的借鉴与建议，也为今后向建设单位提供高质量的全过程咨询服务奠定良好的基础。

本书共分十五章。第一章由周玉锋编写；第二章由杨江林、许少平、汪奔编写；第三章由周缨子、杨利丹编写；第四章由胡胜伟、张郁平编写；第五章由韩小林、吴红涛编写；第六章由骆义山、刘小将编写；第七章由刘祥编写；第八章由陆雯雯编写；第九章由

---

❶ 新型冠状病毒。

向辉编写；第十章由肖锦鹏编写；第十一章、第十二章由龚尚志、陆远逸编写；第十三章由刘钦编写；第十四、第十五章由刘海编写。全书由周玉锋统稿。

本书在编写过程中参考了相关规范、规程、文献和技术标准，并从中摘录符合学习要求的内容进行汇编，在此向原编著者表示感谢。

本书在编写过程中得到了有关领导的关心和指导，以及许多业主的大力支持，在此表示诚挚的谢意。限于编写者水平，书中不足、疏漏之处，敬请读者批评指正，并多提宝贵意见。

目录

医疗建设项目特点分析

医疗建设项目属于较复杂的公共建筑之一，之所以在医疗项目的建设中存在许多问题，究其原因，是我们没有充分认知医疗建设项目的特点与本质。因此要想建好医院，我们必须建立科学完整的认知系统。通过多年的医疗建设项目全过程咨询管理实践，我们认为医疗建设项目的本质特点可以分为：专业性、系统性、复杂性、特殊性、多变性以及专科性六大方面。

1.1　专业性——医疗建设项目涵盖专业多，专业性强

医疗建设项目作为公共建筑较复杂的一个分支，其使用功能和医疗流程需求都非常复杂，其建设内容除涉及一般建筑都涉及的建筑、结构、给水排水、强弱电、通风空调、幕墙、室内外装饰等专业外，还包括大量的医疗专项、检验、实验室、动物房等，包括大型医疗设备的安装以及医学生物领域建设，如：净化系统、医用气体、物流运输、辐射防护、纯水制备、污水污物处理等系统，以及 LA、CT、MRI、PET/CT、PET/MR、DSA等大型医疗设备的安装，还包括医疗工艺流线的组织及科室的布置等，其涵盖专业众多，涉及建筑、医疗、生物、理化等上百个专业学科。特别是从医院全生命周期及全过程咨询管理视角来看，它包括前期策划、设计、招采、建造、检测调试、运维等全过程管理。因此要想建设高质量的医院不仅需要建设管理者具备全面的建筑业施工管理专业知识，还需要了解医疗功能单元、工艺流程，懂得医学管理知识，熟悉各医疗专项系统与医疗设备的布置、使用要求，只有这样才能科学合理地进行流线分析，知道各科室的平面、垂直布置关系，才能有效进行医疗专项的过程检查与交付验收，才能保证医疗设备的安装质量，确保正常使用及交付。因此医疗建设项目的管理对参建各方的综合素质要求很高，需要专业性强、专业面广的复合型管理人才。

1.2　系统性——医疗建设项目是一个有机肌体

医疗建设项目由于其使用功能的不同以及医疗流线的不同被划分为不同的系统，如根据房间的不同使用功能划分为：急诊、门诊、住院、医技、保障系统、业务管理、院内生活七项设施系统。而按照医院整体流程、流线又可以划分为：医院整体规划—部门区域划分—科室流程设计—房间工艺设计等四级流程。但是无论如何划分医院系统与层级，医疗项目都是一个统一的有机整体。以系统整体性的原则来分析医疗项目有助于我们更好地认清系统内的所有医疗活动和其他相关活动之间的关系，建立各分系统之间的关联，确定各个系统的空间特征、功能属性和面积大小，从而实现医院系统各专业的有机协调。具体的医疗项目系统图如图 1-1 所示。

医院系统 → 十大系统❶ → 功能单元组 → 功能单元 → 房间组 → 房间 → 行为点

❶　此图为《中国医院建筑思考．格伦访谈录》中原图。下图中确只列出九项系统。编者注。

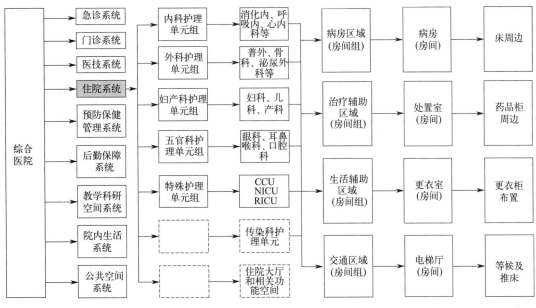

图 1-1 医疗项目系统图

1.3 复杂性——医疗建设项目是一个多重系统相互关联的整体

医院建设的管理者在面对大型医疗建设项目时，常常感到头绪很多却又无从下手，想要通过良好的过程管控实现医疗建设项目的优质交付更是非常困难。这是因为医疗建设项目的复杂性是一个多重的复合分级系统，同时也是相互关联的整体。具体体现在以下几个方面：

1. 系统的复杂性

从宏观管理层面来看，医院系统囊括了多种功能分区设置，如：急诊部、门诊部、医技部、住院部、保障系统、行政部门以及院区内的生活设施系统等。从医院单列的专项系统来看，又有手术部建设系统、重症加强治疗病房等特殊病房建设系统、医用气体系统、医院污水、污物处理系统、医院中央空调系统、医院物流传输系统、医院电离辐射的防护系统、医院供电、配电、照明及医院电气安全系统、医院消防系统、智能化建设与维护系统等。微观层面，医院各个独立系统也常常是复杂多变的，比如不同医疗用房的层高、标高、尺寸以及预留、预埋常常因为功能与需要的不同而存在相应变化，使得整个建造过程复杂多变，带来各工序"错漏碰缺"的建设风险，给医院建设带来很大难度。

2. 流线设计的复杂性

医院作为一个特殊的公共建筑，由于科室众多，再加上医疗综合体建筑往往将门诊、医技、住院等功能单元综合叠加布置，因此导致交通流线组织复杂。需充分考虑主要市政道路、交通工具与各出入口的关系，以方便快速疏导人流。需要周密策划医患、后勤保障及污物交通流线，确保医患分离、洁污分离、人车分流、感染患者诊疗分流。同时还需要科学设计污染流线，做到平急结合，防止交叉感染及疫情传播。最后需要优化就诊线路，防止流线的交叉与穿越，优化各医疗单元的串联，避免病患与病属反复寻找就医路线，提高就医效率。医院流线设计示例图如图 1-2 所示。

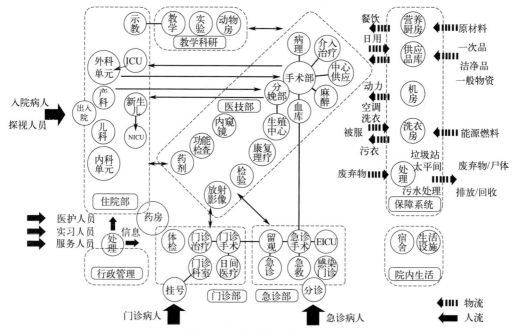

图 1-2 医院流线设计示例图

3. 功能布局的复杂性

就医效率除与流线组织有关外，还与医疗单元的功能布局息息相关，具体就是与各科室的关联度紧密程度相关。各科室可根据彼此间的关系划分为可分层设置由电梯联系，宜同层设施两种情况。可分层设置由电梯联系的一般可以按照：联系极少、必要的少量联系、明显和需要的联系、需要高度的联系四种情况分级布置。宜同层设置的则分为：联系极少、必要的少量联系、明显和受欢迎的联系、需要高度联系、接近、毗邻六种情况进行分级设置。如外科、内科与医技检验科、放射影像科之间的联系；手术部与病理科、麻醉、血库之间的联系；产科与分娩部、生殖中心之间的联系都属于需要高度联系的关系，在功能布局中应尽可能优化各功能分区的水平及垂直联系，缩短各功能分区的距离，减少医务工作人员和患者的往返，提高效率。医院功能布局设计示例图如图 1-3 所示。

4. 设计需求的复杂性

医疗建设项目除需满足建筑、结构等设计标准规范外，更重要的是需要满足病患及其家属以及广大医护人员、后勤人员的使用、管理需求。从全过程管理角度来看，设计需求贯穿于项目全生命周期各个阶段，使用需求因院而异、因科室而异，方案设计阶段需明确功能分区、流线设计需求内容，初步设计与施工图设计阶段需充分调研各科室医护需求，将其使用需求转化为设计细节，避免后期大量拆改与变更，造成工期与成本的浪费。同样在二次深化设计与专项设计阶段，也需充分进行设计需求的反向提资管理，特别是涉及洁

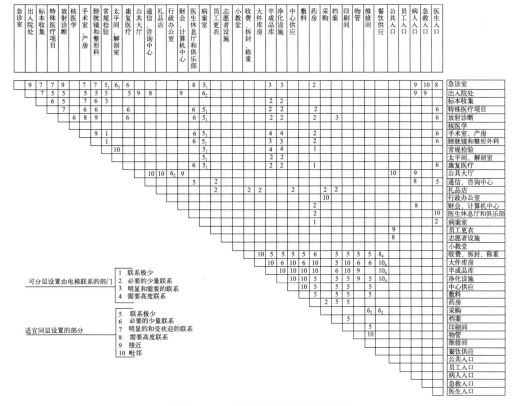

图 1-3　医院功能布局设计示例图

净系统、医用气体、物流、弱电智能化等医疗专项，以及大型医疗设备安装的预留预埋等，以避免后期大量的"错漏碰缺"问题。因此设计需求提资的管理非常复杂，其调研的全面性与准确性是设计质量与后期建造质量的根本保证。

5. 管线布置的复杂性

医疗建设项目设备管线复杂，除水、暖、电、空调、消防等基本民用建筑管线外，还配备有医用气体、智能系统、污洗消毒、物流传输、专用设备管线等管线系统。据统计，大型医院的管线可以达 40 余种，各种管线保证了医疗设备的高效运转，医疗物资的快速输送，可以说设备管线是大型医疗项目的血脉。

但这些管线往往不是一家单位设计，也不是一家单位施工，涉及的规定、要求也不尽相同。根据《综合医院建筑设计规范》GB 51039—2014 规定，公共走道净高不宜低于 2300mm，病房净高不宜低于 2800mm，诊查室净高不宜低于 2600mm。许多医院建设业主还提出公共走道净高不低于 2600mm 的使用要求。而在医疗建设项目中，病房走道区域和走道进病房入口区域又是管线最密集和复杂的地方，往往受制于结构层高、结构梁尺寸、安装规范、管道间距、作业空间、维修空间等因素影响，常出现管道碰撞交叉，管道无法施工或设计标高不满足要求的情况。为满足不同类型管道不同标高以及装饰吊顶设计最低标高的要求，合理确定结构层高（如公共区域、门诊区域、医技区域、住院区域、感染病区等），需要协调多家设计单位和施工单位，进行管线优化排布或变更设计，已经施工的，可能还会涉及拆改。因此管线标高控制必须作为一项重点工作，从建筑结构设计、管线设计、装饰装修设计、现场施工等方面进行统筹考虑，以达到优化管线综合排布和良好的使用体验要求。医院管线高程实例如图1-4所示。

图1-4　医院管线高程实例

6. 医疗专项的复杂性

医疗建设项目包含的医疗专项系统高达十多项，比如洁净系统、医用气体、物流传输、放射防护、污水处理等，每个医疗专项功能复杂、相关设备多、交付标准各异，且都有专业的设计施工队伍，与建筑主体的装饰装修、机电安装等工程交叉施工，工作界面划分复杂，现场管理难度大，且后期系统调试、交付验收标准高，如不能达标、不能及时投入使用将影响整个医院的交付运营，因此需针对医疗专项系统的复杂性问题采取针对性的措施，以保证最终交付质量。

7. 项目管理模式的复杂性

医院建设管理模式大体上可以分为四种，分别是：①院方＋各服务单位＋总包方＋各分包方模式；②院方＋代建方＋各服务单位＋总包方＋各分包方模式；③院方＋代建方＋全过程工程咨询＋EPC模式；④院方＋全过程工程咨询＋EPC模式。传统的由医院基建部门牵头的项目管理模式为院方＋各服务单位＋总包方＋各分包方的管理模式。而近年来也出现了院方＋代建方以及院方＋全过程工程咨询的项目管理模式，简称代建与全过程咨询管理模式。两种管理模式在模式、权限、招标主体及资金管理上存在本质的区别。全过程咨询强调"1＋N"的项目管理加专业咨询的模式，"1"是项目管理，"N"就是可以给业主提供的各项专业咨询服务。全过程咨询相当于项目管理的总管家，能整合工程建设所需的各项专业咨询服务，解决工程建设的碎片化问题，实现全面统筹协调管理，真正做到协同管理的理念。而代建模式仅仅是全过程项目管理，它并不提供专业咨询服务，无法解决专业脱节与标准不统一的碎片化问题。反过来它的管理权限还很大，它在政府授权范围内行使代理权限，除了工程项目的重大决策外，代建单位都享有决策权。代建单位还拥有项目法人资格，可以作为招标主体，与参建单位签订合同。而全过程咨询单位则不具有上述权限，它没有决策权，仅在授权范围内为委托人提供项目管理服务，为委托人的决策和监管提出专业的咨询服务，最终的决策权及签订合同的权利仍为委托人所有。如果用一句话概括，代建更多的是代替业主实施管理输出，而全过程咨询则是以业主为核心，为业主提供项目管理及专业咨询服务。在代建单位能力与水平参差不齐的情况下，以总管家的身份为业主提供高价值的管理及专业咨询服务是更被市场及业主接受的管理模式，也更有利于医院项目的建设管理。而有众多的项目管理模式可供选择也是医疗建设项目管理复杂性的又一体现。

综上所述，医疗建设项目的复杂性体现在医院的各个系统间，不是孤立存在，而是相互联系、相互影响的关系。比如，医院的设备会影响医疗建设项目房间的大小和面积，反之如果建筑房间面积偏小，又会影响医疗设备的使用。流线设计不仅要能有效引导就医人流，减少患者就医流程的交叉干扰，提高患者就医体验，同时也影响垂直交通系统电梯配置的数量与位置，更是直接决定疫情防控与平急结合的最终效果。因此医疗项目各个系统间相辅相成，相得益彰。各个系统之间并不是孤立的，而是相互联系、相互影响的关系。而这些系统又将贯穿医院前期策划、设计、建造与运营的全部阶段。我们只有从全局系统的角度考虑医疗项目的复杂性问题，才能从根本上解决建设的难点与堵点问题，也才能将复杂的问题简单化，最终实现优质交付。

1.4　特殊性——以人为本是医疗建设项目之魂

我们常常比喻建筑空间是承载人类活动的容器，那么对于医院来说则是一个非常特殊的空间场所，因为它承载的是"经历生老病死生命全过程及维护健康、抵抗疾病"这类特殊人类活动的容器或载体。而人在一生中，没有比"出生—患病—病危至死亡"这几个时间节点更触动人心，更难忘的事件了。人在患病时是精神和体力处于最虚弱的状态，是最需要感受到生命希望，人文关怀的特殊时刻。而医院就应该是"处处有温情，处处有人文关怀"等人类情感集中体现的空间场所，是承载着人世间、人与人之间最动人、最感人的故事容器。医院不再是传统意义上的治病机器，而应是一处充满情感，让人产生难以忘怀的人生经历的场所。因此作为医院的建设者应该充分认识到使用人群的特殊性，创造出以人为本、充满人文关怀的空间载体。

1.5　多变性——医疗建设项目是具有活力和生命力的生命体

医疗建设项目是承载人与设备的人造系统，容纳着人与人、人与物之间的医疗活动。医院系统在医院最初建立的时候就已经存在。经过医疗体制改革的不断完善、医疗技术的不断进步以及患者就医要求的不断提高，这个系统在不断被调整、改变、进化，表现出的是医疗活动机能的改变，也带来医疗项目空间的重组与变化。由于这种变化受到经济和时间的制约，常常表现出局部的、微观的变化，面对的往往是"现在"的需求，而这可能与医院"可持续"的发展又存在冲突与矛盾。因此，针对每一所医院的过去、现在和将来，充分利用过去和现在的资源预测出未来医疗项目的发展方向，是每一个医院建设时需要面对的课题。如果我们从医院建设之初就为未来的"多变性"留出空间和可能，在设计时充分运用标准化的模块设计（平面模块化、交通核心标准化、建筑设备标准化等）为硬件设备与建筑功能提供未来互换的可能性，通过竖向管井相对集中的设置增强建筑平面使用的灵活性，同时在交通体系的末端预留开放式的延展空间，力争我们今天所做的建设是"既符合现实需求，又为未来而建"的医疗建设项目，保持医院的灵活性和可生长性，一切不是为了完美，而是为了适应变化，是医疗建设项目不同于其他公共建筑的本质特征。

1.6　专科性——每一个医疗建设项目具有独一无二的专业特色

我国的医疗建筑除了综合医院外，还包括传染病医院、精神专科医院、儿童医院、中医医院等专科医院，专科医院除七项建筑指标与综合医院存在差异不同外，还在医疗特色、管理特色、使用人群特色、用户需求上存在很大不同。不同专科医院在医院建筑功能布局与流线设计方面存在很大的差异，比如以内科为主的医院与综合医院相比在手术室设置与洁净用房的配备上就有较大差异。儿童医院与一般医院相比，由于存在大量的牙科用气需求，在每床医用气体资源的配置上也存在明显的不同。而精神专科医院与一般医院相比，医技设备的需求就不高，其在每平方米配电容量的选择上，相比于其他医院则只需按下限配置即可。而对于传统的中医医院，则对传统疗法、中医药研究、中药库房与中药制备等方面有着专门的建筑功能需求。可以说每一个专科医院都是独一无二的存在，具有其独特的专业个性。

医疗建设项目重难点分析

医疗建设项目因其专业性强、系统复杂、医疗流程复杂、设备安装量大、调试工作量大等特点，导致工程管理难度大、困难多，因此我们从业主视角分析医疗建设项目管理的工作重点，从全过程咨询角度分析项目管理的难点内容，并提出相应的管理措施，希望在医疗建设项目的全过程管理中少走弯路，达到管理事半功倍的效果。

2.1 医疗建设项目的重点分析

1. 设计策划与需求调研是医疗建设项目前期的重点

医疗建设项目的设计策划阶段是全部建设活动的起始，对保证项目的投资、收益、功能实现和建筑环境质量具有重要意义，尤其对于医院这种功能复杂、造价高、社会影响大的大型公共建筑项目，设计策划更显得尤为重要。而要做好设计策划则需做好以下几点工作。

（1）做好前期的设计需求调研

要想做好前期设计策划就必须充分了解医院使用者的现实需求。比如医院的优势专/学科、发展专/学科、培育专/学科等。因此在设计策划阶段需要花费大量时间组织会议或实地调研考察，了解医院各科室的需求是保证设计策划取得良好效果的关键。特别是要调查清楚医院各科室的实际医疗工艺流程，科室房间及设备用房的强弱电需求点位，医疗用房的面积与功能布局需求等内容。主体设计单位应依据调研结果指导整体建筑与结构设计，确定建筑柱网布局和功能空间，确保医疗流程各个环节顺畅，医疗设施布置合理，从而为保证医院各项功能的实现，为提高运营效率打下良好基础。

（2）制定详细的设计任务书

设计任务书是设计策划的基础，从以往很多医院建设实例来看，设计任务书如果过于简单，包含的信息量有限，仅罗列数据或面积，而不包括业主、用户和建设价值取向需求，不包括空间关系、空间需求等阐述时，是无法适应功能越来越复杂、专业领域越来越广泛的医院建设的，也起不到设计策划的引领作用，最后只会导致后期大量的拆改、变更与改造，造成极大地浪费，也加大医院建设和运行成本。因此在建设前期阶段引入专业的医院设计咨询团队对设计任务书进行详细策划与研究，根据各级医疗机构的功能定位，对标国际、国内医学发展前沿学科、医疗机构强势专/学科，以及民生需求，确定具有针对性与指导性的详细设计任务书，以指导后续总体设计工作是设计策划能否成功的关键。

（3）做好循证设计与后评估结果应用优化设计

循证设计顾名思义就是遵循证据的设计，强调运用科学的研究方法和统计数据，证实建筑与环境对健康的实际效果和积极影响。通过这种方法可以有效避免前期决策阶段仅凭主观经验带来的失误，使所有的设计成果均有可靠的数据支撑。循证设计扩展开来，除研究建筑环境对治疗与健康的影响外，还可以通过对类似医院建设项目后评估数据的分析，梳理出后期运营中原建筑方案设计中的不足与缺陷，避免在后续类似医院设计中重蹈覆辙，使新建设计方案更加科学合理，更加完善，从而提高整个项目的建设与运营品质。因此做好医疗工艺流程与各医疗功能单元布局的循证设计，同时利用我们参与的众多医疗建设项目的后评估数据分析，规避设计缺陷与风险，提出更多、更好的设计优化咨询意见是前期设计策划的重点与关键。

2. 大型医疗设备、实验室检验设备、手术重症设备等招采工作是保证设计深度与工程工期的关键与重点

由于医疗建设项目的专项工程多，包含很多医疗专项与大型医疗设备的安装。而医疗专项与大型医疗设备的安装工程又存在大量的荷载验算、预留预埋、空间布置等问题，需要相应专业单位向主体设计单位进行设计提资，以保证后期施工的正常开展，避免出现大量的"错漏碰缺"与拆改损失，给施工质量与进度造成不利的影响，最终影响验收交付。因此尽早地前置开展招标工作，尽早确定相应的专业单位与设备厂商，使之能与主体设计单位与施工单位充分配合，提前深化相应设计，做好预留预埋工作，是确保工程顺利推进的重点与关键。业主的招标采购需重点做好以下几方面工作。

（1）提前做好准备工作，满足招标基本条件

须提前做好诸如项目有关指标申请审批、核准或备案手续、资金落实情况、土地使用许可和工程规划许可、设计图纸等招标准备工作。

（2）选择合理的招标方式

一般情况下建议采用公开招标，特殊项目经批准后可以采用邀请招标或单一来源招标等，在制定具体的招标时间计划时需考虑审批的因素。在选择招标方式时对低于公开招标最低限额标准的项目或不属于依法必须招标的项目，可以采用其他简单的采购方式，或尽可能将相关的内容集中批量招标或合并标段（包）招标，以提高招标效率和经济性。

（3）选择合理的资格审查方式

一般情况下主要采用资格后审，特殊项目经批准后可以采用资格预审。

（4）科学、合理地划分标段或合同界面

标段的划分应满足相关法律法规的规定和项目的实际需要。划分确定标段时，在满足投标人承包资格、现有能力和充分竞争的前提下，尽量增加标段的规模，以增加投标人的参与度。一般项目应尽可能采用施工总承包的方式招标，将施工项目交给一家总承包单位中标；特殊专业工程可以暂估价形式列入总包范围，后续再独立发包；货物采购项目，则应尽量将技术关联的货物合并招标。

（5）选择最优的评标办法

现在各级招标、投标监督部门都制定了招标文件或评标办法的范本，如"最低评标价法""技术通过制的综合评估法""技术打分制的综合评估法"等，招标人在招标时一般做选择题即可，在制定招标方案和计划时应充分评估各类评标办法的优缺点，选择最优的评标办法。

（6）招标时间计划

根据项目的总体进度安排，制定与项目总体进度或预期目标相匹配的招标时间计划。避免因招标延误、耽误项目的总体进度。特别是某些必须在某个时间节点开工或在某个时间节点竣工的项目对招标的时间要求就更为精细。需要前置安排招标时间，同时应考虑不

可预见风险并预留机动时间。

（7）建立品牌库

为减轻建设招采过程中的管理压力，建立医疗系统的品牌库是确保招采活动品控质量，提高招采效率的关键。

（8）预控流标、废标风险

医院建设招采活动中的流标、废标常常会影响招标进度，浪费招标资源，同时也会对施工进度与质量控制产生不利影响，因此应采取相应措施提前预控，避免相应风险。特别应注意避免以下问题。

1）招标文件中对供应商应当具备的资质条件要求过高或不合理。

2）采购内容中对所购设备的质量、产地、型号以及配置的要求不尽合理。

3）慎用"原装"，弃用"产地"一词。

4）避免预算价定得过低。

5）避免付款方式过于苛刻。

6）避免信息发布不够及时。

7）对主要配件及耗材要求在标书附页中同时报价。

8）评标时注意一些人为因素影响。

3. 确保医疗建设项目不超概算是医院建设投资控制的重点

由于综合医院具有体量大、专业多、系统复杂等特点，因此投资总量大，影响投资的不可预见因素多。尤其是医院建设常常采取 EPC 建设模式，在 EPC 总包招标时一般仅进行了方案设计或初步设计，项目投资总额对应的工程量清单与后期施工图设计完成后的工程量清单可能存在出入，或者招标时仅以费率进行招标，导致合同总价不明晰。而 EPC 总包单位往往会受利益驱使，常常有"超概"设计的冲动，因此就会出现实际造价与招标的控制价不符的情况，产生工程超概的风险。为规避超概风险，业主方应重点做好以下几方面工作。

（1）抓住设计阶段造价控制这个关键窗口

在医院全生命周期建设过程中，设计费用在总费用中所占比例不高，但设计工作的优劣对工程造价的影响却很大。如果初步设计阶段工作粗劣，致使各专业设计方案不当甚至错误，则有可能对工程造价产生重大影响。因此在确定项目概算指标后，应严格按照概算指标进行限额设计管理。在保证功能要求的前提下，按照批准的初步设计及总概算控制施工图设计。既保证设计在技术上先进合理、新颖美观，又不突破投资限额目标，优化设计方案，使工程造价得到有效控制。同时在设计方案比选时推广价值工程法，将建设工程项目的功能与投资有机结合，根据工程的实际情况，既不单纯追求降低成本，也不片面提高功能，而是力求提高功能与成本的比值，获得最佳设计方案。项目建设阶段不同环节影响投资程度如图 2-1 所示。

（2）严格执行招标制度与流程，做好招标环节的造价控制

对于大型医院建设项目，应当采取全国范围乃至国际范围内的公开招标形式，从而保

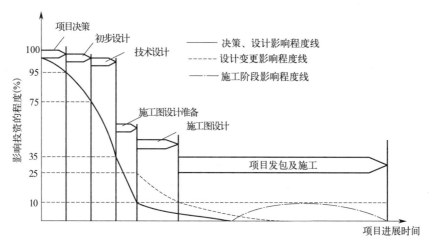

图 2-1　项目建设阶段不同环节影响投资程度图

证投标单位的数量，规避围标、串标的风险，从而让整个招标、投标过程中的报价更具公平性，更有利于提高招采工作对造价控制的正面影响，保障建设方的利益。同时注意加强对投标报价的精细化管理，要求各投标单位提供详细的报价清单，方便价格比对，避免缺项漏项，在保证质量的前提下，选择更合适的中标方，合理选择设备、材料品牌档次，保证质量。

（3）严格控制建设过程中的工程变更

严格实行设计变更事前报批制度，确保任何设计变更不降低初步设计批复的质量安全标准，不降低工程质量、耐久性和安全性。同时核算设计变更对造价的影响，控制变更内容，控制投资，避免造价失控。

（4）做好进度款的计量支付管理

严格审核工程进度款，运用专业造价软件以及 BIM 技术，按项目形象进度对土建、安装、装修等实际工程量进行统计，并核查关键数据及相互关系，严格按合同要求进行进度款审核。

（5）严格进行工程结算

全面熟悉和掌握各方合同，熟悉各参建单位工作界面划分，确保结算时不重复计算。严格审核结算资料，重点审核结算费用增减、调差及取费标准是否合理，防止计算误差。严格进行竣工图纸与现场实体的核对工作。收集有关技术参数和现场照片，对材料的尺寸规格，设备型号、数量进行现场实测实量，复核已完成的实物工程量，特别是图纸以外的工程量，公正、合理地处理总承包单位提出的索赔。

4. 做好全过程进度管控，力争提前交付是医疗建设项目进度控制的重点

医疗建设项目具有投资大、一次性等特点，业主为了能早日交付产生效益，在工期的设定上往往非常紧张，因此医疗项目在建设伊始就面临着赶工的要求。而医疗项目又因其复杂性的特点，导致进度控制关键线路多，主体设计、专项设计、招采及医疗专项等影响进度的关键因素多，导致进度管理千头万绪，控制难度大。而进度管控结果又与医院运营效益紧密相关，是业主现场管理的重点。因此要想做好全过程进度管控，确保进度目标的实现，甚至是提前交付，需做好以下进度管理工作。

（1）从全过程角度做好进度计划的策划工作

业主应充分考虑项目全过程实施的各个环节，组织编制包括前期策划、设计、招采、施工、验收交付等全过程关键节点的总控进度计划，并设置各个环节的项目里程碑计划，明确主要时间节点目标，明确所需的资源计划及各参建单位协调一致的前置进度节点要求。

（2）积极协调，确定合理工作界面，做到有效衔接

业主应会同全过程咨询单位对各参建单位进行进度协调管理，合理划分工作界面，确保各参建单位的工作界面划分合理，能有效衔接。

（3）建立及时决策机制

医疗建设项目因其专业性与复杂性存在大量方案、品牌、设备、材料及样板需要业主及时决策，实际建设过程中也常常有因为业主的决策流程过长或机制不畅而影响施工进度的情况出现。因此根据建设事项的额度及重要性划分不同的决策流程及权限，建立快速的决策机制，及时选定设计或招采方案，选定品牌、材料或样板，及时开展后续大面积施工，是确保进度目标实现的关键。

（4）建立日常进度跟踪管控制度与体系

项目实施过程中，业主应会同全过程咨询单位建立对进度实施情况的跟踪、采集、检查、评估、纠偏的管控制度与体系。如：建立进度会议制度、数据收集上报制度、进度检查、评估、纠偏制度、进度奖惩制度等，通过对每日工作完成量、计划执行情况、工作开展情况、资源与计划匹配情况进行检查与分析，得出实际进度偏差值及可能存在的进度风险，提出纠偏措施，最后通过奖惩制度进行考核，从而确保进度关键节点的受控，实现进度管控目标。

5. 审计风险防控是医疗建设项目管理的重点

市场上的大型医疗建设项目一般为公立医院，必须接受国家及政府的审计管理。而医疗建设项目因为投资大、体量大、涉及专业多、建设复杂的特点，很有可能在建设过程中存在漏洞或瑕疵，给后期国家审计留下风险与隐患，并导致业主单位和相关参建人员受到纪律或法规的处罚，产生负面影响。因此在建设过程中提前预控容易出现的审计问题，预防审计风险是医疗建设项目管理的重点。通常需做好以下几点工作。

（1）做好前期报批报建工作，保证程序与手续合法合规

医院建设往往时间紧迫，大多数业主都希望提前交付，因此需要在前期策划和施工准备阶段严格管控关键节点，提前完成相关报批报建手续，取得相应证照，避免发生施工进展与取得证照时间不符，导致建设程序倒置，程序不合法的情况发生，以致后续出现审计风险。

（2）严格执行招标投标法相关要求，避免围标串标

熟悉并遵守招标投标法相关要求，尽可能采用公开招标与资格后审的招标模式，同时注重评标与清标的过程检查，利用招标平台的大数据进行比对检查，规避围标串标风险，

避免后期审计风险。

（3）加强建设资金的管理，计量支付与工程进展相适应

公立医院建设常常会使用政府专项财政资金，因此项目建设过程中需保证专项财政资金与项目进度管理的平衡，使专项资金的额度、使用时间、使用范围与形象进度、进度款支付、进度管理、合同工期相一致，避免超额支付与提前支付的审计风险。

（4）加强隐蔽工程的验收与见证

医疗建设项目过程中存在大量隐蔽工程施工，业主需要与全过程咨询、监理单位或跟踪审计单位一起做好隐蔽工程的验收与见证工作，详细记录隐蔽工程的相关数据，留下影像资料，确保相关实体参数与设计、方案、品牌及计量数据相一致，避免后期揭露检查时，出现实体与设计、规范、合同等规定不相符的审计风险。

（5）加强设计变更的管理

医疗建设项目因其专业性与复杂性，以及设计深度与提资管理问题，在建设过程中常会发生设计变更。在设计变更管理中需严格按照合同条款要求，规范设计变更审批流程，确保设计变更程序合法合规，同时应留存好相关流程审批资料、集体决议纪要和相关变更文件资料，形成资料闭环，便于后期检查、查阅，从而预防后期审计风险。

（6）加强结算管理，做好收尾管理

在项目后期竣工验收、结算等收尾阶段，建设业主、全过程咨询单位、跟踪审计单位应与参建各方一起做好验收与结算的管理，应严格对照工程现场实际与相关变更文件资料，组织好竣工图的绘制工作，确保工程实体与竣工图纸一一对应，同时依据合同条款与工程记录做好工程价款的结算工作，确保合法合规。

2.2　医疗建设项目的难点分析

医疗建设项目因其专业性强、系统工程多、建设管理复杂、服务于特殊人群、始终处于变化之中的特点，以及作为全过程咨询或监理单位需重点解决业主关注的设计、招采、造价、进度、审计等管理问题，因此医院项目的全过程咨询管理面临较大挑战，需解决一系列的难点、堵点问题，我们从大量医院建设实际案例出发，梳理出以下医疗建设项目管理的难点问题，并提出了相应的解决思路及措施。

1. 设计管理的难点问题

医院设计管理过程中普遍存在方案调整多、施工变更多、竣工改造多的"三多"现象，不仅带来大量的修改工作，增大设计、施工工作量，同时也困扰着各方参建管理人员，带来拆改、返工等矛盾纠纷，制造了大量无效的协调工作量，也导致工期的拖延，投资的增加和浪费。因此如何发挥全过程咨询单位的作用，协助业主及时确定建筑的功能档次，提前发现细节设计问题，提前将问题解决在施工图设计阶段，减少对后续工作的负面影响是全过程咨询单位或监理单位的管理难点问题，主要的工作思路与措施如下。

（1）利用公司专家委团队，打造强大的技术支持后台，建立专业的设计管理团队

秉持"精前端、强后台"的管理理念，利用咨询公司强大的专家委团队，与现场的设计管理人员一起，打造专业的设计管理团队，对初步设计、施工图设计及二次深化阶段的设计工作进行精细化管理，提前协调解决设计细节问题，规避对后期建设的不利影响。

（2）发挥咨询单位桥梁纽带作用，做好设计提资管理

咨询单位的设计管理工作既涉及所有设计专业内容，又包含设计—施工—交付全过程的执行落实管理，可以说横向到边、纵向到底，因此是组织协调的信息收集与管理中心。因此需要充分发挥既了解业主需求，又熟悉施工工艺流程的特点，当好信息沟通互动的桥梁纽带。特别是主体设计阶段需提前组织好各科室、医疗单元以及各医疗专项的反向提资管理工作，了解各科室医护人员的使用需求，充分收集工艺流程、功能需求及参数指标，完善三级医疗流程，提前启动专项设计，提高主体设计的准确性，规避后期建设拆改与变更的风险，确保设计方案能准确、合理、高效。

（3）严格推行限额设计管理

设计阶段决定了整个医疗项目 $75\%\sim85\%$ 的工程造价，因此需与造价工程师紧密配合，全过程跟踪管理设计阶段的工程造价，重点是执行限额设计要求，确保工程造价不超概算。

（4）推行设计方案的价值工程评估，优化设计方案

组织推行设计方案的价值工程评估，采用全过程参与、分阶段审核及比选论证的方式开展设计管理工作，在满足医院功能定位、投资概算的前提下，确保选择高性价比的设计方案。

（5）严格管控设计进度

依据合同和项目总体计划要求审查各专业、各阶段设计进度计划，审核节点是否遗漏、出图节点与总体进度计划节点是否匹配，分析各阶段、各专业设计工作量和工作难度，审查相应设计人员的配置安排是否合理、各专业计划的衔接是否科学，是否满足工程需要。过程中检查设计进度计划执行情况、督促设计单位按时完成合同约定的设计工作内容。发现问题时，通过下发指令、召开专题会议等措施，督促设计单位采取措施及时进行调整，确保各阶段进度节点目标的实现。

（6）合理划分设计界面，利用先进技术解决"错漏碰缺"设计问题

加强与设计单位的沟通联络，加强主设计与专业设计之间的配合协调，解决界面衔接及多专业碰撞问题，应用 BIM 等先进技术对设计文件进行审核，重点对施工图设计、深化设计进行管控，特别是管线综合检查，规避管线、高程的"错漏碰缺"问题，强化设计成果过程控制，减少设计成果的不确定性，为现场穿插施工提供技术支持，缩短建设周期。

2. 进度穿插管理的难点问题

医疗建设项目包含专业工程多，要想实现整体进度目标，需要多专业协同工作，科学安排各专业间的穿插施工是整个工程进度得以保证的难点与关键。主要应做好以下工作。

（1）强化设计接口管理，预留前置时间

医院项目包含的医疗专项与专业工程均需进行深化设计。因此在组织全穿插施工时需充分考虑招标时间、深化设计周期（与深化设计工程量大小有关）以及施工插入时间等关键节点，在施工前预留充分的准备时间。比如：幕墙、钢结构深化设计应在主体结构预埋前2~3个月前完成招标工作，并在2~3个月内完成深化设计，随主体结构展开预埋件或后置埋件施工。精装修深化设计应在砌体抹灰施工完成前3个月完成招标，并在2~3个月设计周期内完成精装修深化设计（常规区域），在二次结构完成后及时进行后续施工。此外各医疗专项也应在主体与砌体结构施工完成前预留招采与设计深化周期，前置安排相关工作，随主体结构施工进度对应安排，避免工作面闲置、窝工的情况出现，确保进度关键节点目标的实现。

（2）做好全穿插的技术保障措施

1）优化施工方案：开工前即确定方案编制计划（含专业分包方案计划），在分包队伍进场后以总包牵头组织编制相应专项方案编制（尤其是医疗系统专项方案）。在方案编制过程中充分发挥总包统筹全局的能力，优化各专业施工方案，提高施工效率，为工序穿插、成品保护创造有利条件。

2）优化设计：以一体化设计为依托，有效整合各专项设计，将一些可以融合的设计做法进行一次性设计和施工，减少工序之间的交叉返工。

3）积极应用"四新"技术：医院类工程的技术管理难度大，设计中常包含了大量复杂节点和新系统。在施工过程中应积极探索和运用新技术、新工艺，以提高施工效率，降低建设成本。

4）信息化管理：通过BIM模型进行设计图纸审核，解决设计问题；施工过程中，利用BIM模型进行5D虚拟施工，优化总体进度计划，实时进行计划对比，及时纠偏，同时搭建BIM协同平台，实现项目信息的高效传递，提高沟通效率。

（3）合理安排各阶段的工序穿插

1）在地下室施工阶段及主体施工阶段，安装工程中的管线预埋工作要与主体施工紧密配合、穿插进行。在模板支撑完毕进行钢筋绑扎过程中，管线预埋工作就要穿插进行，才能保证浇筑混凝土前各项工作都能及时完成，保证施工进度。

2）在砌体抹灰施工阶段：安装工程、弱电工程、消防工程中的线管敷设、给水排水管安装等工作需紧密配合砌体抹灰施工。安装单位需提供详细施工计划以保证砌体抹灰工作的顺利进行，确保施工顺序合理、有序。

3）在精装修施工阶段：安装工程的洁具的安装、风口百叶的安装；消防工程的消防箱及喷淋喷头的安装；弱电工程的信息点位安装；电梯的安装等都需要为精装修工程服务，这就要求在编制施工计划时以精装修施工为主线合理穿插各专业施工。

4）在室外工程施工阶段：安装工程需将室内的雨水管及污水管尽早接出室外，与室外管网连接起来，以便屋面雨水能顺利排放及室外工程。

在施工质量和安全得到充分保障下策划工序与工序之间的提前穿插，实现"竖向流水、立体穿插"的快速施工，高效施工，从而达到缩短施工工期的目的。

3. 医疗专项、医疗设备安装质量控制的难点分析

医疗建设项目不同于一般公共建筑的最主要的区别在于涉及大量医疗专项系统、专有材料及医疗设备的安装施工，有着不同的医疗施工工艺与流程，是医疗项目质量控制的重点与难点问题，要确保医疗项目的最终交付质量，需严格控制以下质量内容。

（1）严格控制有特殊要求的医疗材料与设备的检查验收

医院的特殊使用功能对工程材料、设备提出了严格的限制和要求，尤其是装饰装修材料，如洁净系统的密封材料、防辐射系统的钡粉砂浆、手术室的铅板等，加强医院工程特殊材料与设备的进场验收，加强施工过程的管理，是保证医疗专项工程材料与设备施工质量的关键。施工前需要了解各类材料的特性，并同使用部门一起确认相应品牌与样式，进场后针对材料特点和设备特点进行专项的施工工艺控制，保证施工质量。如空气洁净系统的制作安装，须严格过程控制，以满足洁净系统安装的洁净度、严密性的要求。

（2）严格控制医疗专项的施工质量

1）做好医疗专项系统与设备的整体规划安排。

医院工程在施工期间有多达 20 余家专业单位进行配合衔接，规划好这些专业系统、设备之间的开始时间、范围与界面是医院项目管理的重点和难点。

2）做好相似相关专业系统的施工管理。

在多系统的施工过程中存在一些相似和相关的专业系统，在工程管理中要能细致了解和有效区别。比如：中央空调系统与新风系统在施工过程中其施工的风管、风机盘管等部件都较为相似，容易产生混淆。消防控制系统和应急呼叫监控系统都是弱电系统，也容易产生混淆。医用气体供应系统与应急呼叫监控系统，其气体的供应终端和呼叫终端都在病房的设备带上，存在相互配合，部件匹配和搭接施工等多方管理协调问题。

3）应合理安排设备层施工中各主机的安装顺序和土建施工顺序。

在医院项目中由于其系统功能要求高，导致其对应的设备机房需占用较大的建筑空间，因此常设有专门的设备层，一般设在地下室和屋顶部分。地下室部分的设备安装必须利用一楼地面的设备吊装洞口，洞口位置需合理布置，以方便后期设备的吊装。其次需根据其地下室设备的布置位置，合理安排吊装顺序，合理组织地下室的墙体砌筑和设备基础的施工时间。对于设置在顶层的手术室净化空调设备，其设备管口位置必须提前布设，在屋面混凝土浇筑时提前预留，防止后期凿除给屋面防水带来的不利影响。

4）重视楼层公共空间部分各系统各专业的管网铺设。

在医院项目中各专业管线及系统繁多，在组织施工过程中所有的系统设备会交错地进行施工，在楼层公共空间顶部有很多管网分布，有中央空调和新风系统的风管、消防水管及喷淋支管、各类的电缆桥架及各类管网。须充分进行管线综合排布，合理安排和组织铺设工序。其中需充分考虑以下几种特殊的安装要求，对中央空调的风管，其外围需采取保温措施，防止冷凝水产生；针对如潮湿气候的地区，其消防水管也需进行保温处理；强弱电的电缆桥架需考虑电磁干扰，分隔布设。同时考虑到整体的空间要求，公共部分需尽量提高净高，因此对各系统管网进行优化布设就显得尤为重要，以满足公共区域吊顶安装后

的净高要求。

5）吊顶装饰施工中需合理布置相关系统设施。

吊顶安装施工需考虑其整体布设的美观和效果，特别是现在广泛使用的扣板类吊顶，在其施工前要进行科学排板。由于在吊顶上有很多系统的终端，因此对中央空调和新风系统的出风口、喷淋头、照明格栅灯的位置必须优化分布，在施工安装时充分考虑后期吊顶的美观及设施运行效果，合理进行布设。

6）合理安排各系统的调试。

由于医院项目包含众多的系统，因此需要合理安排各系统调试时间。由于各系统之间还存在较多联动调试：例如消防联动调试涉及消防系统和垂直运输系统。电力应急切换系统与专业手术室系统也需进行联调。因此在施工管理中必须合理地安排各系统的调试顺序，充分预留调试时间。

（3）统筹制定各医疗专项的交付验收标准，确保交付质量

医疗建设项目的医疗专项常常包含：医院暖通空调系统、医院洁净系统、医院供、配电系统、医院给水排水系统、医院污水处理系统、医院废物处理系统、医用气体系统、医院电离辐射防护与电磁屏蔽系统、医院物流传输系统、医院智能化系统等十大系统。由于各医疗专项系统均有其独特的功能特点。有的医疗专项对应有相应的规范标准，比如医用气体系统对应"医用气体工程技术规范"，医院洁净系统对应"洁净室施工及验收规范"。而有的医疗专项不仅与验收规范标准有关，还与采用的医疗专项设备品牌与设备类型有关，有些交付验收指标甚至掌握在厂家手中。因此针对系统复杂、种类繁多的医疗专项交付标准，还没有正式的出版物进行系统地总结与归纳。导致了在医疗专项验收交付时无论是全过程咨询单位还是总承包施工单位均处于没有话语权、较弱势的地位。医院业主常常只让医疗专项的品牌厂家主导验收交付工作，也使得该项工作缺乏应有的第三方见证与监督。因此结合已有的医疗专项验收交付实例，总结出系统的医疗专项验收交付标准，为业主提供优质的交付咨询服务是医疗项目在医疗专项交付验收时的难点与重点。

4. 医疗建设项目施工安全管理的难点分析

大型医疗建设项目往往包含医技、门诊、住院、后勤保障等功能用房，涉及医疗单栋建筑多，结构空间大，多专业联合施工。现场常包含有深基坑工程、群塔作业、高大模板、幕墙工程等超过一定规模的危险性较大工程，以及包括脚手架、吊篮、卸料平台、操作平台等危险性较大的分部分项工程，因此现场的安全风险源多，平行、交叉作业多，现场安全管理的难度大。为确保安全管理目标的实现，必须在严格执行施工单位安全生产主体责任，配备满足要求的专职安全管理人员的基础上，重点做好以下安全管理工作。

（1）建立完善的现场安全管理体系

全过程咨询或监理单位应与业主、施工单位一起，共同建立项目安全管理组织机构与安全保证体系，配备足够的现场安全管理人员，落实安全文明措施费的投入与使用。建立安全管理制度，制定安全管理计划与方案，并确保有效运行。

（2）有效辨识安全风险源与安全隐患

应针对项目全过程建设的不同阶段进行风险识别，辨识危险源和安全隐患，建立风险识别清单，并依据清单采取针对性防范措施。

（3）严格进行安全生产条件核查

严格进行安全生产条件核查，对现场安全管理成效进行检查评估和管理。核查内容包括但不限于：安全生产管理制度及操作规程报批情况、安全组织机构、管理机构报批情况、安全管理人员到位和持证情况、施工组织设计中安全技术措施和施工现场临时用电方案编制审批情况、危险性较大的分部分项工程专项施工方案编制报批情况、安全生产费用清单报批情况。

（4）严格执行危险性较大的分部分项工程审批论证制度

对于危险性较大的分部分项工程，业主应会同全过程咨询或监理单位督促施工单位在实施前，单独编写专项施工方案，报监理单位审核。对于超过一定规模的危险性较大的分部分项工程，施工单位应当组织召开专家论证会对专项施工方案进行论证。

（5）加强材料进场验收

1）严格按专项施工方案要求对进场的材料/构配件/设备进行验收。

2）对需要复检的材料/构配件/设备按要求见证取样复检。

3）验收合格的，签署准予进场意见。

4）验收不合格的，特别是钢管以及有防火阻燃要求的材料应严禁使用，予以退场。

（6）严格安全管理的过程控制

1）核查现场特种作业人员持证上岗情况，建立特种作业人员登记花名册。

2）对需要验收的安全项目，严格组织验收，塔式起重机、施工电梯等大型机械设备必须办理使用登记证明。危险性较大的分部分项工程必须设置公告牌和验收标识牌。

3）通过日常巡视、专项巡查、旁站、专项检查等方式加强过程管理，排查安全隐患，对安全隐患督促整改落实。

4）对大型机械设备拆除、高大模板拆除、脚手架拆除等拆除作业或动火作业，严格检查施工方案执行情况，实施旁站监理。

5. 医疗建设项目系统调试与验收难点分析

医疗建设项目各系统、各医疗专项能否正常交付使用，满足使用功能要求，重点在于交付前的系统调试与验收工作是否到位，系统与设备是否达到标准参数及使用参数要求。因此交付前的系统调试与验收是关键路径上的关键环节，必须从小系统到大系统，确保所有系统与设备协同运行无误，确保验收满足要求，以保证最终调试效果。鉴于系统调试与验收是后期收尾阶段的难点工作，要想保证顺利交付我们需在以下几个方面做好工作。

（1）组织好系统调试工作

1）全过程咨询或监理单位应督促总包单位针对系统调试验收要求编制综合调试计划，报送监理及业主审查批准，待总包单位完成设计和合同约定的施工安装内容，并完成设备单机调试、各子系统调试工作后执行。综合调试计划应包括但不限于下列内容：

①综合调试工作范围，涉及的设备及系统。

②综合调试工作原则和要求。

③综合调试工作职责分工。

④综合调试工作顺序与时间安排。

⑤综合调试合格标准。

⑥调试故障处理预案。

2）在项目综合调试阶段，组织业主相关专业技术人员与后期运维接收部门相关人员共同参与现场验收。

3）详细记录综合调试过程及相关数据并经各参建单位签字确认，调试结束后将全部资料汇总整理，纳入竣工资料移交给业主归档。

（2）组织好医疗专项验收交付工作

组织医疗专项验收交付主要包括以下内容：

1）洁净建设项目验收：包括手术室、ICU、静配中心、消毒供应室、净化病房、实验室等。

包括观感质量检查，细部收边检查；包括水、电、气、空调等系统的管路敷设检查及控制系统操作检查；满负荷调试应合格，需依据合同约定由分包单位或建设单位委托疾控部门进行净化结果检测，检测合格的报告应存档。

2）放射防护验收：防护工程必须强化过程质量管控，因为医疗放射开机后才能检测，主要包括：DSA手术室等防射线机房，核磁检查室（屏蔽）、CT室、胸透室、DR室、X光室、数字肠胃室、PET-CT室、ECT室等核辐射防护机房，直线加速器室、伽马刀室等射线防护机房，ERCP室、牙片室等区域射线机房的验收交付。

包括观感质量检查；需依据合同约定委托有资质的检测单位进行放射防护检测，检测合格报告由医院的医疗设备管理部门保存。

3）特殊用水验收：直饮水、酸化水、医用纯水等系统。

包括观感质量检查；包括管线、末端敷设安装检查及操作检查；应检查机房设备及管路试压及冲洗记录，检查控制系统、用水末端、自动冲洗系统及报警控制系统等调试记录；须委托疾控部门进行末端取样检测，检测合格报告应存档。

4）污水排放验收：包括进水检测、设备单机运行检查、联动检查、出水检测、在线监测设备运行及数据上传记录检查。

包括现场检查机械格栅、鼓风机、污水泵、自动加药系统等运行情况；检查设备及管路试验记录及系统试运行记录；验收合格后，通过在线监测系统向环保部门上传污水排放在线监测数据；上传的分析数据应表明出水水质稳定，且符合设计要求，检查验收合格后向当地环保部门申请现场验收。

5）绿色节能验收：包括绿色建筑设计与运营、太阳能、外墙保温、锅炉房以及其他绿建星级评审内容。

太阳能热水系统验收包括：检查集热器数量、管道敷设及保温、水泵及电磁阀启闭、水箱保温及溢水控制，自动控制系统，检查调试及试运行记录。

外墙保温验收包括：向主管部门申请检测，检测合格，取得检测报告存档。

锅炉验收：锅炉安装调试完毕，检查设备及管路水压试验记录、煮炉记录及试运行记录。向当地锅炉检验所申请检测，检测合格取得锅炉检测合格证明。

6）环评验收。

委托有资质的单位编制环评验收报告；向环保部门申报环评验收；环评验收合格，环保部门出具环评验收意见。

第三章

医疗建设项目的规划与设计建议

3.1　前期策划的建议

医疗建设项目作为功能复杂、发展变化快、服务对象广泛的公共建筑类型，想要做好前期策划难度很大。而随着新时代"健康中国"战略的实施，以及平急结合的需求和"互联网＋医疗"等智慧医院带来的就医模式的改变，更给医疗项目前期策划提出了新的挑战和要求，因此我们结合已有医院建设管理经验，提出以下建议与对策供业主参考。

1. 业主"一把手"领导应高度重视并深度参与，建设单位须成立项目领导小组和工作小组

由于前期策划的重要性及对后续工作的深度影响，医院建设单位应组建由院长"一把手"牵头领导的强有力的管理组织机构，与前期专业咨询团队紧密配合，全程深度参与前期策划工作，充分提出医院建设的思路和需求，同时对前期策划议定内容及时进行科学决策，保证工作结果与效率。

2. 选择专业咨询团队

建议通过招标挑选具备跨越医学、建筑和信息化等多领域专业知识且具有丰富经验的专业咨询团队来承担策划工作。要尽量避免选择虽然咨询公司很强大，成功案例很多，但派出负责项目的团队却是缺少专业知识和经验，甚至是"挂靠"的小机构团队。这种情况将难以保障策划成果质量。

3. 实事求是开展调查研究分析

每个医院建设项目的情况各不相同，因此需要针对医院实际实事求是地开展有针对性的调查研究分析，切忌照搬模板，或机械地套用规范与标准，需要认真全面地进行项目调研、科学分析、科学策划，以取得科学的成果。

4. 重视未来医院运营需求的前瞻性研究

医院建设项目的建设周期比较长，前期策划不能仅仅基于过去及当前的情况进行分析研究，还应特别重视对未来医院运营实际需求的前瞻性研究。医院前期策划方案应有适当的超前性，使得项目竣工投入运营后能够尽量满足未来医院运营的实际需求，保证建成后十年之内不落后。

5. 重视平急结合的要求

新冠疫情防控过程暴露了诸多医院公共卫生防控救治能力的缺陷和医院内部感染控制能力的缺陷，导致医院成为医护人员和群众感染的重灾区。因此，医院建设项目前期策划应充分重视与考虑公共卫生疫情防控救治能力的建设与策划，加强平急结合，从医院布局与工艺流程设计等方面提升医院内部的感染防控水平。

6. 重视智慧医院建设带来的影响与改变

当前人工智能、物联网和5G等信息技术的爆炸性发展，推动智慧医院建设日新月异，新冠病毒大流行发生后进一步加快了"互联网＋医疗"等手段的运用。未来智慧医院建设将会给医院的服务模式、服务流程和服务需求带来巨大的影响和改变。因此医院前期策划应重视智慧医院建设带来的影响和改变，让医院适应未来的变化需求。

7. 项目建议书、可行性研究报告内容应细致、深入，估算准确

项目建议书、可行性研究报告是下一步设计方案和概算方案的基础，决定了后期设计的关键技术指标，其编制质量和水平直接关系到整个项目的建设过程及建设结果。因此需要选择有丰富同类案例编写经验的专业咨询团队承担编写工作，并且需要医院建设运营单位的深度参与，切忌套用模版或参考其他项目编写，流于形式，没有针对性，为项目建设与运营埋下许多隐患。应避免投资估算考虑不周、存在漏项，导致投资估算偏低，工程概算不足，不得不降低设施参数和装修等级，建成使用时令人大失所望的情况出现。因此在编制项目建议书、可行性研究报告时应对项目需求、建设内容及规模、投资估算、项目财务评价、社会评价和风险分析等进行细致深入地分析研究，开展全面细致地调研工作，使项目建设的必要性、建设条件的可能性、工程方案的可行性、经济效益的合理性等"四性"结论意见明确，使前期策划报告成为项目决策的科学依据和项目实施的指导性文件，经得起时间和运营管理的检验。

8. 广泛论证、科学决策

建议建立科学的决策机制，有计划地组织各专业的专家研讨、论证，特别是对建设内容、建设规模、投资估算和风险因素等重点、难点问题应召开专题研讨会进行论证，广泛收集涉及医院建设的各行各业专家的意见建议，尽量避免同行内小圈子论证，对各方意见进行理性调研、科学分析、专题研究，实事求是地决策，提高策划成果的科学性、可靠性、合理性，以便项目竣工投入运营后能够符合未来实际需求，减少医疗建设项目的缺陷。

3.2　报批报审的建议

因为医疗建筑质量对人民群众生命财产安全具有重大影响，因此各级政府机构制定了完备的法律制度，保证医疗建筑工程合法性、可行性和科学性。其报建环节十分复杂，需要牵扯许多部门，如发改委、卫健委、建设局、规划局等。因此医疗建设项目建设前期必须提前调查了解相关机构的审批要件和办事要求，对项目申报工作计划进行科学合理的设计。首先要结合各部门的要求、施工进度等制定申报制度流程和计划，以使报建环节有章可循，能够合理有序地完成。其次要合理安排岗位，明确各个环节的员工职责，安排对政策把握能力强，沟通能力强，思维灵活，职业素质强的员工完成此项工作。为确保医疗项目报批报审工作的顺利进行，建议重点做好以下工作。

1. 配备报批报审人员，建立工作协调机制

业主项目部宜配备具有报批报审经验的工作人员，并在项目整个建设过程中尽量保持工作人员的稳定性。业主项目部应建立内部工作协调机制，确保报批报审工作人员与业主项目部内部的其他工作人员密切协作，共同编制报批报审工作计划，共同推进报批报审手

续办理。业主项目部报批报审工作人员应主动联系各相关政府主管部门，提前了解报批报审相关政策，并跟踪关注政策变化情况，争取各相关政府主管部门对报批报审工作的支持。

2. 制定报批报审工作计划

业主项目部应编制项目报批报审工作计划，明确项目所有报批报审手续办理工作的安排，并与项目建设整体进度计划协调一致。

（1）工作计划依据

项目报批报审工作计划编制依据应包括但不限于下列内容：①项目投资来源情况；②项目建设用地取得方式；③各项报批报审手续的申报条件、办理流程和工作时限；④主管部门委托第三方审查的要求。

（2）工作计划内容

项目报批报审工作计划应包括但不限于下列内容：①报批报审工作目标；②报批报审手续的办理路径；③各项报批报审手续办理的工作内容和起止时间；④报批报审工作的人员安排和主要职责；⑤报批报审风险管理措施；⑥必要的资源与费用预算。

3. 报批报审手续办理的主要内容

医疗项目建设报批报建手续办理的主要内容如下：

（1）开工前手续

业主项目部在项目正式开工前须办理完成的手续包括但不限于。

①项目建议书、可行性研究报告、初步设计及概算或项目申请报告审批。

②环境影响评价、交通影响评价、水影响评价、社会稳定性影响评价、灾害评价和节能评估。

③项目选址意见书、建设用地规划许可和建设工程规划许可。

④用地预审、用地批准或土地划拨决定。

⑤施工图审查（含人防、消防、防雷）。

⑥三通一平。

⑦建设工程施工许可（包括质量监督、安全监督、节能备案）。

⑧场地内既有管线迁移。

⑨核技术利用评价、放射防护预评价。

⑩其他地方上有要求的报审报批手续。

（2）机电系统调试前的市政接用手续

业主项目部在各类建筑机电系统调试前应分别针对电力、通信、有线电视、给水、雨水、污水、中水、燃气和热力等分部工程的市政条件办理完成市政接用手续。主要包括但不限于下列内容。

①市政条件接用报装；②市政条件接用方案咨询；③市政条件接用工程设计文件审查；④市政条件接用工程竣工验收；⑤市政条件接用工程开通使用。

（3）竣工验收手续

业主项目部在竣工时应分别办理包括但不限于下列专项验收手续：

①规划验收；②节能验收；③环保验收；④消防验收；⑤供电验收；⑥燃气验收；⑦防雷装置验收；⑧特种设备验收（电梯、锅炉、高压氧、医用气体系统）；⑨无障碍设施验收；⑩公共专用停车场（库）验收；⑪人防验收；⑫绿化验收；⑬市政管网验收；⑭自来水水质检测；⑮室内环境检测；⑯洁净用房室内洁净度检测；⑰放射性检测；⑱档案验收及移交。

4. 跟踪落实报批报审结果

项目报批报审工作计划应经业主领导批准后实施，业主项目部应定期对项目报批报审工作计划执行情况进行检查。项目报批报审工作计划应根据政府报批报审政策变化情况和项目实际进展情况及时进行调整，确保报批报审工作结果满足医疗建设项目的进度要求。

3.3　方案设计任务书的编制建议

1. 建议前置设计任务书编制节点

医院项目建设方案设计任务书是作为方案设计招标的技术需求文件，是进行方案设计的重要依据，也是设计方案评价的重要依据。而医疗建设项目作为功能最复杂、发展变化最快、配套设施最多、服务对象最广泛的公共建筑，同样的床位规模、不同的设计方案，可能需要的建筑面积和造价各不相同。而项目投资估算一般与项目投资概算相差需控制在10％以内，因此为了使医院建设项目可行性研究报告中的建设内容和投资估算更加符合项目建设的实际需求，建议方案设计任务书的编制与项目可行性研究报告的编制宜同步开展，使得可行性研究报告和概念设计方案可以基本同步完成，以保证可行性研究报告的建设方案和投资估算能够与已经基本稳定的概念设计方案相匹配，尽可能提升可研报告中建设内容和投资估算的相对准确性。

2. 建议医院业主与咨询机构密切配合

由于医疗建设项目的复杂性，医院建设项目设计任务书并没有标准化的模版，其功能需求研究与提炼并不能在策划开始之前就梳理得清晰准确，而是需要医院业主与具有丰富医疗项目策划经验和较高专业技术水平的咨询公司密切配合，由粗到细、由模糊到具体，开展认真深入的功能需求调研和分析提炼工作，并且开展反复多次的论证工作，使医疗建设项目方案设计任务书既能够明确医疗功能及工艺流程需求，又能够留给设计方创作设计方案的充分空间。

3. 建议适当超前设计，并预留医院发展用地和建筑空间

国家不断出台的新的医改政策对医院建设规模、功能布局和医疗工艺流程带来了极大的变化与影响，而大型医院建设项目的建设周期往往比较漫长，从立项到开业往往需要5年甚至更长的时间，造成了诸多医院建成后就"落后"，不满足实际需求而需要升级改造的现象。因此新时代医院建设项目方案设计任务书的编制，既要满足当下医疗需求，还应基于未来需求变化作出前瞻性的研究，能指引设计单位作出适当超前的设计方案。

4. 建议重视公共卫生防控救治能力建设

加强"平急结合"疫情防控救治能力的建设规划，加强发热门诊、负压隔离病房、呼吸与重症医学科等的规范化建设，在医疗工艺流程布局上重视可以提升院内感染控制能力的规划，可以根据不同感染风险等级，考虑门诊与住院病人医技检查流线的合理分流，包括电梯与通道分流，模拟计算人流最集中的区域，重点规划这些区域的病人、医护、污物流线，减少不同人群在医院内流线的交叉和聚集，尽量保证污物和人流的分开。

5. 注重运营发展和运营面积与绩效考核的需求分析

医疗项目建设策划需要注重医院运营管理、专科发展和绩效指标对医疗项目设计需求的影响，应指引设计机构创作的设计方案能更好地契合医院运营发展和提高绩效考核指标的需求。例如传统的拉开各建筑物距离的医疗建筑布局可能不利于提高土地使用效率，不利于智慧物流系统的建设，也不利于提高医院运行效率，适当紧凑型的布局则可以更好地提升医院的运行效率。而国家对公立医院的绩效考核指标需考核医院员工和患者的满意度，因此医院设计方案需要充分考虑医院员工和患者的需求。同时医疗安全、生产安全是医院正常运营发展的核心要求，需要指引设计机构更加注重保障医院安全运营的相关设计，确保医院运营安全。

6. 注重设计内容深度与创造的有机统一

多数医疗建设项目的设计任务书在最初的总体规划和方案设计阶段编制，是医院方案设计的设计任务书。而在医疗建设项目建设的初步设计阶段和施工图设计阶段，往往是编制医疗工艺流程设计方案，设计机构根据专业设计咨询机构与医院管理者及医疗专家团队共同制定的一二三级医疗工艺流程设计方案，开展初步设计和施工图设计。因此设计任务书需要把握深度与创造的有机统一，既不需要像普通工程项目设计任务书那么详尽，也不能局限于方案设计的要求，不但需要提出包括建设条件、医院定位、管理模式、部门构成等定性内容，还需提出总体规模、设备数量和面积分配等定量内容，甚至需要明确一些特殊功能用房的楼栋位置、科室位置、医疗流程的具体要求，包括确定房间构成、房间数量、房间尺寸面积、房间位置等内容，充分体现医院管理者的思路与需求，使之能真正指导设计，符合实际需求。

7. 重视得房率指标的需求

得房率是建筑内可供业主支配、使用的建筑面积（不包括墙体、管道井等部分面积）与销售面积（建筑面积）的比率。对于医疗建设项目来说即为所有实际可使用的业务用房室内面积总和（含候诊厅面积，但不包括墙体、管道井和走廊、连廊等部分面积）与建筑面积的比率。为保障充足的业务用房面积，提升医疗建设项目面积的使用效率，应要求设计方案确保一定的得房率指标，以便进一步提升医院环境、使用体验和医疗安全。

3.4　各项规划设计参数建议

通过对医疗建设项目设计参数的研究，医疗建设项目关键设计参数包括：①床位数。

②七项设施建筑总面积。③各类医疗设施建筑面积。④车位数及地下室面积。⑤设备用房面积。⑥保健用房面积。⑦便民服务用房面积。⑧健康管理用房面积。⑨科研用房面积。⑩教学用房面积等数据指标。上述设计参数的确定对整个医疗建设项目的投资、使用功能及日后的运营维护均起到重要的作用，因此对上述相关参数进行系统分析研究，为今后同类项目规划设计提供参考与借鉴。

3.4.1 床位数

国家医院建设标准中均以床位数作为医院建设规模级别划分的依据，而医院七项设施建筑总面积也以单个床位数所分配建筑面积进行计算，因此床位数指标是医疗建设项目的核心设计参数，起到牵一发而动全身的作用，需重点进行分析研究。

1. 各类型医院床位数分级规定

（1）综合医院床位数分级。

综合医院的建设规模按床位数分为 5 个级别。

Ⅰ：200 床以下；Ⅱ：200～499 床；Ⅲ：500～799 床；Ⅳ：800～1199 床；Ⅴ：1200～1500 床。

（2）传染病医院床位数分级。

Ⅰ：250 床以下；Ⅱ：250～399 床；Ⅲ：400 床及以上。

（3）精神专科医院床位数分级。

Ⅰ：199 床及以下；Ⅱ：200～499 床；Ⅲ：500 床及以上。不鼓励建设 500 床以上。

（4）儿童医院的建设规模按床位数分为 5 个级别。

Ⅰ：200 床以下；Ⅱ：200～399 床；Ⅲ：400～599 床；Ⅳ：600～799 床；Ⅴ：800 床及以上。

（5）中医医院的建设规模按床位数分为 6 个级别。

Ⅰ：100 床以下；Ⅱ：100～299 床；Ⅲ：300～499 床；Ⅳ：500～799 床；Ⅴ：800～999 床；Ⅵ：1000～1500 床。

2. 床位数的确定依据

（1）综合医院

国家卫生健康委发布的《医疗机构设置规划指导原则（2021—2025）》（以下简称《指导原则》）规定：全国每千人口床位数从 2020 年的 6.5 张提升至 2025 年的 7.4～7.5 张，增加 15% 左右。同时《指导原则》还规定了公立医院单体医院的标准为：县办综合医院床位 600～1000 张，地市办综合医院 1000～1500 张，省办及以上综合医院 1500～3000 张。

同时以武汉市为例：《武汉市国民经济和社会发展第十四个五年规划和 2035 年远景目标纲要》：第四十六节 推进健康武汉建设规定："到 2025 年，每千人口医疗卫生机构床位数 8.8 张。"

（2）传染病医院

《传染病医院建设标准》建标 173—2016 第二章建设规模与项目构成，第九条：传染病医院的日门诊量与编制床位数的比例一般为 0.5∶1，也可按本地区相同规模医院前三年日门（急）诊量统计的平均数确定。

（3）儿童医院

《儿童医院建设标准》建标 174—2016 条文说明：第二章建设规模与项目构成，第九条：本建设标准按照儿童医院 4∶1～6∶1 的诊床比确定相关功能科室的面积比例。

（4）中医医院

《中医医院建设标准》建标 106—2021 第二章建设规模与项目构成，第九条：每千人口中医床位数宜按 0.55～0.85 床测算。第十一条：中医医院的日门（急）诊量宜与所设病床数的 3.5 倍相匹配，新建中医医院可按照相同类型和规模的中医医院前三年日门（急）诊量平均数确定。

3.4.2 七项设施建筑总面积

1. 综合医院

综合医院中急诊部、门诊部、住院部、医技科室、保障系统、业务管理和院内生活用房等七项设施的床均建筑面积指标应符合《综合医院建设标准》建标 110—2021 规定，见表 3-1。

综合医院七项用房床均建筑面积指标（m²/床）　　表 3-1

床位规模	200 床以下	200～499 床	500～799 床	800～1199 床	1200～1500 床
床均建筑面积指标	110	113	116	114	112

2. 传染病医院

传染病医院中急诊部、门诊部、住院部、医技科室、保障系统、行政管理和院内生活用房等七项设施的床均建筑面积指标应符合《传染病医院建设标准》建标 173—2016 规定，见表 3-2。

传染病医院七项用房床均建筑面积指标（m²/床）　　表 3-2

建设规模	250 床以下	250～399 床	400 床及以上
建设面积指标	82	80	78

3. 儿童医院

儿童医院中急诊部、门诊部、住院部、医技科室、保障系统、行政管理用房和院内生活用房等七项设施的床均建筑面积指标应符合《儿童医院建设标准》建标 174—2016 规定，见表 3-3。

儿童医院七项用房床均建筑面积指标（m²/床）　　表 3-3

建设规模	200 床以下	200～399 床	400～599 床	600～799 床	800 床及以上
面积指标	88	93	97	100	102

4. 精神专科医院

精神专科医院中急诊部、门诊部、住院部、医技科室、康复治疗、保障系统、行政管理和院内生活等八项设施的床均建筑面积指标应符合《精神专科医院建设标准》建标176—2016规定，见表3-4。

精神专科医院八项用房床均建筑面积指标（m^2/床）　　　　　　　　　　表3-4

建设规模	199 床及以下	200~499 床	500 床及以上
面积指标	58	60	62

5. 中医医院

中医医院的急诊部、门诊部、住院部、医技科室、药剂科、保障系统、业务管理和院内生活用房等八项用房的床均建筑面积指标应符合《中医医院建设标准》建标106—2021规定，见表3-5。

中医医院八项用房床均建筑面积指标（m^2/床）　　　　　　　　　　表3-5

床位(床)	100 以下	100~299	300~499	500~799	800~999	1000~1500
建筑面积	100	105	108	110	108	105

3.4.3 医疗各分项建筑面积所占比率

1. 综合医院

综合医院七项用房占床均建筑面积指标的比例，见表3-6。

综合医院七项用房占床均建筑面积指标的比例　　　　　　　　　　表3-6

部门	七项用房占床均建筑面积指标的比例（%）	部门	七项用房占床均建筑面积指标的比例（%）
急诊部	3~6	保障系统	8~12
门诊部	12~15	业务管理	3~4
住院部	37~41	院内生活	3~5
医技科室	25~27		

2. 传染病医院

传染病医院七项用房占床均建筑面积指标的比例，见表3-7。

传染病医院七项用房占床均建筑面积指标的比例　　　　　　　　　　表3-7

部门	七项用房占床均建筑面积指标的比例（%）	部门	七项用房占床均建筑面积指标的比例（%）
急诊部	2	保障系统	10
门诊部	12	业务管理	4
住院部	45	院内生活	4
医技科室	23		

3. 儿童医院

儿童医院七项用房占床均建筑面积指标的比例，见表3-8。

儿童医院七项用房占床均建筑面积指标的比例 表 3-8

部门	七项用房占床均建筑面积指标的比例（%）	部门	七项用房占床均建筑面积指标的比例（%）
急诊部	3～5	保障系统	6～8
门诊部	19～24	业务管理	3～5
住院部	39～45	院内生活	3～5
医技科室	16～21		

4. 精神专科医院

精神专科医院七项用房占床均建筑面积指标的比例，见表3-9。

精神专科医院八项用房占床均建筑面积指标的比例（%） 表 3-9

部门	规模		
	199 床及以下	200～499 床	500 床及以上
急诊部	0	2	2
门诊部	12	12	13
住院部	54	54	52
医技科室	14	12	14
康复治疗	4	4	3
保障系统	8	8	8
行政管理	4	4	4
院内生活	4	4	4

5. 中医医院

中医医院八项用房占床均建筑面积指标的比例，见表3-10。

中医医院八项用房占床均建筑面积指标的比例 表 3-10

床位	八项用房占床均建筑面积指标的比例（%）	床位	八项用房占床均建筑面积指标的比例（%）
急诊部	2～4	药剂科	5～7
门诊部	15～20	保障系统	8～10
住院部	38～42	业务管理	3～4
医技科室	15～19	院内生活	3～5

3.4.4 车位数及地下室面积

1. 车位数

以武汉市为例：根据武汉市人民政府令 248 号《武汉市建设工程规划管理技术规

定》，医疗项目车位数配建要求，见表3-11。

医疗项目车位数配建要求 表3-11

建筑类别		计量单位	机动车				非机动车
			一环线以内	一环线与二环线之间	二环线与三环线之间	三环线以外	
医疗	三甲医院	停车位/1000m² 建筑面积	1.5	2	2.5	3	1.2
	一般医院		0.8	1	1.2	1.5	1
	社区医院		0.5	0.6	0.7	0.8	0.8
	疗养院		0.4	0.5	0.6	0.7	/

2. 停车位与地下室面积关系分析

根据收集的综合医院地下室面积与停车位个数关系，见表3-12，得出每个停车位与地下室面积关系平均为 $43.5m^2$/车位。

医院停车位与地下室面积关系实例 表3-12

项目	地下建筑面积(m^2)	地下停车位(个)	车位与地下面积关系(m^2/车位)
××人民医院	68033	1520	44.8
××妇幼医院	75000	1656	45.2
××医院	69442.24	1476	47.04
××中心医院	104697.30	2816	37.2

3.4.5 设备用房面积

各类型医院往往配备了不同数量的大型医疗设备，如：磁共振成像系统（PET/MR）、螺旋断层放射治疗系统等大型医疗设备。而《综合医院建设标准》建标110—2021已规定了单项设备用房面积指标，见表3-13，我们可根据医院拟配备的各类设备台数，见表3-14，分别计算汇总出拟建医院的设备用房总面积。

综合医院大型医用设备房屋建筑面积指标（m^2/台） 表3-13

设备名称	单列项目房屋建筑面积(含辅助用房)(m^2)
正电子发射型磁共振成像系统(PET/MR)	600
X射线立体定向放射治疗系统(射波刀)	450
螺旋断层放射治疗系统(TOMO)	450
X射线正电子发射断层扫描仪(PET/CT,含PET)	300
内窥镜手术器械控制系统(手术机器人)	150
X射线计算机断层扫描仪(CT)	260
磁共振成像设备(MRI)	310
直线加速器	470
伽马射线立体定向放射治疗系统(伽马刀)	240
数字减影血管造影机(DSA)	115

综合医院医用设备配置数量实际案例（台）　　　　表 3-14

项目	CT	MRI	DR	直线加速器	PET/CT	SPECT	DSA	X光
××人民医院	5	3	3	2	1	1	/	/
××妇幼医院	3	3	3	/	/	/	4	1
××医院	1	2	7	/	/	/	1	/
××妇幼医院	7	4	4	4	1	1	5	1
平均台数	4	3	6	3	1	1	3	1

3.4.6　保健用房面积

根据《综合医院建设标准》建标 110—2021，"综合医院的预防保健用房应按 $35m^2/$人的标准增加预防保健建筑面积。"保健用房面积实例，见表 3-15。

保健用房面积实例　　　　表 3-15

项目	保健用房面积(m^2)	编制人员（人）
××妇幼医院	9720	162
××中心医院	300	15

3.4.7　便民服务用房

根据《综合医院建设标准》建标 110—2021，"综合医院宜设置便民服务用房，满足就医群众实际需求，并按照 $0.2\sim0.4m^2/$床的标准增加建筑面积。"如 1000 床的综合医院，便民服务用房面积可为：$1000\times0.3=300(m^2)$。

3.4.8　健康管理用房面积

根据医院的未来使用需求，一般医院均需设置健康体检中心，体检中心常包含有内科、外科、基础、眼科、耳鼻喉、妇科、心电图、彩超、骨密度、人体成分、动脉硬化、肝脏弹性检测、肺功能、幽门螺杆菌、放射、驾照等多个科室。健康体检设施及其所需的面积指标可参考下列综合医院体检用房案例数据，见表 3-16，取平均每床位面积指标2.69 配置体检用房面积。

医院体检用房面积实例　　　　表 3-16

项目	床位数	体检用房面积(m^2)	床位与体检面积关系(m^2/床)	平均面积指标
××人民医院	1200	1550	1.29	2.69
××妇幼医院	500	922	1.84	
××医院	600	1700	2.83	
××妇幼医院	1000	4800	4.8	

3.4.9　科研用房建筑面积

随着医学科学的发展，综合医院所承担的科研任务也日益增加，科研用房的面积也亟待增加。根据新标准，承担医学科研任务的综合医院，按照每个科研人员 $50m^2$ 的标准增加科研建筑面积。而对于科研人员数量的计算，参考标准按副高级以上专业技术人员总数的 70% 为基数计算科研人员数量。按照综合医院床位数与医院员工数以 1：1.7 计算，技术人员比例应占 80% 以上，如果技术人员中按照高级、副高级、中级和初级人员配备比例为 1：2：3：4 的理想金字塔结构，副高级以上专业技术人员占 30%。

3.4.10　教学用房建筑面积

根据规范标准规定的规模测算面积，承担教学和实习任务的综合医院教学用房配置，按照 $15m^2$/学员配备用房面积，或者按规划的床位规模的一定比例（例如 10%）规划教学学生人数。

3.5　功能布局、流线设计建议

医院功能布局包括医用功能和布局两层意思，医院功能即医院需要承载的主要功能及实现这些主要功能所需的配套医技、护理、药事、后勤保障和行政管理等功能。而布局，则是确定医院各功能的规模及所需配套设施设备，并按照医疗工艺和医疗流程的要求将其分配、布置到医疗建设项目内。医院功能布局是否科学、合理决定了医院投入使用后是否便捷、高效，是否能满足医院当前使用和未来发展的需求，决定了医院建设的成败。

3.5.1　医院功能布局应与医疗工艺设计紧密关联、相辅相成

医院功能布局是医疗工艺设计的基础。而医院功能布局则需要遵循医疗工艺和医疗流程的基本原则，合理科学的医院功能布局是实现医疗工艺流程高效、便捷的基础条件，两者相辅相成。但两者又有所区别，医院功能布局侧重于从医院运营发展管理的角度明确医院功能定位，在此基础上按照未来医院运营和发展目标要求研究医院各种功能的规模并分配建筑面积、配套设施设备等资源，以使医院能够更好地实现其承载的功能定位。医疗工艺设计则更侧重于从医疗工艺设计的角度明确医院各种功能分区、功能要素的位置组成关系和医疗活动流线的组织，以及医疗流程及相关工艺条件、技术指标、参数等，使得医院医疗流程高效、便捷，符合相关规范要求。因此在前期规划设计时，功能布局规划应与医疗工艺设计紧密配合，确保医疗流程与相关资源配置相一致，避免出现医院面积分配不合理，有的拥挤不堪，有的过于宽松，避免出现医疗环境秩序混乱、流程混乱、流线交叉混行等情况，避免医院建成后使用不便，医疗效率低下，影响医院正常运行。

3.5.2　前置开展医院功能布局规划的时机

建议从全过程建设管理角度前置开展医院功能布局规划工作。在项目建议书阶段，

就应对医院总体功能定位和规模指标进行实事求是地调查研究和科学论证。在可行性研究阶段，应对医院规划的主要功能模块及完成这些主要功能所需的配套医技、护理、药事、后勤保障和行政管理等功能模块的规模进行深入研究分析，初步形成科学的医院建设功能架构方案。在方案设计阶段，应形成成熟完善的医院功能布局方案，明确医院总体和各个功能学科模块和配套设施模块的规模指标，并对各个功能模块按照医疗工艺和医疗流程的布局提出明确的要求，形成医院功能布局规划方案，成为方案设计的指导纲领。

3.5.3　医院功能布局应考虑运营经济效益

大型医院的市场竞争越来越激烈，医院要保持良好的可持续发展，必须在考虑地方疾病谱、承载社会责任的基础上，从自身经济效益出发，提升医院的运营效益，维持财务的收支平衡。因此，医院功能布局规划需要充分考虑未来医院提升运营经济绩效水平的需求，提升医院的市场竞争力。因此建议对医院重点学科、特色专科、差异化发展竞争力强大且绩效水平较高的功能科室，在建筑面积、配套医疗设备等各种资源配置方面给予支持，并为其预留发展空间，提升医院的合法经济创收能力，以支持医院取得竞争优势并持续提升运营绩效水平。

3.5.4　医院功能布局需要符合医院评审考核指标要求

根据《国家三级公立医院绩效考核操作手册》的考核指标要求，要求医院转患者比例和人次数、出院患者手术占比、四级手术比例应逐步提高，因此大型医院的整体功能布局应根据着重承担危急重症和疑难复杂疾病诊疗任务的原则，建议按各类医院级别定位、强势专/学科建设、发展专/学科建设、培育专/学科建设进行规划，加大外科类学科建设和资源配置，包括普外、胸外、泌尿、神经外科、骨科、眼科、五官科和妇科肿瘤等外科类床位占比（至少65%），同时内科的床位占比要降低（不大于35%），并且内科类需要提高心内科、消化内科、呼吸与重症医学科等介入治疗类和有较高医疗技术水平要求的专科床位比例，将病情平稳、轻症、慢性病和康复类的患者向下级医院转诊。同时《综合医院建筑设计规范》GB 51039—2014 中计算手术室间数有两种方式，按总床位数的 1/50 或外科床位数的 1/30～1/25 计算。而国内一线城市按此计算，手术室不足是普遍现象，因此建议至少按外科床位数的 1/25 规划手术室间数。另外《综合医院建筑设计规范》GB 51039—2014 规定"ICU 床位宜占总床位数的 2%～3% 设置"的标准也不能满足实际的使用需求。发达国家的大型医院重症医学科床位数占病床总数普遍超过 10%，因此建议大型医院重症医学科床位数占病床总数以超过 8% 为宜。综上所述，只有医院功能布局尽量符合医院考核、评比要求，才能更好满足病患、医护及医院未来发展的需求。

3.5.5　医院功能布局应做好功能流线规划

传统医院布局模式为门诊—医技—住院，患者的医疗行为不可能只局限在某个区域内，可能需要跨越多个区域的医疗部门才能完成。如门诊患者需要在挂号处挂号，到门诊部就诊，到医技部做检查或治疗，到药房取药等。而住院患者需要到入院处办理住院手续，到病房住院，到医技部做检查或治疗，或到手术部做手术，转到 ICU 住院，转回普通病房，办理出院等。大型医院与小型医院相比，患者的医疗流线要远得多，花费在科室之间移动的时间则更多，并且各种患者功能流线交叉混杂，医院内人流拥挤，容易产生院内感染。而对于病情紧急的医疗部门，如果流线设计不合理则会导致医疗服务效率低下，延长患者受病痛折磨的时间，更有甚者可能会危及患者生命安全。因此，大型医院需要更全面地对医院功能布局进行分析、研究，将每个医疗流程中与医疗行为联系最紧密的功能部门和相关科室就近布置，减少不同患者的流线交叉，减少就诊路线重复，缩短流线距离，减少交通压力，节省就诊时间。特别对于目前有平疫结合要求的医院，应严格遵循"三区二通道"的设计原则，同时考虑门诊与住院病人医技检查的合理分流（包括电梯与通道分流），重点模拟、规划人流集中区域的病人、医护、污物流线，有条件时，应保证污物和人流分开，将专用的医护人员通道和患者通道进行分流。发热门诊与隔离病房应设计为独立建筑、独立区域，设置独立的出入口和通道，且与其他区域保持相应防护距离。洁净流线和污物流线、传染流线和非传染流线应分开设置，满足国家平急结合的要求。

同时流线规划还可以考虑通过一站式服务的布局模式，如：围绕外科诊室设置影像、康复、换药等布局，减少病人的移动；通过智慧医院建设，使用预约挂号、无现金支付和智慧物流等技术，减少门诊集中挂号收费、门诊集中取药等流程环节，减少不同疾病患者聚集和流线交叉；或者可以将放射影像科的 CT、MRT 等大型检查设备按急诊、门诊和住院分置，减少急诊、门诊和住院患者的流线交叉；还可以考虑以疾病病种为中心或以器官（系统）为中心进行组团布局，将学科群集中布局于一个建筑单元，如心胸内外科中心、消化系统中心、神经系统中心等，根据不同病种或学科群的配置需求，将诊治、检查、治疗功能配套齐全，各学科群门诊住院一体化、医护医技一体化，实现"院中院"模式独立运转，缩短患者的就诊流线，减少病人的移动距离，减少不同病种、不同诊疗中心患者之间的流线穿越、交叉，最终提升医院的运营效率、医疗品质和安全水平。

3.5.6　医院功能布局应有前瞻性，医技科室应预留发展空间

当前医疗技术和医疗设备飞速发展，各种高精尖、复杂、昂贵的大型医疗装备层出不穷，需要不断地增加和更新。而随着智慧医院建设的快速发展，也带来了医疗流程的巨大变化。因此医院功能布局应具有前瞻性，应考虑医联体、互联网医疗等未来就医需求和模式变化带来的影响。对于大型医院，分级诊疗和医联体的推进，以及"互联网＋医疗"模式的发展，可能会导致门诊量缩减，住院比例变大，门诊布局可能要加强日间治疗、日间手术和远程医疗等资源配置。内镜诊断治疗、心内及肿瘤介入治疗等内外结合及微创治疗学科可能会不断发展，需要预留发展的空间。在医院学科架构规划未明确的情况下，医院功能布局规划设计可能要分步实施，局部空间可以先建设框架式结构，以便为今后调整科

室预留位置。大型设备的空间一定要预留充足，有防护屏蔽设备的空间（包括放射科、手术室等区域）面积应足够，为未来新设备的添置和旧设备的更换预留足够的空间。只有这样才能真正保证建成投入使用的医院十年之内不落后。

3.5.7　医院功能布局设计选择建议

1. 固定服务设施和医用家具

（1）挂号、缴费、取药等服务性窗口

位置位于门诊大厅、急诊大厅、住院大厅等区域，应易识别、易通行、易到达。设施应满足医护人员办公、缴费、查询、打印等基本功能，工作单位宜采用侧向窗口设计。站式服务窗口高度宜为 1000～1100mm，工作区域地面宜抬高 300mm，窗口台面进深宜为 450～600mm。窗口面单个宽度宜为 1200～1500mm，每个服务窗口之间可采用隔断分隔。窗口宜采用玻璃等透明材质，采用封闭窗口设计时，服务窗口净高不应低于 200mm，采用半开放式设计时，窗口宜安装防盗措施。无障碍服务窗口应满足《无障碍设计规范》GB 50763—2012 的规范要求，无障碍服务台面高度宜为 750mm，医护工作位腿部净高应小于 600mm。窗口下部宜设置防撞条或防撞带。窗口明显位置宜设置显示器，配置叫号服务器。

（2）抽血窗口

窗口台面高度宜为 750mm，进深宜为 450～600mm，窗口下部应内退，患者侧进深不应小于 200mm，医护人员侧进深不应小于 600mm 采用封闭窗口设计时，抽血窗口不应低于 350mm，送血窗口不应低于 350mm。

（3）洗手池

台面尺寸应结合空间尺度设计，高度宜为 800mm，进深不宜小于 600mm，长度结合空间尺度而定，满足洗手功能。与墙面交界处设置挡水条，高度宜为 100mm，材料宜与台面一致。洗手池可选用台下盆或独立盆，独立盆宜选用能将感应开关、给水、排水设施隐藏的半挂盆，柜体应满足储存功能。

（4）服务台、分诊台、护士站

服务台位置位于门诊大厅、急诊大厅、住院大厅等区域，应易识别、易通行、易到达，方向宜面对患者就医流线。分诊台位置位于各科室候诊区，方向宜面对患者候诊区。护士站位置宜位于护理单元中部，便于快速到达病房。尺寸宜适应医院规模、满足患者流量，可将服务台面和工作台面综合设置，外侧服务台面进深宜为 300mm、高度宜为 1100mm，内侧工作台面进深宜为 600mm、高度宜为 750mm，无障碍服务台面可与内侧服务台面高度一致。内部柜体宜用活动柜体，便于下部清洁。

（5）操作台、配餐台、样本台

尺寸应结合空间尺度设计，高度宜为 800mm，进深不宜小于 600mm，长度结合空间尺度而定，满足操作、配剂、配餐、检验、样本暂存等功能。台面与墙面交接处宜设置与台面同材质卷边。

（6）其他设施

扶手应设置于大厅、走廊、电梯厅、候诊区、病房等人流量大的区域，安装应稳定、牢固、连续、防滑，扶手高度宜为900mm，防撞扶手上沿高度宜为1050mm。输液吊轨的设置应与输液位匹配，吊轨固定件应与结构楼板连接固定，应稳定、牢固，轨道滑车应灵活、顺畅、安全、静音，最大运动荷载不应小于6kg。输液椅与附带的输液杆应保证连接稳固，宜设置与护士站连接的呼叫按钮。隔帘的设置应保证就诊、治疗、处置空间的私密性，隔帘尺寸应适当宽于帘轨尺寸，宜设置在内科、外科等用房。诊桌应能满足医生问诊、办公、打印等基本功能，面向患者一端宜采用圆角设计，避免边角使用锐利的收边材料。候诊椅应选用坚固耐用、便于清洁的产品，宜进行组团式布置，便于灵活管理。检查床、抚触台等宜采用软包床垫，床下可设储物抽屉，床腿可安装带刹车功能的万向静音轮。病房衣柜宜按每床配置400~500mm的独立衣柜，住院周期较长的科室，每床宜配置2个衣柜。

（7）室内门窗

门饰面应采用防潮、抗菌、易清洁、不变形的材料。医院的门设置类型有单开门、双开门、子母门等，病房门净宽不应小于1100mm，宜设观察窗；抢救室门的净宽不应小于1400mm。病房卫生间门应向外开启，可设置百叶，便于通风。公共卫生间内的隔断门应向外开启。有观察需求的房间使用的门应设置观察窗，宜采用不小于5mm钢化玻璃。观察窗设置尺寸与形式以具体房间需求为准。公共空间的门扇宜设置金属或PVC防撞带。洁净区的门开启宜为非手动开启的方式。潮湿空间使用的门宜在门扇、门套底部增加防潮处理。医技用房、洁净区域等有特殊要求的门窗需满足特殊空间的工艺流程要求。

（8）收口和细节设计

通常需要收口的位置有门窗洞口、地面收口、墙面收口、墙面与地面收口等，主要类型有阴角收口、阳角收口、平面收口等。对装饰面的边、角，不同材料的衔接部分应进行收口工艺处理，弥补饰面装修的不足之处，增加装饰效果。

收口的方法根据是否需要辅材，可以分为压条、打胶、留缝、错缝、对撞等，踢脚设置不宜突出墙面，高度宜为100mm。墙裙设置宜与墙面平齐，高度宜为1200mm。墙面阳角处宜安装圆弧状护角，走廊的柱面、墙面及其阳角、门，均宜设置防撞缓冲设施，墙面与地面相交处，阴角宜做成小圆角构造（$R \geqslant 40mm$），避免积尘，方便清扫。用PVC等柔性材料粘贴地面时，材料应从地面延伸至墙面，形成圆角并与墙面平齐，也可略缩进2~3mm，地面材料在墙面上延伸高度宜大于150mm。

（9）室内陈设和景观

室内景观绿化应根据植物的生物特性、生态习性和种植的条件进行科学搭配，宜选择蔓长、浅根的植物。室内垂直绿化墙栽培容器应设排水孔，基层应设计防水措施，确保基础结构的安全。室内水景应设置在自然光线充足、通风良好的位置，深度不宜大于300mm，池底应进行防滑处理，不宜种植苔藻类植物，应设置水质过滤装置。

2. 关于手术部建议如下

（1）手术部

应独立成区，宜与相关的外科护理单元、急诊、介入治疗科、ICU、病理科、中心供应室、血库等有便捷联系。一般设置在医技楼的顶层、住院楼的裙房部分或者住院楼的主楼内，便于和相关科室联络；洁净手术部需要考虑预留净化空调机房区域。

（2）手术室层高、面积

手术室净高一般为 2700～3000mm，DSA 手术室净高一般在 2900～3000mm；手术室楼层由于管线较多，楼层高度建议为 4500～5000mm；手术部的总建筑面积可按每间手术室 200～300m^2 估算。

（3）洁净手术部

1）ICU 与手术室一般设置在相同或相邻的楼层，便于输送术后需要监护的患者。

2）急诊科与手术室关系紧密，两者之间最好设置直达的急救电梯，方便患者在紧急情况下的救治。

3）消毒供应中心与手术室适宜平层或在手术室下方设置。通过专用的洁梯、污梯保证手术室术后污物与消毒后的无菌物品能快速到达相关区域。

3.6　柱网尺寸、医疗用房尺寸及布置建议

3.6.1　柱网尺寸建议

医疗建设项目一般采用框架结构或框架剪力墙结构，房间尺度应按照经济、实用、基本舒适的原则制定，医疗工艺设计和相关规范对医疗业务用房有最小单边长度等特别要求，如果医疗建设项目的柱网结构不能够较好地契合医疗业务用房的长度、宽度要求，往往会在建筑功能布局和医疗工艺设计中造成部分建筑空间面积的分割困难和部分面积的浪费，影响医院的得房率。此外，医院有些区域因为三区两通道等特别要求需要布置外走廊，如果柱子布置在建筑最外侧，由于柱子的存在，为了满足外走廊的最低宽度要求，就需要浪费更多的面积空间作为走廊布置，如果柱子外侧有悬挑结构可以满足走廊的宽度要求，则可以提高医疗项目的得房率。同时恰当的建筑柱网结构可以提升医院地下停车场的停车位数量比例。例如柱子的截面是 700mm 大小，如果两个柱子轴距（柱距）是 8000mm，那么两个柱子中间的净宽只有 7300mm，一个车位往往需要 2500mm，每一跨空间只能设计 2 个停车位，但如果两个柱子轴距是 8200mm，两个柱子中间的净宽有 7500mm 就可以设计 3 个停车位，可以大幅度减少每一个停车位占用的地下室面积，从而可以减少地下停车场分摊的面积，提高医疗建设项目的得房率指标。

根据以往工程案例分析，见表 3-17，得出柱网采用 8100～8400mm 比较合适，这样既能使地下室的停车位经济、高效，也能使门诊、医技、病房的房间尺度适宜，尽可能地获得较高的得房率指标。

医疗项目柱网设计实例 表 3-17

项目名称	横向间距(mm)	纵向间距(mm)
××妇幼医院	8000、6000	8400、6000
××大学医院	7800、7200	7200
××人民医院	8100、7500、6450	8100、7200、7000、6300
××中心医院	8400、8000	8400、7800、7200、5000
××医院心血管大楼	7800	8500、3000、8700
××医院门诊医技综合楼	8100	8100、7800
××医院	8000	9600、8300、5800
××医院	7800、5100	8100、6000
××医院应急病房楼	9000、6000	7100、6900、6400
××医院急救中心大楼	8700	8700、8100、7500
××医院质子加速器	8000	8000
××医院质子中心	8400、8100	8100
××医院质子大楼	8000、7050	8000、6600
××儿童医院	7800	5500、5750
××医院	8400、6000、5200	8000、6000
××卫生中心	8400、5700	8400、6900
××医院科研大楼	7800	8400、8000、7500、6600
××人民医院	8100、8400	8100
综合分析	8000、8400、7800、6000	8100、8400、8000、6000

3.6.2　医疗用房尺寸建议

医院门诊、医技、住院等主要医疗功能都有大量不同医疗工艺流程要求的功能用房，各类用房均有相应的尺寸、面积要求。结合我司参建的众多医院项目案例，梳理出以下各类医疗用房参考布置原则与尺寸数据，供新建医疗项目参考借鉴。

1. 诊室布局原则

（1）按照"诊断区"和"检查区"进行分区，尽量压缩"诊断区"面积，以符合大流量门诊的需求，便于有序管理。

（2）使诊桌、诊察床、医生手盆形成三角形布局，便于医生高效率开展诊断工作，即在诊床上进行多种检查——检查完后及时洗手——回到诊桌就座。

（3）使患者座椅、诊察床、出入口形成三角形关系，符合患者进门后就座、到检查床、就座或离开的行动路线。

（4）本着医生操作方便的原则，满足医生在问询的过程中操作电脑和对患者进行简单检查的要求。

（5）诊桌宜为 T 形，便于设备布置及相关操作，同时也可满足安排助手或陪同空间的要求。

2. 病房布局原则

（1）以国家规范为标准，满足采光、通风、床间距离等要求。

（2）从"人性化"角度考虑，考虑陪床椅位置，以满足病患及家属"关怀"的心理需求。

（3）病房卫生间从"干湿分开"的角度考虑进行布局。

（4）病房卫生间位置可根据南北方气候条件等因素综合考虑确定，"外置"和"内置"各有利弊。

卫生间内——靠走廊一侧布置。将卫生间靠走廊一侧布置，房间可以充分利用外墙进行开窗采光，但卫生间无法获得自然采光与通风，对于医护人员观察患者也会产生一定的遮挡，如图 3-1 所示。

卫生间外——靠外墙布置。靠外墙布置可使卫生间获得良好的自然通风与采光，减少对病房空气的污染，但占用部分可进行开窗采光的外墙面空间，会对病房采光造成一定影响，如图 3-2 所示。

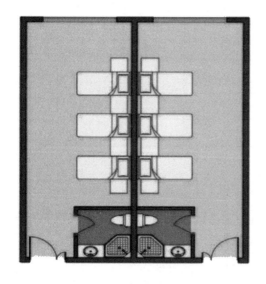

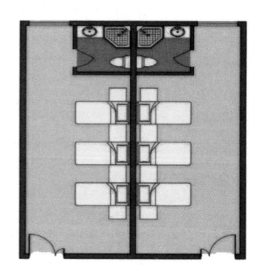

图 3-1　卫生间内设计示例　　　　　　图 3-2　卫生间外设计示例

卫生间中——布置于两病房之间。将卫生间放置在两个病房之间，这样卫生间和病房都能获得较好的自然采光与通风。但占用病房楼建筑面宽，同样长度的采光面可布置的病房数会减少，如图 3-3 所示。

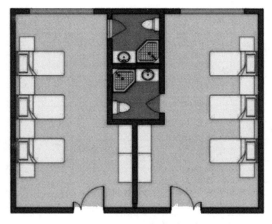

图 3-3 卫生间中设计示例

3. 医疗用房尺寸示例

各类医疗用房尺寸示例，见表 3-18。

各类医疗用房尺寸示例 表 3-18

空间类别	房间名称	开间(mm)×进深(mm)	面积(m²)	高度(mm)
一般诊疗类	单人诊室(带独立卫生间)	4050×5500	22	不小于 2600
	急诊诊室(双入口)	3300×4500	15	不小于 2600
	急诊诊室(含值班室)	2900×5000	15	不小于 2600
	中医传承诊室	6000×4500	27	不小于 2600
	肛肠科诊室	3500×6500	22	不小于 2600
	心理评估室	2700×4100	11	不小于 2600
	皮肤科诊室	2800×4600	13	不小于 2600
	皮肤镜检查室	2700×4100	11	不小于 2600
	预约式妇科诊室	3000×3500	11	不小于 2600
	妇科诊室(双床)	3300×5000	16.5	不小于 2600
	妇科体检诊室	2800×4000	11	不小于 2600
	儿科诊室(小儿)	4100×3800	16	不小于 2600
	儿童智力筛查室	2700×4500	13	不小于 2600
	生长发育测量室	2700×4100	11	不小于 2600
	儿童体质监测室	8400×13000	110	不小于 2600
	体格发育监测室	4700×5400	25	不小于 2600
	吞咽评估治疗室	2700×4100	11	不小于 2600
	步态功能评估室	4100×5000	20	不小于 2600
	儿童营养诊室	2700×4100	11	不小于 2600
	普通病房(单人)	3650×6800	24	不小于 2800
	监护岛型单床病房	3650×6800	28	不小于 2800

空间类别	房间名称	开间(mm)×进深(mm)	面积(m²)	高度(mm)
一般诊疗类	骨髓移植层流病房	4500×7700	27	不小于2800
	核素病房(双人)	8500×4300	36	不小于2600
	单人隔离病房	4350×8100	34	不小于2800
	核医学单人候诊室	2500×6100	15	不小于2600
	结构化教室	8000×6500	53	不小于2600
	患者活动室	8000×3500	28	不小于2600
	儿童活动室(含宣讲)	10000×6500	65	不小于2600
	小型哺乳室	2000×2000	4	不小于2600
治疗处置类	心肺复苏室	6000×5000	30	不小于2800
	处置室	2500×4100	10	不小于2600
	高活性注射室(给药室)	2700×2000	5	不小于2600
	注射室	2100×2400	5	不小于2600
	接婴室	3000×4100	12	不小于2600
	婴儿洗澡间	2700×5000	13.5	不小于2600
	治疗处置室	3000×4100	12	不小于2600
	个人心理治疗室	3000×4100	12	不小于2600
	早期发展治疗室(含培训)	4600×7000	32	不小于2800
	中医理疗室	2700×3800	10	不小于2600
	VIP输液室	2700×4100	11	不小于2600
	家化新生儿病房	2700×4100	11	不小于2800
	袋鼠式护理病房	3650×6800	23.5	不小于2800
	新生儿重症监护病房	3100×3800	12	不小于2800
	早产儿护理间	7500×7450	56	不小于2600
	隔离分娩室	6000×7200	43	不小于2600
医疗设备类	睡眠脑电图室	3000×5000	15	不小于2600
	语言治疗室	2700×4100	11	不小于2600
	儿童视听感统训练室	2700×5000	13.5	不小于2600
	眼科诊室及暗室	5500×4100	22	不小于2600
	眼科配镜室	2700×4100	11	不小于2600
	LEEP刀治疗室	4000×5000	20	不小于2600
	阴道镜检查室	3000×6700	20	不小于2600
	VIP超声检查室	3000×6600	20	不小于2600
	超声骨密度检查室	2700×4600	12	不小于2600
	肿瘤热疗室	7700×5000	37.5	不小于2600
	ADL训练区	4500×9000	40	不小于2600
	中药熏洗室(单人)	3500×5000	18	不小于2600

续表

空间类别	房间名称	开间(mm)×进深(mm)	面积(m²)	高度(mm)
医疗设备类	结肠水疗室	3000×5000	15	不小于2600
	沙盘治疗室	3000×4100	12	
	DR室	检查室 3650×6800	30	不小于2800
		控制室 6000×3000	18	不小于2800
	全景室	扫描室 2700×2700	7	不小于2600
		控制室 2700×2200	6	不小于2600
	MRI-GRT(8MV直线加速器)	治疗区 6700×7500	50	不小于3000
		控制区 8400×4080	30	不小于2600
		机房 4800×4080	14.5	不小于2600
	后装治疗室	治疗区 6000×9000	54	不小于2800
		控制区 6000×3000	18	不小于2600
	甲状腺摄碘率测定室	2700×4100	11	不小于2600
	CT室	检查区 5500×7200	40	不小于2800
		设备间 5500×2000	10	不小于2800
		控制区 5500×2000	15	不小于2800
	制水设备室	3500×4500	16	不小于2600
	耳鼻喉特需诊室	3000×4400	13	不小于2600
	口腔VIP诊室	3500×6100	21	不小于2600
	内镜洗消室	5600×3300	18	不小于2600
	储镜室	2000×3000	6	不小于2600
加工实验类	回旋加速器室	加速器室 5000×4000	18	不小于3000
		设备间 7000×4000	28	不小于3000
	分装室	2700×4100	11	不小于2600
	储源室	2200×3000	6	不小于2600
	精子处理室	2700×5000	13.5	不小于2600
	血气分析实验室	2000×3000	6	不小于2600
	电泳室	3500×5000	17.5	不小于2600
	PCR实验室	15150×8600	130	不小于2600
	放射免疫分析室	3850×6100	23	不小于2600
	PI实验室	13000×6000	78	不小于2600
	二氧化碳培养室	2700×5000	13	不小于2600
	细胞培养室	5200×5000	25	不小于2600
	病房配剂室(三间套)	7300×3800	28	不小于2600
	核方打印室	3000×4100	12	不小于2600
	推车清洗室	2500×6000	15	不小于2600

续表

空间类别	房间名称	开间(mm)×进深(mm)	面积(m²)	高度(mm)
办公生活类	护士长办公室	2500×4000	10	不小于2600
	医生休息室(沙发)	2700×4100	11	不小于2600
	医护休息室	3500×3500	12	不小于2600
	联合会诊室	4100×4100	17	不小于2600
	无障碍卫生间(助浴)	2900×2800	8	不小于2600
	亲子卫生间	3000×4000	12	不小于2600
	亲子卫生间(单间)	2000×3500	7	不小于2600
医疗辅助类	更衣室(18柜)	2500×4000	10	不小于2600
	缓冲间	2000×2000	4	不小于2600
	核素废物暂存间	2500×3000	8	不小于2600
	中药发药单元	5000×6000	30	不小于2600
	自动发药窗口	7500×6000	45	不小于2800
	仪器设备库房	2000×3500	7	不小于2600
	维修间	6800×5500	37	不小于2600
	精子库	5000×4100	20	不小于2600
	体检备餐间	2000×3500	7	不小于2600

3.7　护士站、住院病房布置样例

护士站、病房是医院必备功能单元，使用与服务人员众多，也最能体现医院设计的便利性与人性化效果，以下是相关设施的布置样例分析。

1. 护士站布置

医院护士站往往在护理单元内居中布置，护士站一般采用半开放的高低柜台设计，起到阻隔功能，让医护人员的作业空间与病区走廊公共空间分离，避免非工作人员进入医护作业办公区。两侧留有通道是为了工作人员进出方便快捷。同时护士站设计的高、低台面宽度需满足站立与轮椅人员的书写方便。而低台面的对应方向应需满足护理人员在坐姿下可以看到走廊的全景，或者利于观察病区的出入口。具体布置图例见下文详述。

（1）××妇幼护士站布置

高柜台面宽度300mm，高度1050mm；低柜台面宽度700mm，高度750mm。护士站低柜面对病区出入口，便于观察人员进出，如图3-4所示。

（2）××儿童医院护士站布置

高柜台面宽度300mm，高度1080mm；低柜台面宽度750mm，高度780mm；护士站低柜面对走廊墙壁，不利于观察病区人员进出，如图3-5所示。

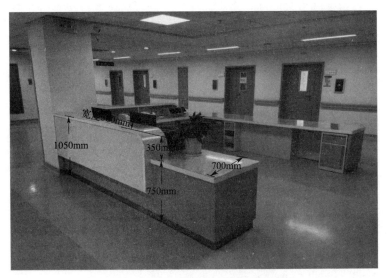

图 3-4　××妇幼医院护士站布置

图 3-5　××儿童医院护士站布置

2. 病房布置

普通病房一般设计为三人间，医院手摇病床尺寸宽度一般为 900mm，规范规定病房门净宽不应小于 1100mm，因此一般情况下病床可以较为轻松进入。电动病床宽度在 1000mm 以上，倘若按照规范 1100mm 净宽设置，病床进入勉强。因此，病房门宽度应设置 1300mm 以上子母门，内开方式，方便病床的进入。病房卫生间常采用内置靠走廊一侧布置，既创造一定的缓冲空间，也利于医用推车或清洁车暂时停靠。病房内无障碍卫生间包括洗手台、马桶、坐浴椅、助力扶手、浴帘，为满足轮椅在里面活动，卫生间净尺寸应不小于为 2100mm×2000mm。卫生间的门须朝外开或采用推拉的形式，宽度在 800mm 以上。卫生间内应做干湿分区或设置浴帘。病床设备带的床头灯应设置在床头柜一侧，避免灯光直照躺卧患者面部。床头靠病人手臂自然放置位置宜设置插座，便于病人手机充电。

（1）××妇幼住院病房布置

设备带宽度 250mm，高度 1320mm，设置 3 个 5 孔插座；床头下部插座高 300mm，偏低，如图 3-6 所示。

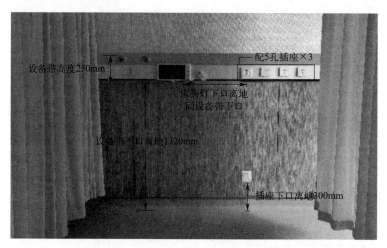

图 3-6　××妇幼医院住院病房布置

（2）××质子中心住院病房布置

设备带宽度 250mm，高度 1300mm，设置 2 个 5 孔插座；床头下部插座高 600mm，如图 3-7 所示。

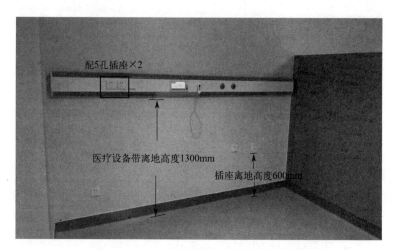

图 3-7　××医院质子中心住院病房布置

（3）××儿童医院住院病房布置

设备带宽度 180mm，高度 1350mm，设置 2 个 5 孔插座；床头下部插座高 750mm，如图 3-8 所示。

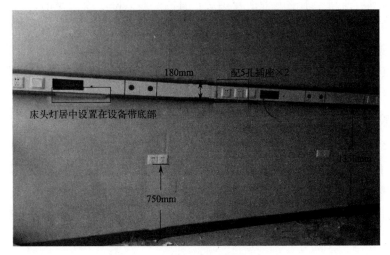

图 3-8　××儿童医院住院病房布置

3.8　装修设计建议

医院是承载医疗服务功能的特殊公共场所，医院居住环境的特殊性使医院装修设计材料选择比普通建筑有更高的标准和要求，特别是需要满足医疗功能、医疗安全、消防防火、院内感染控制、噪声控制、环境安全及疗愈环境要求等，因此装修与家具配置挑战性大，为了更好地建设实施医院装修工程，结合已有成功建设管理案例，提出以下相关经验与建议。

3.8.1　医院装修设计材料选择建议

1. 满足医疗功能及诊疗要求

有些医院装修设计对诊疗场所一味追求色彩的创新应用，追求疗愈环境的设计，往往忽略"安全、适用、功能"的要求，尤其是需要适用于医疗服务环境，保障医疗安全与诊疗效果要求。例如：医院诊疗场所的玻璃窗应选择无色玻璃，因为如果选择有色玻璃，阳光透过玻璃，导致光线变色，会影响医护人员对患者的视诊和病情观察。同样，医院诊疗场所的墙壁，应尽量避免使用有色反光材料。灯具要选择色温接近太阳光的发光源，以利于医护人员诊疗要求。

2. 满足消防安全防火要求

医院是老弱病残人群最集中的公共场所之一，因此对医院内部装修材料的防火等级提出了更高的要求。特别是《建筑内部装修设计防火规范》GB 50222—2017 中 4.0.8 规定：无窗房间内部装修材料的燃烧性能等级除 A 级外，应在相关规定的基础上提高一级。医院无窗房间主要涉及两部分，一部分是手术室、重症监护室、产房等有洁净要求的专业医疗用房，另一部分是核磁共振机房、放射机房以及水泵房等设备机房。由于手术室、重症监护室、产房等有洁净要求的专业医疗用房，其内部装修除了要满足消防规范以外，还需要满足医疗功能等其他方面的需求，常规使用的大多数墙面、地面装修材料基本上没有能达到 A 级的产品。因此建议医院在进行建筑装修设计时尽量减少无窗房间的设计或房门设计自带观察窗，包括有洁净要求的专业医疗用房尽量设计为有窗房间，做好关闭时的密封施工（发生火灾时可开启），解决装修选材的难题。

3. 满足院内感染控制需求

医院装修材料应符合《医院洁净手术部建筑技术规范》GB 50333—2013，《医院消毒卫生标准》GB 15982—2012 等规范要求，应尽可能满足医院院内感染控制需求，有效遏制细菌和病毒的传播，减少患者交叉感染的机会，保证医居环境的安全、整洁和健康。例如：地面、墙壁的材料应该有利于清洁消毒，地脚线应尽量选用圆弧造型材料施工，减少藏污纳垢的缝隙。对于湿度较大地区，地面、天花、墙壁和家具等尽量选择防潮、防霉材料。

4. 满足医院环境安全要求

医院装饰材料安全性包括力学强度性能、耐老化性能、有害物阻隔性能等，应符合国家相关标准的规定。医院的内部装修材料选择应保障环境安全及无障碍设计的要求，避免患者受到二次伤害。例如走廊、诊疗服务区域和房间墙面应使用平滑、不易擦伤的材料。儿童诊疗服务等区域应选择带缓冲性的材料，墙面阳角应处理成圆角或用弹性材料做护角，避免磕碰受伤。地面铺装应选用 PVC 等平整、防滑材料，防止不必要的跌倒。楼梯应做防滑处理，诊室和病房不应该设置门槛，卫生间、走廊等公共空间要设置扶手，且扶手应避免使用水平向扶手固定件，避免对手的平移造成阻挡，扶手的末端应采取向墙壁或下方弯曲的设计，以防止使用者摔倒。医院走廊等通道的隔断应避免使用玻璃，避免使用全玻璃门和落地窗玻璃，可选择不容易破碎的透明亚克力板替代，防止碰撞破碎，造成二次伤害。

5. 满足医院噪声控制要求

医院在装修设计时要考虑噪声问题，最大程度为医护人员营造一个安静的诊疗环境，为患者营造一个安静、舒适的康复环境。因此在装饰材料上应选择隔声、吸声、降噪的材料。特别是医院大厅、走廊、候诊区等人员密集区域，墙壁、天花应尽可能地采用吸声降噪的材料，地面应尽可能采用塑胶材料（如 PVC 防滑地板）降低鞋底踩踏产生的噪声及声音反射。

6. 满足以人为本、节能环保和疗愈环境的要求

医院装修设计材料应充分考虑以人为本、节能环保、温馨舒适等因素。应尽可能加强自然采光和自然通风的设计，将自然光线和景观引入室内，营造自然舒适的疗愈环境。同时应采用符合国家强制环保标准的材料，保障材料在长时间使用过程中无毒无害，对健康无不良影响。首选天然、无有害物质释放的材料，在选用有机合成材料时，应符合甲醛、苯系物、VOC 等有害物排放标准。

3.8.2 医院家具配置建议

1. 建议聘请第三方专业机构负责家具配置方案设计

由于家具厂家无法派出专业设计团队长时间为医院提供免费设计服务，且由厂家负责设计常会导致造价控制与廉政管理出现风险，而聘请第三方家具研究开发专业机构负责设计配置方案则可以规避以上问题，第三方专业团队可以根据现场的空间尺寸和使用功能要求逐个绘制结构图纸，可以主动组织协调征集各科室意见，与厂商沟通反馈，不断修订完善配置方案，为医院提供个性化的专业服务，最终实现节约造价、保证质量的效果。

2. 高质量标准配置的原则

所有家具成品与原料辅料应按照高质量标准进行配置。例如：所有桌面木板厚度均大于或等于18mm；铝合金原料的质量等级、型号不低于6303系列，壁厚为1.0mm以上，表面保护层的厚度为8μm以上；钢材类产品、零部件等所有制品的材料等级均不低于304不锈钢材质；器械柜、药柜、实验室家具等特殊专业家具需要符合防腐、防酸碱、防生物污染等特殊专业规范要求。

3. 最高安全标准配置原则

医院是儿童、孕产妇和体弱者人流密集的公共场所，家具配置应符合国家或行业现行最高级别的质量标准要求。例如产品不应有危险锐利边缘及危险锐利尖端，棱角及边缘部位应经倒圆或倒角处理。产品不应有危险突出物。所有高桌台及高度大于600mm的柜类产品，应提供固定产品于建筑物上的连接件等。

4. 高环保标准配置的原则

医院家具的使用和接触人群多为儿童、孕产妇、体弱者，而且多数安装环境通风不理想，为了保障医院特殊人群的安全健康，所有家具主要材料的环保指标应满足最高环保标准要求。最大限度地保证产品出厂时、消费使用过程中无毒、无害（无腐蚀性、无放射性、无生物危害、无有害挥发物）。所有非固定零部件（如门板、椅脚、轮子等）均应经降噪或保护地面的处理。

5. 高度人性化的配置原则

医院家具的使用对象大部分是妇女（尤其是孕产妇）、儿童、老人和体弱者。家具设计应尽可能地考虑人性化关怀的理念，尽可能提高使用者的舒适性和便捷性体验。所有候诊区的座椅，均使用带皮坐垫和带靠背垫的座椅，提高舒适度。孕妇和产科诊室，选用C形包围靠背软包的休闲沙发椅，体现对孕妇的人性化关怀。考虑到妇产科的医护人员大部分是女性，平均坐高偏低20mm的特点，建议将该区域绝大部分医护办公桌的高度降低20mm，提高舒适性。诊桌设计为T形，对于右利手，则在右边桌靠墙放置打印机、纸张、鼠标等，提高使用便捷性，中间突出部分设计为圆弧，便于医患互动，减少移动距离和磕碰。

3.8.3 装修界面设计建议（见表 3-19）

装修界面设计建议 表 3-19

用房名称	界面设计
门诊大厅	1. 可设置药房、挂号窗口、收费窗口、取药窗口、等候区、信息展示区、咨询预约区等，应交通流线清晰，人流组织合理，避免或减少交叉。 2. 可设置总服务台、休息等候座椅、电子屏幕、自助挂号机、缴费机、查询机、ATM 机等服务设施。 3. 装修形式宜简洁大方，避免过多装饰，地面通畅、墙面简洁、顶面明亮、标识醒目。 4. 可设置医院历史、医疗特色、科室介绍等内容，提升医院文化建设
候诊区域/走廊	1. 宜采用"一科一候诊"的独立候诊区，条件受限情况下，可采用混合候诊的形式。 2. 可采用一次候诊区与二次候诊区相结合的形式，一次候诊区域宜为独立的空间，有独立的护士站台及叫号系统，二次候诊区可采用诊室走廊候诊形式。 3. 候诊区宜设置分诊台、候诊椅、叫号器、显示屏等设施。 4. 诊室门外宜配备电子叫号显示屏。 5. 装修形式宜简洁大方，墙面顶面材料宜具备吸声功能
电梯厅	1. 宜有自然采光和通风。 2. 装修形式宜简洁明亮，满足无障碍设计要求
公共卫生间	1. 公共卫生间设计应符合《民用建筑设计统一标准》GB 50352—2019 的规定。 2. 可在公共卫生间内单独设置母婴室，宜设置手控自动门。 3. 公共卫生间隔板高度宜为 1800mm，隔间内设置挂钩，高度为 1500mm，侧板设置置物托盘，高度为 500mm；有留样需求的隔间内，宜设置活动的样品托盘，高度为 200mm。 4. 宜设置烘手器或擦手纸。 5. 公共卫生间楼板宜局部降板。 6. 卫生间的地面铺装宜向排水口倾斜，地面排水坡度不宜小于 1%，宜采用可开启式密封地漏。 7. 公共卫生间内应设置无障碍厕位、无障碍小便斗、无障碍洗手盆，应符合《无障碍设计规范》GB 50763—2012 的规定
标配诊室	1. 常规配置一桌三椅(主治医生位、助理医生位、患者位)、一床一围帘一水池，并配置观片灯、电脑等设施。 2. 顶面宜采用石膏板或模块板吊顶，隐蔽各类管线和空调机体等，留好检修口。 3. 墙面宜采用浅色抗菌乳胶漆或抗菌釉面漆，也可采用玻纤壁布或壁纸，以及各种人造环保板材，窗帘常采用布幔窗帘、遮光卷帘、百叶等。 4. 地面宜采用防滑砖、PVC 卷材、橡胶地板等，踢脚线宜采用不突出墙面的形式设计，墙面与地面结合处采用倒圆角处理
清创室	1. 可分为准备区、操作区。 2. 准备区设置刷手池、储物柜等。 3. 操作区设置无影灯、手术床、托盘架、治疗床或清创车等
手术室	1. 应保证室内的环境洁净，防止交叉感染与积灰，墙面与地面阴角处宜做成圆弧角。 2. 宜设置器械车、器械托盘架、麻醉车、治疗车、污物车、手术圆凳、踏脚台、脚踢式污物桶等
病房	1. 病房设备带宜结合医用气体、电源插座、网络端口、呼叫系统等。 2. 病房根据病人数量配置橱柜和家具，常规每床单元配置一病床、一床头柜、一陪客椅、一围帘、一橱柜。 3. 病房可采用共用电视，宜设置在房间中央墙上，也可在每个病床前设置独立的电视。 4. 病房卫生间需注意以下因素 (1)卫生间宜干湿分离。 (2)坐便器、浴室宜设置助力装置。 (3)地漏选择宜适当放大，选择 P 弯防臭，地漏直排。 (4)排气通风设计应满足规范要求

续表

用房名称	界面设计
病房配剂室	宜设置配剂台、储物柜(吊柜和地柜)、冰箱、洗手盆等
医护值班室	宜配置值班床、隔帘、储物柜、办公桌等,设置电话、电视、网络接口等
主任办公室	宜配置办公桌、主任座椅和会客座椅、工作站、观片灯、打印机、电话、资料柜、沙发、洗手盆等设施
会议室/示教室	宜设置会议用桌椅、多媒体柜,预留投影、电话、话筒、会议摄像接口等

3.8.4 关于装饰色彩选择建议

初步设计(扩初)、施工图设计师应基于可行性研究报告及批复基础上,全面充分了解医院对建设项目的规模、档次的实际定位,以及建成后要达到的目标。有条件可引入VR、AR、BIM 等可视化技术,设计过程中应充分同各科室就功能需求进行模拟(效果渲染),结合医疗工艺、设备选型,进行装修试点样板间效果呈现,经确认后再全面实施。

根据功能分区明确不同科室区域具备的不同色彩特征;确定空间的主色调,搭配辅助色、点缀色;针对患者的色彩设计应起到稳定情绪、放松心情的作用,针对医护人员的色彩设计应起到缓解疲劳、提升效率的作用。室内装修材料在满足环保、有害物质限量等要求的同时,遵循色相协调、色调和谐的原则;以淡雅色为主,红色、黑色等刺激性颜色不宜大面积使用,同一空间内部主体颜色不宜超过三种,同时要考虑灯光的不同色温对色彩的影响,见表 3-20。

装饰色彩选择建议　　　　　　　　　　　　　　　　表 3-20

科室或区域	特征	患者情绪	正向情绪	色彩选用建议
门诊大厅	人员流动大,空间嘈杂,流线复杂	焦虑、烦躁、抑郁、混乱	明亮、通透、放松、柔和、秩序、指向	宜选用柔和色系。如米黄色、淡蓝色、淡绿色等低彩度高明度色彩
走廊	人流量大,空间狭长	焦虑、混乱	明亮、秩序、安心	宜选用高明度、低纯度暖色系。如米黄色、米白色
候诊室	情绪紧张	紧张、焦虑	平稳、镇定	宜选用暖色系,如米黄色,局部搭配点缀色,如蓝色、绿色等
普通诊室	人员流动频繁,疾病类型较多	焦虑、抑郁、紧张、易怒、消极	从容、开朗、冷静、积极	宜以冷色调为主、暖色调为辅。如淡蓝色、淡绿色搭配黄色、粉色装饰等
外科、内科	人员流动大,危急症较多,患者情绪不稳定	焦虑、抑郁、恐惧、紧张、自卑	从容、镇定、无畏、冷静	宜选用淡蓝色、淡绿色等低彩度高明度色彩
医技用房	各种专业设备和仪器多,空间封闭、阴暗	焦虑、恐惧、烦躁、紧张	从容、无畏、冷静、平静	宜选用灰白色、白绿色、木板本色等
手术室	存在手术台,医疗器械设备等,患者易产生恐惧,医生易产生视觉疲劳	恐惧、紧张、疲劳	放松、从容、平静、自信	宜选用蓝灰色、绿灰色等
病房	人员较少、空间较安静、空气流通差	抑郁、单调、沉闷	从容、开朗、冷静、平和	宜选用米黄色、淡蓝色、淡绿色等,避免单调沉闷的色彩,避免多种色彩无序组合,避免大面积使用纯色

3.9 供电、通风空调（净化）、弱电智能化安全保障设计建议

随着现代化智慧医院的建设和大量现代化智慧医疗设备的引进，医疗救治水平得到了很大的提升，但也对医院电力系统的供电负荷、安全稳定，医疗设备对电力的安全保障提出了更高的要求，医院电力安全保障需要尽可能实现零停电。以下便是医院供电安全保障的设计建议。

3.9.1 双路高可靠性电源高压和低压母联互投互备

新时代现代化智慧医院，建议同时采用两种形式双路高可靠性电源供电，实现高压母联和低压母联互投互备，最大程度提升供电安全稳定性能。

3.9.2 用电负荷设计应考虑足够的前瞻性冗余

由于大量医疗设备和自动化、智能化系统在现代化大型智慧医院的使用，大大增加了医院的用电负荷，并且会随着智能化与现代化的提升不断地增长，因此医院的用电负荷设计应考虑足够的前瞻性冗余。根据医疗项目案例的总配电容量与变压器配置容量的数据进行分析研究，见表3-21，得出同类医院的实例配电容量与变压器配置大小，可供新建类似医院参考。

医院配电容量与变压器配置实例　　　　　　　　　　表 3-21

序号	项目名称	医院类型	面积（m²）	床位数	安装容量（kW）	计算容量（kW）	视在功率（kVA）	变压器容量（kVA）	负载率	单位安装容量 W/m²	平均值 W/m²
1	××中心医院	综合医院	231170	1000	22142	15499	16315	4×2000＋4×1600＋2×1600＋2×1250＋2×2000＋2×1250＝26600kVA	0.61	95.8	105.7
2	××人民医院		259659	1200	32094	22466	23648	4×2000＋4×1600＋2×1600＋2×1600＋2×1000＝22800kVA	1.03	123.6	
3	××妇幼医院	妇幼专科	155540	500	15208	10646	11206	6×1250＋4×1600＝13900kVA	0.8	97.8	
4	××医院心血管大楼	心血单栋	54304	928	11970	8379	8820	2×1000kVA＋2×2500＝7000kVA	1.26	220.4	220.4
5	××医院内科楼	内科单栋	50900	498	6975	4883	5139	4×1250＋2×1000kVA＝7000kVA	0.73	137.0	137.0

续表

序号	项目名称	医院类型	面积（m²）	床位数	安装容量（kW）	计算容量（kW）	视在功率（kVA）	变压器容量（kVA）	负载率	单位安装容量W/m²	平均值W/m²
6	××医院应急病房楼	传染病单栋	36732	236	4082	2857.4	3008	2×2000kVA=4000kVA	0.75	111.1	129.15
7	××医院传染病大楼		31200	399	4593	3215	3384	2×1250kVA=2500kVA	1.35	147.2	
8	××医院住院大楼	住院单栋	31699	664	6926	4848	5103	2×1250kVA+630kVA+2×1600kVA=6330kVA	0.81	218.5	218.5
9	××医院门诊医技综合楼	医技单栋	79851	500	10879	7615	8016	2×1250+2×1250+2×1600=8200kVA	0.97	136.2	136.2
10	××医院质子中心	质子	25500	19	6661	4188.5	4317.8	2×1250+2×2000=6500kVA	0.66	261.2	298.7
11	××医院质子楼		12500	18	4203	3346	3522	2×1600kVA=3200kVA	1.1	336.2	
12	××医院研究与应用大楼	研究	9363	—	5017	3512	3697	2×2500kVA=5000kVA	0.74	535.8	535.8

3.9.3　应急供电系统发电机功率、UPS电源配置建议

二级以上医院均自备柴油发电机，如图3-9所示、UPS● 电源，如图3-10所示以备应急供电，ICU、手术室、抢救室等对供电及电气安全要求特别高的场所，需要给其配置包括双回路供电、柴油发电机和UPS供电等高可靠的供电体系及安全可行的电气保障。但有些医院为了节省投资成本，应急供电柴油发电机功率仅仅覆盖手术室、抢救室、重症监护室、消防设备、信息机房、电梯等常见需应急供电的设备。但是现代化智慧医院的每一个部门都高度信息化、智能化，包括后勤保障部门等，都已经离不开电力，而后勤保障一旦断电也会对医院医疗、生产和安全等各方面造成极大影响。因此，自备柴油发电机的应急供电功率负荷应满足覆盖全院应急医疗用电负荷，以及保证医院应急运行所需的用电负荷，同时还要考虑后续发展增加用电负荷的冗余。以下是不同类型医院建设案例所配置的柴油发电机容量，见表3-22、UPS配置数据，见表3-23，可供新建类似医院项目参考。

● 不间断电源

图 3-9 柴油发电机

图 3-10 UPS 电源

医院柴油发电机容量数据实例   表 3-22

序号	项目名称	面积（m²）	床位数	医院类型	一级负荷中特别重要负荷＋其他需要保障一级负荷				柴发持续功率 COP（kW）
					安装总容量(kW)	单方容量(W/m²)	计算容量(kW)	转换系数	
1	××人民医院	259659	1200	综合	12005	46.2	6593.6	0.55	6140
2	××中心医院	231170	1000		7031	30.4	4460.4	0.63	5200
3	××质子楼	12500	18	质子单栋	783	62.6	605	0.77	800
4	××儿童医院	105000	800	儿童	1476	14.1	855.6	0.58	1000
5	××医院心血管大楼	54304	928	心血单栋	867	16.0	811	0.93	1600

医院 UPS 配置数据实例　　　　　　　　　　　　　　表 3-23

序号	项目名称	医院类型	面积 （m²）	床位数	UPS 总容量 （kVA）	单台容量 （kVA）	供电区域
1	××中心医院	综合 医院	231170	1000	1378	500	住院楼（5 层机房）
						500	住院楼（5 层机房）
						60	住院楼（1 层消控室）
						60	行政楼（6 层运维中心）
						30	地下室-1 层（运营商接入机房）
						114(台)×2	各栋弱电井
2	××人民医院	综合 医院	259659	1200	1300	300	住院楼（弱电设备、医疗专项）
						251	传染楼（弱电设备、医疗专项）
						695	门诊医技楼 （弱电设备、医疗专项）
						24	行政楼（医疗专项）
						30	值班楼（弱电设备）
3	××医院内科楼	内科单栋	50900	498	559	20	一层急救
						40	二层检验科
						10	三层门诊手术
						10	四层人流
						20	四层内镜
						150	六层血透中心
						30	九层重症病房
						20	十七层重症病房
						20	十八层重症病房
						139	手术部
						100	信息中心
4	××医院 传染病大楼	传染病 单栋	31200	399	82	60	12 层 ICU
						10	12 层手术室
						6	3 层负压病房
						6	2 层留观病房
5	××医院门诊 医技综合楼	医技 单栋	79851	500	340	80	2 层检验科
						80	2 层检验科
						15	2 层儿科
						15	4 层产科手术室
						50	4 层 DSA
						20	5 层 CCU 病床
						30	6 层 NICU
						50	10 层 RICU

3.10 医用氧气供应比较建议

氧气是医用气体中使用量较大的气体，医院的氧气供应方式通常有汇流排、氧气罐与PSA制氧三种方式，三种方式各有其投资、使用的优缺点，医院可以根据实际情况选择适合自身特点的供氧方式。我们根据实际案例分析，得出供氧比较建议，见表3-24。

供氧比较建议 表3-24

供氧方式	经济性	安全性	限制条件	备注
氧气罐（钢瓶）	成本高,容积小,需经常更换,基本无设备维护成本,但需要增加额外的人员搬运、管理和存储成本。估价:20元/m³	存在泄漏、爆炸等安全风险	压力填充,有一定安全风险;更换频繁,无法满足短时高峰的使用需求;气体使用会有损失;存储环境要求严格	氧气纯度达到99%及以上
液氧+汇流排	成本较低,容积大,需要人员定期管理和存储成本,同时液氧需定期巡查和保养,维护成本较高。估价:7.5元/m³	存在泄漏、爆炸等安全风险	存储空间较大,环境要求严格;无法长期存储,存在蒸发损失;液氧补给罐车与存储罐均存在安全风险	氧气纯度达到99%及以上
PSA制氧系统	前期投入高,制氧成本低,设备维护保养成本较高。估价:12元/m³	存在设备损坏、制氧效率低等风险	需要专用的设备空间,占地大;制氧来源空气,相对安全;纯度相对低,含杂质气体	氧气纯度一般在90%～94%左右

3.11 火灾消防设计建议

由于医院是人员密集的公共建筑，且疾病患者属于逃生自救能力弱人员，医院一旦发生火灾将导致惨重损失。因此医院除需严格按照建筑防火规范进行建设外，还需根据医院火灾的特点积极研究对策，加强消防安全建设。

3.11.1 加强医院电气安全建设

医院的火灾大部分是因为电气原因起火，占比80%以上。而电气原因起火又主要由供电线路和电气设备短路引起。因此医院设计的供电电缆荷载应留有足够的冗余，避免因电缆荷载功率不足，导致电路发热、短路，从而引发火灾。同时还应提高医院电气设施设备的消防安全性能，降低电气原因起火的概率。日常加强电气设施设备和医疗设备的维修保养，定期检查检测，发现线路老化、发热等问题及时维修更换，消除隐患，保障设备安全运行。

3.11.2　加强医院智能化消防设施建设

医院建设项目应加强智能化消防监控探测预警系统的建设，并与应急消防部门连通，实现火灾早发现，自动报警，自动通知应急消防部门，智能化启动灭火系统和火警广播系统等。尤其需加强针对病人行动不便、疏散逃生能力较差区域的消防设施建设，增加火灾探测探头的密度，提升探测灵敏度，配备便捷可用的灭火设施，提升对火灾"早发现、早灭火"的能力，将医院火灾消灭在早期萌芽状态。

3.11.3　医院室内装饰装修应少用可燃材料

医院室内装修装饰材料应严格执行国家防火规范的要求，如墙面、天花等必须使用不燃性 A 级材料，地面、窗帘等均要求使用 B_1 级及以上的难燃性材料。在满足国家规范的基础上，还需要尽可能地减少使用可燃装饰材料。ICU、新生儿病房等病人逃生能力较差的病区，装修材料防火等级应尽可能提高，选用不燃性 A 级材料，如果采用其他材料则应采取隔离措施，避免装饰材料接触电气设施。

3.11.4　医院室内装修材料应尽可能不用燃烧可产生浓烟的材料

火灾的死亡人员绝大部分是因火灾产生的浓烟窒息而死。因此，医院室内装饰装修尽可能不用燃烧可产生化学毒烟的材料。尽可能不用塑胶软装材料和塑料制品，床上用品和隔帘等纺织品应选用纯棉麻材料，不用化纤产品，尽可能地减少火灾产生的有毒浓烟。

3.11.5　医院消防疏散通道应尽可能地便捷化设计

火灾发生后，安全疏散时间往往只有 10min 左右。医院内人员密集，一旦发生火灾，疏散时极易造成人员拥挤，且患者中很多逃生能力弱，因此医院消防疏散通道应尽可能地便捷化设计，在满足消防规范的基础上，尽可能减少转弯，缩短疏散距离，减少障碍，疏散通道宽度应按高峰人数测算，并预留一定的冗余量。而医院部分住院病区如骨科、产科等的病房门设计应增加门的宽度，把通常使用的子母门改为导轨平移门，让车床进出更加便捷，一旦发生火灾，可以更快疏散。此外应尽量将逃生能力弱的患者所在科室安排在较低楼层。

3.11.6　加强避难间的建设

由于医院有较多逃生能力弱的患者，很难第一时间将其直接疏散到地面。因此首选在同楼层平行疏散到避难间，然后再设法转移疏散到安全地方等待进一步救援。现行《建筑设计防火规范》GB 50016—2014 明确规定"高层病房楼应在二层及以上病房楼层和洁净手术部设置避难间"，同时规定"高层病房楼的裙楼也要按照此要求设置避难间"。为了能在火灾后的较短时间安全疏散人员，除满足国家防火规范的要求外，还需要根据住院病区的实际需求加强避难间的建设，比如针对卧床病人较多病区使用的推车式病床占用空间大的问题，加大避难间的面积。针对 ICU 病区避难间对呼吸机等生命维持的需求，需设计相应的应急电源插座、氧气终端等，以满足火灾避难疏散的实际需求，保证生命安全。

3.12　排水污水系统建议

随着国家生态文明建设战略不断推进，医院污水处理面临越来越高的标准和越来越严格的监管和执法。因此，加强医院排水污水系统的建设和优化改造是每个医院需要面临的重要问题。

3.12.1　加强排污的冗余设计

医院的污水处理系统虽然会按照国家相关规范标准进行设计建设，但往往是按照规范的最低标准，只要求能通过相关部门的达标验收，获得排污许可证，医院能够开始运营就可以了。根本没有考虑医院长期发展的需求，更不考虑保障持续合法排污所需的应急冗余设计，绝大多数医院的污水处理系统都是单系统设计及运行，最多配套设计应急池作为应急设施，很少有医院的污水处理系统像供电系统一样进行高可靠性的双系统设计。一旦医院的污水处理系统超负荷或出现故障，往往违法超标排放或偷排。有的医院因为放射性污水衰变池的设计冗余量不足，不能满足放射诊疗业务的快速增长所需的排放量需求，不能达到法规规定的存放天数，而受到处罚。随着国家对医院污水处理排放的监管及执法越来越严格，尤其是规定要求安装污水排放实时在线联网自动监测系统后，违法超标排放或偷排将面临越来越大的法律、行政处罚风险及代价，甚至严重影响医院业务的发展和正常运行。因此，医院污水处理系统在设计时应加强冗余设计，包括标准冗余、发展冗余和故障冗余等，保障医院持续合法排污，满足医院长期发展需求。

3.12.2　加强污水防臭设计

由于医院污水房的废气处理系统不可能每天 24h 不间断运行，在夏季天气炎热、臭味加重或偶尔风向反常时，导致臭气不能被及时吹散，因此新建医院项目污水房应考虑设计双废气处理系统。此外，医院常见臭味的原因是臭气从地漏、马桶、洗手盆等反冲出来，因此在设计时应重视地漏存水弯及补水等细节设计要求。

3.12.3　重视排污水管道设计

排污水管道堵塞是医院后勤运维管理中普遍存在的问题，因此医院排污水管道和马桶蹲坑的管径设计应尽量在标准规范的基础上提升一个级别，并且尽量缩短横向排污管道的长度，增加坡度，减少排污水管道堵塞的发生概率。而且竖向排污管道底部和横向排污管道的拐弯衔接处是容易堵塞的一个部位，设计时除了加大污水管管径外，应尽量避免直接使用 90°角弯头，而应设计为 2 个 135°角弯头，以减少堵塞发生概率。竖向排污管道与污水井之间的横向排污管道应适当增加高差坡度，并且为了避免排污管道堵塞导致污水从底部楼层的地漏和厕所等反流涌出，底部楼层的污水应该另外设计单独的排污管道接到污水井，不应直接接到竖向排污管道。污水井到化粪池之间的排污管道在条件允许的情况下应尽量缩短距离，大型医院可分设多个化粪池以缩短排污管道的长度，增加排污管道高差坡度。

3.12.4　污水管道噪声

医院污水管道噪声主要来源于竖向排污管道，这些噪声可能会影响医院患者及其陪护人员的休息和情绪，影响医护人员的工作，因此需要在医院设计、建设和装修中积极采取降低污水管道噪声的措施，包括选用高质量的防噪声管道材料，尽量将竖向排污管道设计安排在建筑墙外，避免经过室内病房、医生办公室等业务用房上方的天花吊顶内，同时对室内污水管道采取隔声包裹装修等措施，营造安静的医疗服务环境。

3.12.5　污水处理站建设、验收关键环节（见表3-25）

污水处理站建设、验收关键环节　　　　　　　　　　　　表 3-25

序号	建设、验收关键环节
1	医院污水处理设施应按设计要求建设
2	医院污水处理工程仪表、设备、给水排水管道工程是否按图施工
3	消毒设备是否正常运转，经负荷试车合格后，其防治污染能力应适应医院的需要
4	备品备件、安全设施是否齐备
5	医院污水处理设施的操作人员应经培训，并健全岗位操作规程及相应的规章制度
6	医院污水处理设施应与医院总体设施同步建成，新建医院的污水处理设施应先期投入调试，保证与医院主体设施同期投入试运行
7	医院污水处理设施需经过一定时间的试运行，处理效果应达到良好
8	化学法处理需经一个月的试运行，二级生化法处理需经三个月以上的试运行
9	在正式投入运行之前，必须向环境保护行政主管部门提出竣工验收申请
10	验收合格后，医院污水处理设施正式运转使用并达标排放

3.13　医疗废弃物的处置流程建议

随着我国医疗事业取得的飞速进步，也因此产生了大量医疗废弃物的无害化处理问题。医疗废物处理，是指有关人员，对医院内部产生的对人或动物及环境具有物理、化学或生物感染性伤害的医用废弃物品和垃圾的处理流程。它包括对感染性强的医疗废弃物品的妥善消毒乃至彻底清除的过程。国家为防止疫病传播，保护环境，保障人民身体健康，颁布了《医疗废物管理条例》，加强对医疗废物的安全管理。医疗废弃物处置流程建议见表3-26。

医疗废弃物处置流程　　　　　　　　　　　　　　　　　　　表 3-26

医疗废弃物处置流程	
步骤一	医务人员按要求对医疗废物进行分类
步骤二	根据医疗废物的类别,将医疗废物分置于专用包装袋或容器内
步骤三	医务人员在盛装医疗废物前,应当对包装物或容器进行认真检查,确认无破损、渗液和其他缺陷
步骤四	盛装医疗废物达到包装物或容器的 3/4 时,应当使用有效的封口方式,使封口紧实、严密
步骤五	盛装医疗废物的每个包装物或容器,表面应当有警示标记和中文标签,标签内容包括医疗废物产生单位,产生日期,类别等
步骤六	放入包装物或容器内的感染性废物,病理性废物,损伤性废物,不得任意取出
步骤七	医疗废物管理专职人员,每天从医疗废物产生地点,将分类包装的医疗废物按照规定的路线,运送至院内临时贮存室,运送过程中应防止医疗废物的流失、泄漏,并防止医疗废物直接接触身体。每天运送工作结束后,应当对运送工具及时进行清洁和消毒
步骤八	医疗废物管理专职人员,每天对产生地的医疗废物进行过秤、登记。登记内容包括来源、种类、重量、交接时间、最终去向、经办人等
步骤九	临时贮存室的医疗废物,由专职人员交由卫生局、环保局指定的专门人员处置,贮存时间不得超过两天,并填写危险废物转移单
步骤十	医疗废物转交出去以后,专职人员应当对临时贮存地点、设施及时进行清洁和消毒处理,并做好记录

3.14　电梯规划建议

电梯是医院最主要的垂直运输方式,也是医院正常运行必不可少的设施。医院人流高峰时段乘电梯难,是许多医院的痛点问题,尤其是在新一轮医院建设高潮中出现了一大批高层医疗建筑,更加凸显了解决医院电梯问题的必要性。

3.14.1　医院电梯的选型

医院电梯分为医疗专用、客运、货运三种用途。医疗专用包括:病床梯、手术专用梯、负压电梯、污物电梯等。客运电梯包括:客梯、医护电梯、无障碍电梯、消防电梯和电动扶梯等。货运电梯包括:大设备货梯、洁物电梯、机器人物流专用电梯、手术室、供应室、立体仓库电梯等。

1. 医疗专用电梯选型

医疗专用电梯属于国家标准中的Ⅲ类电梯,主要为运送病床(病人)和医疗设备而设计。其规划选型除了质量可靠、性能稳定等要求之外,建议注意以下几点。

(1)尽量选择大型号

随着医疗技术和医疗设备的快速发展,新的医疗设备不断涌现和普及,患者转运的需求会不断变化,有些特殊患者的转运有可能需要附带特定的医疗设备,甚至有些病人需在电梯里进行心肺复苏等抢救措施。因此在条件允许的情况下选择大尺寸电梯轿厢和大额定载重量规格的医用电梯,更符合未来医疗转运功能和各种极端情况的需求。建议尽量规划配置至少一台额定载重量2500kg、可运载病床及附带辅助医疗设备和相关人员的电梯。

（2）额定速度就高不就低

由于额定速度较高的电梯是可以降低运行速度的，因此建议医用电梯在设计选型时选择额定速度为2.0～2.5m/s的电梯，以满足危急重症患者绿色通道快速转运的需求。

（3）保证电梯门出入顺畅

医疗专用电梯选型要注意电梯门和电梯轿厢的平滑度，保障病床和辅助医疗设备进出电梯的顺畅性，尽量避免突出物的碰撞，即面向电梯的右侧电梯门框与电梯厢壁应平齐，并采用折叠电梯门以尽量增大电梯门的宽度，减少夹碰，让病床进出顺畅。

2. 客梯选型

医院客梯主要选用国家标准中的Ⅱ类电梯和电动扶梯。医院对客梯的功能要求主要是安全稳定、大运量和智能控制。因此，客梯选择应在考虑质量可靠、安全稳定的基础上，尽量选择大尺寸型号、大额定载重量、高额定速度的电梯型号，提高电梯的运量，解决医院高峰期电梯拥堵的问题。

医院自动扶梯的选型，最重要的是选择安全性能良好和安全配套设施齐全的型号，应包括防碰挡板、防夹装置、扶手带下缘距离、紧急制停、禁止操纵逆转、梯级或踏板缺失监测等安全保护功能。

3. 货运电梯选型

由于科技的发展，不断有新的大型医疗装备和大型实验装备出现，对于高层医疗建筑需要考虑选择安装一台3000kg及以上的载货电梯，并配套规划宽大的电梯门洞和通道，以便满足大型医疗设备和大型实验装备运载的需求。

3.14.2 医院电梯数量的测算

医院电梯总数量主要由门诊医技楼电梯＋扶梯数量与住院楼客梯＋医梯的数量之和组成。因为门诊医技楼的电梯数量主要与日门诊量与楼层数有关，并且是电梯＋扶梯综合考虑确定。而住院楼的电梯数量主要依据床位数与楼层数确定。因此需两者分别独立研究，从而确定门诊医技楼电梯、扶梯数量与住院楼的电梯数量。

1. 门诊医技楼电梯数量参考

门诊医技楼电梯数量参考，见表3-27、表3-28。

门诊医技楼自动扶梯速查表   表3-27

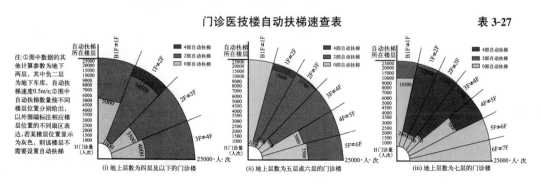

(i) 地上层数为四层及以下的门诊楼　　(ii) 地上层数为五层或六层的门诊楼　　(iii) 地上层数为七层的门诊楼

门诊医技楼电梯速查表　　　　　　　表 3-28

日门诊量/人次	3 层	4 层	5 层	6 层	7 层	日门诊量/人次	3 层	4 层	5 层	6 层	7 层
1000	1	2	2	2	2	13500	13	15	17	18	21
1500	2	2	2	3	3	14000	14	16	17	19	22
2000	2	3	3	3	3	14500	14	17	19	20	23
2500	3	3	3	4	4	15000	15	18	20	21	23
3000	3	4	5	4	5	15500	17	19	21	24	24
3500	4	4	5	5	5	16000	18	20	22	25	24
4000	4	5	5	6	6	16500	19	21	23	25	25
4500	5	5	6	6	6	17000	19	21	23	26	26
5000	5	6	7	7	8	17500	20	22	24	27	27
5500	6	6	7	8	8	18000	20	22	25	27	28
6000	6	7	8	8	9	18500	21	23	26	28	28
6500	6	7	9	9	10	19000	21	24	26	29	29
7000	7	8	9	10	11	19500	22	25	27	30	30
7500	7	9	10	10	11	20000	23	25	28	30	31
8000	8	10	11	10	12	20500	23	26	29	31	31
8500	9	10	11	12	13	21000	24	26	29	32	32
9000	10	10	12	13	14	21500	24	27	30	33	33
9500	10	11	12	13	14	22000	25	27	31	34	34
10000	10	12	13	13	15	22500	25	28	31	35	35
10500	11	12	13	14	16	23000	26	29	32	35	35
11000	11	13	13	15	17	23500	26	30	33	36	36
11500	12	13	15	17	17	24000	27	31	34	37	37
12000	13	13	15	17	17	24500	28	31	34	38	38
12500	13	14	16	17	19	25000	29	32	35	38	39
13000	13	15	17	18	20						

注：1. 本表格中数据的其他计算参数为地下两层，平均层高 4.8m，电梯额定速度 1.5m/s，乘客与病床梯数量比为 1：2，乘客梯额定人数 13 人，病床梯额定人数 21 人，电梯出入口宽度 1000mm。

2. 灰色区域内数据(本表所标为大致范围)所涉及的建筑规模与楼层数组合较不合理，不建议采用

2. 住院楼电梯参考数量

对 8 个医院住院楼电梯配置数据进行汇总分析，数据包括综合医院：××中心医院、××人民医院、××妇幼保健院、××大学××医院；单栋住院楼建筑：××医院心血管大楼、××医院传染病大楼、××医院应急病房楼项目；专科医院：××儿童医院，合计 8 个医疗项目的电梯配置数据见表 3-29，可供类似项目住院楼电梯配置参考借鉴。

住院楼电梯配置实例表　　　　　　　表 3-29

序号	项目名称	医院类型	床位	楼层	客梯数	医梯数	电梯合计	备注
1	××中心医院	综合	500	17	5	4	9	上述电梯数均未统计污梯、手术梯、门诊医技用电梯与专用电梯，楼层按地面层起算
2	××人民医院		1200	17	8	4	12	
3	××大学医院		664	15	4	2	6	
4	××医院心血管大楼	单栋	928	26	6	2	8	
5	××医院传染病大楼		399	12	2	3	5	
6	××医院应急病房楼		236	12	5	3	8	
7	××儿童医院	专科	800	10	11	4	15	
8	××妇幼医院	妇幼专科	500	17	8	5	13	

3.14.3　医院电梯布局规划

医院电梯的布局规划应根据医院的医疗工艺流程设计、室内外交通规划和业务功能布局合理设计，一般常规医疗专用病床梯布置在交通核心筒，医护电梯布置在靠近医护工作区域和洁净区域，污物电梯布置在靠近污染区域和垃圾污物暂存点。电梯布置应尽量确保医护及洁物流线、访客流线及普通患者流线、感染患者流线、污物流线等能清晰分流，避免清洁和污物流线交叉，满足医院内感染控制的相关要求。首层电梯候梯厅需要与医院大堂相对分开，尽量避免医院大堂人群流线穿越电梯候梯厅。尽量规划充足的等候电梯空间，避免候梯人群与医院大堂人群流线交叉。

自动扶梯的布局要结合医疗服务流程和室内交通规划综合设计，尽量靠近医院人流较大的出入口显眼处，尽量布局在垂直电梯前面，以便充分发挥自动扶梯的大运量优势，分担更多电梯载客量。如果是多层的双向自动扶梯，尽量采用交叉排列式，以减少连续上下多层转乘需要走动的距离。尽量避免自动扶梯开口直接对准走廊，最好在起步区设置缓冲空间，防止意外摔落。自动扶梯起始段和终点段最好设计 2 个水平梯级，扶梯斜度尽量控制在 30°左右，并配套安装侧面安全防护栏板，以让患者获得比较平稳的乘梯体验。

3.15　医疗设备设计建议

医疗设备是医院开展医疗、教学、科研等全面工作的必要条件和物质基础，是体现医院医疗水平和综合实力的重要因素，对医院的学科发展和经济效益起着举足轻重的作用。随着医疗设备产业的高速发展，各种高新技术医院装备不断涌现，给医院诊疗和运营模式带来巨大的改变，对医院建设项目科学合理地规划配置医院装备提出了全新的挑战。许多医院由于没有做好设备的设计规划而出现很多问题，对医院的运营和发展造成影响。我们结合多个医院项目的设备建设管理经验，提出以下装备设计建议。

3.15.1　做好医疗设备的提资管理，预留好安装条件

由于医疗设备的采购安装滞后于建筑施工，因此需在前期医院策划和设计阶段做好医疗设备的提资管理，提前明确医疗设备的安装条件参数，在设计时即考虑医疗设备的面积、层高、空间、承重、管井、降板及设备间等要求条件，预留好设备的安装条件，使之满足消防、放射防护、电磁屏蔽、环保等规范要求。

3.15.2　注意医疗设备与周围环境的冲突影响

医疗设备运行时会产生噪声、振动、辐射等影响，因此在设备用房布置时应关注周边用房情况，避免产生相互影响。例如核磁共振会产生噪声和振动，避免与听力测试等其他设备相邻，同时电梯、轨道车、汽车等金属移动设施也会影响核磁共振成像。PET、CT等设备运行时会有不同程度的辐射产生，周边及上下层需要避免孕产妇、儿童诊疗服务场

所。高压电气设备在运行时会产生谐波，在设备用房布置时一定要注意其他设备用房如消防控制室、弱电机房、医疗设备等易受谐波干扰的房间位置，须拉开两者之间的距离。

3.15.3　医疗设备的数量及功能应有前瞻性规划

为避免医院设备数量和服务功能不能满足建成后日益增长的运营实际需求，成为制约医院运营发展的瓶颈问题。如医院电梯数量和运输能力不足，导致医院在高峰期电梯排队等候时间过长，影响医院正常运营秩序和使用体验，甚至影响医疗安全和生产安全。应急发电机功率、污水处理能力尤其是放射性污水处理能力等预留不足，影响医院的服务能力与效益等问题。因此在医疗设备规划设计时应有前瞻性思维，预留足够的数量及安装扩容能力，以更好地满足医院的发展需求。

3.15.4　医疗设备的安装应符合医疗流程要求

医院建设应在医院功能布局和医疗工艺设计时同步做好医疗设备的规划工作，预留好安装位置，使医疗设备的设置符合医疗流程要求。避免因规划不当，导致医疗流程混乱，患者诊疗路程过长，增加医院垂直交通压力，造成患者流线交叉汇集，影响医院感染控制，影响就医体验。

3.15.5　应为未来先进设备预留安装条件

医疗设备与医院未来发展联系紧密，是医院保持吸引力和竞争力，保障医院收入和可持续发展的重要因素。持续增加先进医疗设备是提升医院竞争力的方式之一。而医疗设备基本每隔5年就会有新一代先进装备出现，因此医院设备规划需要预留未来先进医疗设备的安装空间，保障医院的可持续发展。同时还要考虑医院现有设备安装空间的可改造能力，预留未来设备更新换代的空间。

3.15.6　医疗典型设备设计建议

1. 核磁共振机房设计建议

（1）应检查核磁共振机房内外是否存在影响电磁场的问题，避免机房周围设计有机动车道或电梯、大功率供电线路和用电设备，引起磁场波动。检查核磁共振主机上方是否有大梁、消防管等钢铁含量大的影响磁共振成像的结构设施。

（2）应检查机房有无主机安装搬运通道。选取的机房检查室位置必须要确保有途径能够把高2500mm、宽2200mm、厚2000mm、重3000kg的核磁共振主机运送至机房检查室。

（3）应检查机房是否有漏水隐患。机房周边墙壁及上方天花不应有影响电磁屏蔽绝缘效果的漏水隐患，机房内天花不应该有水管、消防管、排水管等管线设施穿过，上方天花及周边相邻房间不应有卫生间等存在漏水的隐患因素。

（4）应检查机房楼板承重、层高及降板式结构是否满足要求。机房如果不是贴地层，必须考虑楼板承重是否满足要求。核磁共振机房荷载要求大于 $6.0kN/m^2$，而一般房间活荷载取 $2.0\sim3.5kN/m^2$，因此需要在结构设计时增加荷载设计。此外机房层高要求大于 3000mm，应根据实际情况考虑是否需采取降板措施。

（5）应检查机房面积及布局。核磁共振机房检查室应满足长度大于 7000mm，宽度大于 5000mm 的要求。且检查室大门应尽量远离机器磁体，尽量与机器长轴垂直。控制室窗口应方便观察机器内的病人和进入检查室门口人员，核磁共振机朝向与观察窗错配如图 3-11 所示。

图 3-11　核磁共振机朝向与观察窗错配实例

（6）检查机房配套功能用房和配套设施。磁共振机房除了检查室和控制室，还必须配套设备间、注射室、更衣室、公用抢救室、阅片室和登记室。

（7）检查是否符合医疗工艺流程要求。检查患者运送是否便捷，是否有缓冲空间防止患者误入。

2. 医用电子直线加速器治疗系统机房设计建议

（1）建议主屏蔽区防护混凝土厚度不小于 3000mm，次屏蔽区的防护混凝土厚度不小于 1700mm。

（2）建议诊疗机房的长宽尺寸最小不能低于 7000mm × 7000mm，一般为 8000mm × 8000mm。

（3）建议结构净空高度一般不低于 4500mm（须考虑乙字形排风管道安装空间），天花吊顶完成后净高不低于 3000mm。

（4）建议房顶预留吊装设备轨道（避免吊装孔预留在 LA 机房范围内），地面预留基坑和电缆槽，基坑承重不低于 13000kg，应预留排水地漏，墙壁预留各种穿墙管线。

（5）门洞要求宽度一般不小于 1800mm、高度不低于 2200mm，搬运通道需要能够承重 5000kg 以上，净高不低于 2500mm，如果是预留吊装口，一般不小于 2500mm × 4000mm。

（6）电源要求三相 380V，功率不低于 120kVA，另外冗余设计供电量预留 150kVA

左右，需要有专用安全接地线。

（7）需要设计空调机房、控制设备机房、控制室、医生工作站、更衣间等配套用房。

3.16　平急结合设计建议

3.16.1　建议按疾病病种的病源传播性强度的不同分区建设

传统的医疗工艺流程规划设计常常是按门、急诊—医技—住院分区建设，虽然也会把发热门诊等高传染性诊疗区域单独分区设计，但是没有能够把感染患者和非感染患者的就诊流线彻底分开，导致感染患者和非感染患者在医院内可以密切接触，尤其是共用电梯，共用检查设备、共用收费发药窗口及等候区等，导致医院成为疫情传播的高危场所。因此在医疗建设项目规划设计时，应对医疗工艺流程进行优化，把传染性疾病诊疗区、其他感染性疾病诊疗区和非感染性疾病诊疗区尽可能地分隔规划设计，除了一些大型昂贵的医疗设备共用外，应在信息化技术和物流技术的加持下尽可能地分出入口，分设电梯、检查设备、收费发药窗口及等候区。尽量把传染性疾病门诊和住院诊疗区规划在不同建筑物内，并按照所在地主风向由非感染到感染进行布局排列，把感染患者以及非感染患者的就诊流线彻底地分开。独立建设的感染楼，须满足绿化隔离间距要求。

3.16.2　建议分设不同人群出入口通道

建议医疗建设项目设计按照平急结合要求，为医院不同的人群分开设计出入通道，比如儿科门诊独立区域和通道建设等，用不同颜色区分，例如：可以把急救患者出入口设计为绿色通道，病原传播性风险强的发热门诊及肠道病门诊出入口设计为红色通道，普通感染疾病患者设计为黄色通道，非感染患者出入口设计为蓝色通道，员工出入口设计为白色通道。通过网络智能预约咨询服务平台结合已有智能导引系统将不同就医人群引导至不同的出入口，不但降低感染风险，还可以疏解高峰期出入口交通拥堵问题。

3.16.3　建议改变门诊药房窗口集中模式

应该在传染性疾病诊区、其他感染性疾病诊区和非感染疾病诊区分设不同的药房，或通过智慧医院建设，将医生的处方信息远程传递到门诊药库的智能发药机，药物通过智能物流系统输送到各专科门诊的护士站，派送给患者，使患者不需要集中到门诊药房窗口取药。

3.16.4　改变医技检查集中布局模式

建议医院项目可以把普适性医技检查治疗设备分散配置到各个专科诊疗区，大型医院甚至可以把一些大型诊疗设备分区分散布局，让患者可以在一个诊疗区内完成所需要的基本医技检查服务，让不同疾病的患者减少接触，降低感染风险。

3.16.5　优化医疗工艺流程

1）建议规划医护人员及其他工作人员专用电梯和通道。

2）医护人员工作洁净区和病房污染区应相对隔离，预留缓冲区空间。

3）医护工作区应该设计配备更衣淋浴消毒房。

4）将医护人员工作区规划布局在主季风气流上游方向，在自然通风状态下或机械通风状态下让新风气流从洁净区向污染区流动。

5）进行病房小型化设计，尽可能减少3张及以上床位病房的数量。

6）每个病房采用单体式空调终端，防止病毒细菌从空调系统传播。

7）部分普通病区病房按"平急结合"要求预留安装负压通风设备的接口条件。

3.16.6　优化门诊装修设计

门诊诊室布局设计应以医护通道一侧作为相对洁净区域，让患者通道一侧作为相对污染区域，利用诊桌将医患相对分开，拉开医患的距离，将医生洗手盆等布置在医护通道一侧，将医生活动范围尽量控制在相对洁净区域，将体检床布置在患者通道一侧，将患者活动范围尽量控制在相对污染一侧。而且体检床区域应采取上进风、下排风模式，控制气流从上到下，减少医务人员感染风险。

3.16.7　优化医院暖通设计

医院通风设计一定要利用自然风进行通风换气，控制自然风从相对洁净区吹向相对污染区，防止自然风从相对污染区吹向相对洁净区。机械通风则应做到洁净区、污染区分区通风，尽量做到或预留每个病房单独通风的条件。并且采取上进风下排风的通风气流模式。通风管道和终端进风口、排风口需要加强过滤消毒设计，通风管道需要做好能够定期进行清洁消毒的设计。病房的空调终端风机盘管不能设计安装在病床床头上方，尽量控制出风方向从医护操作位置到患者方向，其他地方空调终端风机盘管的出风方向应从相对洁净区到相对污染区。

3.16.8　做好平急结合

以平急结合的思维做好医院的设计规划，在流线设计、洁污分离、医患分离、负压通风等方面预留设计条件与标准，使得平时的医院能快速改造成符合传染病隔离病房条件的"战时"医院，预留感染门诊或发热门诊通道，实现平战结合，将传染病隔离治疗资源储存在各综合医院中，如图3-12所示。

3.17　装配式建筑的建议

近年来，国家从节能、环保、节约社会资源等各个方面综合考量，大力提倡发展装配

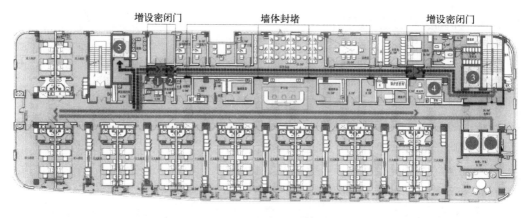

增设密闭门   墙体封堵   增设密闭门

污染区	改造部分	患者流线
半污染区	医务进入	污物流线
洁净区	医务离开	❶ 电梯编号
缓冲区		

图 3-12   平急结合设计示例

式建筑，政策端的支持力度在不断增强，而医院建筑因其具有的布局广、科室多、功能复杂，医技等特殊要求多等特性，尤其是每家医院的建筑又都根据自己的需求各有特点，导致医院建筑的预制构件生产的标准化程度低，因此装配式建筑在我国公共建筑尤其是大型医院建筑中的应用非常少。由于装配式构件应用少，医院装配式建筑在成本造价上也毫无优势，往往每平方米造价会增加 200～500 元。但推广装配式建筑，是贯彻国家"适用、经济、绿色、美观"的建筑方针、实施创新驱动发展战略、实现产业转型升级的必由之路，是新时代绿色建筑发展的必然选择。可以预见在不久的将来，将有越来越多的装配式建筑在医院建筑中得到应用。下面我们处国家与地方出台的装配式建筑政策进行解读，并对装配式在医院建筑中应用的方向提出相应的意见与建议，供医院建设方参考借鉴。

1. 国家及地方有关装配式建筑的政策

（1）国家层面的政策法规

2016 年国务院《关于大力发展装配式建筑的指导意见》提出"力争用 10 年左右的时间，使装配式建筑占新建建筑面积的比例达到 30％"。

2017 年住房城乡建设部《"十三五"装配式建筑行动方案》提出"到 2020 年，全国装配式建筑占新建建筑的比例达到 15％以上，其中重点推进地区达到 20％以上，积极推进地区达到 15％以上，鼓励推进地区达 10％以上"，进一步明确装配式建筑占比目标。

2022 年住房城乡建设部《关于印发"十四五"建筑节能与绿色建筑发展规划的通知》提出"到 2025 年，装配式建筑占当年城镇新建建筑的比例达到 30％。大力发展钢结构建筑，鼓励医院、学校等公共建筑优先采用钢结构建筑，积极推进钢结构住宅和农房建设，完善钢结构建筑防火、防腐等性能与技术措施。"

（2）地方层面的政策法规

1）北京。

《关于进一步发展装配式建筑的实施意见》明确：到 2025 年，基本建成以标准化设计、工厂化生产、装配化施工、一体化装修、信息化管理、智能化应用为主要特征的现代建筑产业体系；以新型建筑工业化带动设计、施工、部品部件生产企业提升创新发展水平，培育一批具有智能建造能力的工程总承包企业以及与之相适应的专业化高水平技能队伍。

《北京市"十四五"时期能源发展规划目录》明确：绿色建筑和装配式建筑占新增建筑比重显著提升；大力发展绿色建筑、装配式建筑，积极推广超低能耗建筑。

2）上海。

《关于完善准确全面贯彻新发展理念做好碳达峰中和工作的实施意见》明确：实施工程建设全过程绿色建造，全面推广装配式建筑和全装修住宅。

《上海市住房发展"十四五"规划》明确：扎实推进装配式建筑发展，公共租赁住房项目全部采用全装修方式；推进绿色建筑与装配式建筑融合发展；稳步推进装配式建筑示范住宅小区建设。

3）武汉。

武汉市城乡建设局"市城建局关于印发《武汉市装配式建筑装配率计算细则（2023）》的通知"的 3.0.2 基本规定指出：装配式建筑应同时满足下列要求：

①主体结构部分的评价分值不低于 20 分。

②围护墙和内隔墙部分的评价分值不低于 10 分。

③采用全装修。

④采用标准化设计。

⑤装配率不低于 50%。

同时在 3.0.5 指出：因技术条件特殊需调整装配率指标的建筑工程，依据本《计算细则》计算的单体建筑装配率不低于 30%。对最低装配率提出了要求。

2. 装配式医院的设计及建设建议

（1）建立健全医院装配式建筑的标准体系

未来装配式医院建筑发展的空间巨大，但由于医院项目的复杂性与特殊性，需要政策引导，加快编制公共建筑特别是医院装配式建筑国家标准、行业标准和地方标准；强化建筑材料标准化、部品部件标准化、工程标准之间的衔接；逐步建立完善覆盖设计、生产、施工和使用维护全过程的装配式建筑标准规范体系。同时把部分企业所掌握的专业标准转化为全国或者区域性的通用标准，加强配套的部品件的标准化体系建设，同时还要逐步推进医院室内装修的标准化研究工作。尽快建立适用于医院建筑的装配式标准体系。

（2）合理进行装配式设计与选型

建议根据项目规划条件及土地出让条件明确要求的预制装配率指标，结合建筑自身的结构、室内装修等特点，在满足结构安全和节约成本要求，以及满足施工吊装可行性要求前提下，经设计单位合理地设计、精准地计算，经建设主管部门组织专家评审，确定合理选型。

建议主体结构和围护结构预制构件主要包括预制叠合楼板、楼梯板、预制叠合梁；内外围护结构选用蒸压轻质加气混凝土墙板、玻璃隔断等；室内装修选用工业化成品装配式吊顶、楼地面干式铺装等。

（3）加强全过程质量控制

装配式建筑与传统建筑相比在耐久性、保温、防水、抗震性、室内装饰环境等方面均存在一定的劣势，而医院建设标准高，必须建立从预制构件生产、运输、堆场、吊装、安装施工、节点处理直至现场验收的全过程质量管理体系。重点对预制构件的生产质量、施工工艺、检验标准、管理制度进行过程控制，确保装配式质量符合要求。

（4）建立医疗族库，提高装配式渗透率

装配式建筑在大型医院建筑中的应用案例并不多，主要是由于医疗建筑的功能布局、医疗流线、综合管线都相对复杂，一些医技科室还有特殊需求，大到功能模块，小到预制构件，都难以达到标准化通用，导致构件开模、摊销等成本增加。解决办法是求同存异，选择模块化、集成化程度高的功能区进行装配式应用，例如标准护理单元、标准诊疗单元，甚至后勤机房，对机房内的设备与阀门、管路、支架等合理分段、组合，划分为标准化的单元模块或组件。同时通过 BIM 技术应用建立医疗族库，也就是医疗建筑的数字化产品库，进行资源整合，通过数字信息化技术运用到装配式建筑的设计、施工以及今后的运维管理阶段，提高装配式的渗透率。

3.18　绿色建筑的建议

随着医改的深入，医院之间的竞争会越来越激烈，绿色医院的价值主要体现在先进的绿建技术应用，它的创建技术响应了国家节能减排号召，极大地节约了运行成本，加上国家财政补贴奖励，已呈现出良好的发展态势。在政策上，国家出台了《关于加快推动我国绿色建筑发展的实施意见》《绿色建筑行动方案》《绿色医院建筑评价标准》等意见，为绿色星级医院创建提供了政策依据。在财政补贴上，国家层面和地方层面也分别出台了相应的补贴标准，其中国家层面对二星级绿建补贴标准为 45 元/m² （建面），对三星级绿建补贴标准为 80 元/m² （建面）。部分地区也根据自身实际情况制定了相关的财政补贴标准。也正是由于国家和地方政府系统化和多样化的政策支持与引导，绿色医院建筑进入快速发展的"绿色通道"。下面就已有案例对绿色医院的创建提出相应的建设建议。

1. 绿色医院评价的流程与标准

绿色医院评价具体指标包括控制项、评分项和加分项。控制项是评为绿色建筑的必备条款，评分项为实现难度及指标要求中等的条款，加分项为实现难度较大、指标要求较高的条款。申报流程分为三个阶段。一是收集项目基本资料，确立认证目标；二是申报资料收集审核，并提出建议；三是完成所有叙述性模板，在提交前审核所有材料然后申请绿色建筑标识认证。

绿色医院建筑达标必备条件：每类指标中的控制项必须达标且每类指标评分项得分不应小于 40 分。同时按加权总得分确定星级：绿色建筑一星级加权后的总得分须达到 50 分以上；绿色建筑二星级加权后的总得分须达到 60 分以上；绿色建筑三星级加权后的总得分须达到 80 分以上。

2. 选择专业的绿色医院建筑咨询机构

由于绿色医院建筑在国内起步晚，发展时间较短，很多咨询机构都是绿色建筑咨询机构兼做绿色医院建筑咨询，因对医院建筑的功能特点不了解，与设计单位的配合脱节，所以只能提供"对标"服务，主要做资料的编制与申报工作，对项目的设计、成本、施工与运行管理指导无实质帮助，导致院方仅仅获得一个不能落地的星级标识。

而专业绿色医院建筑咨询机构因对医院建筑功能特点的深入了解及丰富的实践经验，各专业咨询工程师能对设计、施工和运行全过程提供"控标"服务，依据绿色医院建筑评价标准对项目设计、投资、施工与运行管理进行专业指导，使院方获得一个能真正运行且效果良好的绿色医院建筑。

3. 前置介入，更早地开始绿色医院的创建工作

创建绿色医院的介入节点不同，对绿色星级医院建设有很大影响，在不同的方案节点都有不同的方式来帮助院方实现绿色医院的定位和目标，总体思路是介入越早，实施难度越小、投资成本越低。

第一种方式是在策划阶段介入，可以跟设计团队一起制定绿色技术的体系；第二种方式是施工图已经完成的情况下介入，则需要对整个设计图纸按照标准评估和优化，如果不涉及结构建筑等大的改动，就不需要再重新设计；第三种方式是在结构已完成的情况下介入，属于最难的状态，创建三星的难度很大，但二星较有希望。

4. 星际绿色医院创建主要内容建议

绿色三星医院技术体系规划涉及场地优化与土地合理利用、节能与能源利用、节水与水资源利用、节材与材料资源利用、室内环境质量和创新六大的方面。

（1）场地优化与土地合理利用

场地优化与土地合理利用技术包括项目规划节约土地、合理设置绿化用地、合理建筑布局和开发利用地下空间、便利的交通、停车场设置合理、急救车绿色专用通道、屋顶（或垂直）绿化和雨水生态设施。

（2）节能与能源利用

节能与能源利用技术包括能耗分区分项计量、高效水泵风机变压器等用能设备、节能照明、建筑设备控制系统、生活热水采用太阳能或空调源热泵和中央空调采用可再生能源。

（3）节水与水资源利用

节水与水资源利用技术包括生活用水按用途分类计量、避免管网漏损措施、控制水压技术、节水卫生器具、雨水回收利用和绿化节水灌溉。

（4）节材与材料资源利用

节材与材料资源利用技术包括无大量装饰性构件、预拌混凝土和砂浆、高强度钢筋使用、大空间灵活隔断和结构体系优化设计或采用装配式构件（可选做）。

（5）室内环境质量技术

室内环境质量技术包括改善室内自然采光、改善室内视野效果、空调系统回风净化装置、室内环境末端自主调节、室内空气品质监控系统和合理的新风过滤等级、合理的送排风系统。

（6）创新

创新技术包括 BIM 技术、一级节水器具、新型建筑材料和室内空气质量处理措施。

第四章

医疗专项提资（反向）分析

4.1　提资的含义

常规的提资，简单来说就是提供后续设计需要的资料。对医疗建设项目而言，提资就是在前的单位或个人给后续的单位或个人提供后续设计、施工等所需的资料。而由于医疗建设项目所包含的专业多、系统多，所涉及的医疗功能单元与使用科室也多，同时医疗专项、医疗设备又非常复杂，迫切需要将后期各医疗科室的需求、医疗专项的施工需求、医疗设备的安装需求等技术资料提前向前期主体设计单位提供，提前进行预留、预埋和相关点位的设计，避免后期大量的"错漏碰缺"问题，规避大量的拆改损失。因此医疗建设项目迫切需要开展后续单位或个人给前期设计或施工单位提供后续设计或使用需要的技术文件资料的反向提资管理。

4.2　医疗专项提资

医疗专项是医院建设最重要、最复杂的专项工程。它关系医疗流线的科学组织和医疗单元的功能实现，决定了医院交付后医患的使用体验和医院的运营效率和效益，是影响最大、设计需求最多，以及后期使用投诉最多的专项工程。常常因为设计提资管理不到位引发后期大量拆改及返工工作，给医院建设造成损失和风险。为规避相关管理风险，我们将从医疗专项的工程划分、建设范围及需设计提资的内容清单三个方面对医疗专项的提资管理进行分析、介绍，以期为医疗专项提资管理提供更好的建议与思路。

4.2.1　医疗专项工程划分

1. 医疗特殊科室

手术类科室：综合手术部、门急诊手术部、DSA 室、产房手术室、内镜中心等。

病房类科室：各类重症监护室、负压病房、血液病房、烧伤病房、血液透析室等。

实验室类科室：各类医疗实验室、生殖中心、静脉配置中心、检验科、血库、病理科、PCR 实验室等。

其他科室：消毒供应中心、放射科、核医学、发热门诊等。

2. 其他医疗专项工程

其他医疗专项工程：医疗智能化、放射防护、智能物流、医疗纯水、废气废水处理。

医用气体工程：压力管道安装、压力管道设计、压力容器设计及安装。

医疗配套设备采购及安装：手术室无影灯、吊塔、手术床、消毒供应中心洗消设备、实验室通风柜、生物安全柜、超净工作台等。

4.2.2　医疗专项建设范围

1）特殊医疗科室建设内容如表 4-1 所示。

特殊医疗科室建设内容　　　　　　　　　　　　表 4-1

序号	专业	内容
1	装饰专业	墙、顶、地、医用设备、门窗
2	暖通专业	空调风系统、空调水系统、各类阀门附件、设备机组
3	电气专业	照明与插座、系统配电、综合布线、弱电系统
4	医用气体专业	气体管路、汇流排、终端与设备带
5	给水排水专业	给水排水管路、洁具

2）特殊医疗科室建设范围如表 4-2 所示。

特殊医疗科室建设范围　　　　　　　　　　　　表 4-2

序号	专业	范围
1	建筑专业	1. 医疗专项范围内墙面、顶面、地面及门窗的相关安装工作。 2. 医疗专项范围内手术室基本装备、设备所需的锚栓安装工作。 3. 医疗专项范围内窗帘盒、窗台板、卫浴隔断板、输液导轨、普通传递窗、电动传递窗等的安装工作。 4. 范围线界面上所在的临界墙为分界线，各自完成各自区域一侧的墙面(含墙面挂件)装饰施工，包括各自一侧的门、窗收口
2	暖通专业	1. 医疗专项范围内相关空调设备的安装(空调机组设备、加湿设备、风管式电加热箱、分体式空调器、风机盘管、多联机、排风机等及其他相关附件)。 2. 医疗专项范围内相关空调风系统、水系统、蒸汽系统的安装(净化风管及附件、风管保温、风阀、软接、风口、过渡季节冷热源、空调水管及保温、水阀附件、软接、蒸汽管道及阀件)
3	电气专业	1. 医疗专项可视范围内总配电箱至分配电箱的电线、电缆及其以后的设备(照明、插座、等电位、设备配电等)安装及管线敷设工作。 2. 医疗专项范围内：门禁、健康、呼叫、探视、广播、空调自控(除综合布线设备：弱电井内交换机、配线架、理线架、机柜等)弱电部分的管线敷设、设备安装及调试
4	给水排水专业	1. 医疗专项范围内部至排水立管的管道敷设(包含特殊科室排水管)特殊科室内部的洁具安装。 2. 医疗专项范围内部至给水管井预留阀门位置的给水横管的敷设,纯水管道的敷设、净化空调加湿水、纯水机等,范围线内的洗手盆、刷手池等器具的安装
5	医用气体专业	1. 特殊气体汇流排设备及管路安装。 2. 医疗专项范围内的气体管道、设备带及其附属设备安装

3）其他医疗专项建设范围如表 4-3 所示。

其他医疗专项建设范围　　　　　　　　　　　　表 4-3

序号	项目	范围
1	医用气体	关注"平急结合"中心供氧系统用氧量提资(床位数、用氧比例、重症比例等)全院氧气、中心吸引、压缩空气系统、液氧罐、真空吸引站设备、压缩空气站设备、汽化器、应急备用氧气汇流排 木系统所有输送管道、阀门仪表、报警装置和终端

序号	项目	范围
2	手术部医用气体	手术部汇流排系统:汇流排设备、本系统所有输送管道、阀门仪表、减压装置、报警装置和终端
3	污水处理	污水处理站的相关机电设备,包括污水处理设备、废气处理设备、检验科、病理科与处理设备等以及地上设备间配套的电气、自控、给水排水、空调专业
4	医疗智能化	信息设施系统、公共安全系统、建筑设备监控系统、应用系统、医疗业务系统、机房工程等6大系统相关设备、布线、软件系统及设备调试
5	放射防护工程	防辐射、磁屏蔽区域墙体砌筑、抹灰、填充层、地面找平层。 防辐射、磁屏蔽区域内地面、墙面、顶棚的防护铅板、紫铜板、涂料。 防辐射、磁屏蔽区域内的防护门、防护窗

4.2.3 医疗专项提资内容清单

1. 特殊医疗科室需提资内容

特殊医疗科室需提资内容按专业划分,见表4-4、表4-5。

建筑专业   表4-4

序号	项目	内容
1	土建墙	按照医疗专项科室的平面图需求,对范围线内的土建墙体进行砌筑及抹灰: 1. 科室外围墙体。 2. 疏散管道防火分区墙体。 3. 湿区墙体。 4. 设备机房墙体。 5. 楼梯间、管井墙体等
2	地面处理	按照医疗专项科室的地面材质需求,对范围线内的地面找平层至要求标高: 1. 地面材质为橡胶卷材、PVC卷材、环氧地坪等区域需找平处理。 2. 地面材质为地砖、防辐射硫酸钡等通常无需找平。 3. 对原有降板区域进行回填至要求标高
3	降板预留	按照医疗专项科室的需求预留降板区域: 1. 检验科大厅、生化检验区域排水沟预留。 2. DSA、MRI、口腔科牙椅区域等大型扫描设备的电缆沟预留。 3. 卫生间降板预留或需同层排水区域预留。 4. 纯水间、空调机房排水沟预留
4	结构加强	按照医疗专项科室设备承重需求进行承重复核及必要的加固措施: 1. 大型医疗设备(MRI、DSA等)设备。 2. 供应室清洗剂、灭菌器设备。 3. 空调系统的空调机组及冷热源主机设备。 4. UPS设备。 5. 改造项目的原结构复核加固
5	设备基础等	按照医疗专项科室设备尺寸及定位,预留设备基础: 1. 空调系统空调机组的基础。 2. 冷热源设备、分集水器、水泵基础。 3. 纯水设备
6	楼板开洞	按照医疗专项科室的机电专业需求,对需穿越楼板的风管、水管预留楼板空洞或新开洞口并加固;对已开洞口的封堵

续表

序号	项目	内容
7	装饰装修	按照医疗专项科室的机电专业需求，按照需求参数（尺寸及定位）预留外窗百叶风口
8	场地要求	供应室、检验科、放射影像科、介入中心等大型设备的安装场地要求，大型医疗设备进场运输通道预留

机电专业 表 4-5

序号	项目	内容
1	冷热源	1. 预留医疗专项部分内冬夏季冷热源以及（春秋）过渡季节冷热源（预留冷媒管道至医疗专项工程相关楼层的暖通管井内，包含相关的阀门及关键）。 2. 预留医疗专项部分内蒸汽管道接口至供应室区域相关管井内，并预留阀门及管件
2	电气预留	1. 预留医疗专项部分低压配电房内需使用的配电柜空开，并敷设至楼层总配电箱，按照医疗专项提资完成楼层总配电箱生产及安装。 2. 预留医疗专项部分内等电位接地端子。 3. 弱电井内预留，综合布线设备（弱电井内的交换机、配线架、理线架、机柜等）、消防广播信号接口。 4. 终端医疗用电设备（挂号机、签到机、广告机、排队叫号显示器等）用电接口
3	给水排水接口	1. 在给水管井预留医疗专项部分使用的阀门及接口（室内给水水源、给水主立管由大楼提供）。在排水立管预留医疗专项部分使用的接口。 2. 特殊科室污水与处理系统排水立管预留医疗专项部分使用的接口。 3. 预留供应室高温清洗消毒设备高温排水管及室外降温池
4	医用气体	在医用气体管井预留医疗专项部分使用的阀门及接口（主立管由总包提供）

2. 其他医疗专项需提资内容

（1）中心供氧提资

1）氧气、负压、医疗空气站房、手术部汇流排间的土建（含防火围堰、防雷接地、设备基础、土建墙、栏杆、门窗等）、隔声、排风、排水、照片、插座。

2）氧气、中心吸引、压缩空气、汇流排设备进线电缆及总配电箱。

3）室外医用气体管道管沟、过路套管、地下室穿墙套管等。

4）医用气体管井内医用气体立管的预留洞口。

5）设备带强电、弱电进线。

（2）智能化系统提资

1）结构专业：机房工程的设备荷载校核（数据机房、UPS 等）、相关管道管井预留。

2）土建专业：中心机房的土建隔墙、弱电相关管线预留预埋。

3）强电专业：中心机房的进线电缆以及总配电箱、弱电系统设备的电源预留。

（3）污水处理提资

1）污水处理相关构筑物（地上设备间、地下水池、检验科以及感染科、发热门诊等预处理池、衰变池、化粪池等）。

2）院区进出水管网。

3）污水处理站进线电缆以及总配电箱。

4）污水处理站所需给水水源。

（4）物流系统提资

1）结构专业：物流系统的设备荷载校核、相关轨道、管道管井、楼板孔洞预留。

2）土建专业：管道井的土建隔墙，水平物流路径，弱电相关管线预留预埋。

3）强电专业：各护士站站点设备的电源预留、弱电系统设备的电源预留。

4.2.4 医疗专项科室需求提资（按科室，见表4-6）

医疗专项科室需求提资   表 4-6

科室	内容
手术部提资清单	1. 洁净手术部应独立成区，并宜与其有密切关系的外科重症护理单元邻近，宜与有关的放射科、病理科、消毒供应中心、输血科等联系便捷，不宜设于首层
	2. 洁净度、细菌浓度、温度、湿度、静压差、噪声、风量、照度应满足规范要求，应确定手术级别、调研各级手术数量，配置相应手术室净化要求；明确数字化手术室要求等
	3. 电气系统的安全可靠性应满足要求，医用气体的种类，压力、流量应满足要求
产房提资清单	1. 剖宫产手术室建议为万级净化要求，其余功能间无需净化
	2. 科室分为非限制区（家属等候区）、半限制区（待产及活动区）、限制区（分娩手术室），应与产科病房及新生儿室相邻
	3. 分娩室温度在 24～26℃，相对湿度为 55%～65%，分娩室新风适当放量
	4. 分娩室平面净尺寸不宜小于 4200mm×4800mm，剖宫产手术室不宜小于 5400mm×4800mm
	5. 若设置为两张产床的分娩室，每张产床使用面积不少于 20m^2
重症监护病房（ICU）提资清单	1. 重症监护病房宜与手术部、急诊部邻近，并应有快捷联系
	2. ICU 开放式病床每床的占地面积为 15～18m^2，每个 ICU 中的正压和负压隔离病房的设立，通常配备负压隔离病房 1～2 间
	3. ICU 一般做十万级的空气净化，温度 21～26℃，湿度 35%～60%
	4. ICU 要设置新、排风系统，合理的新风换气次数，合理的气流组织是 ICU 房间消除异味，维持清新环境的重要保证
层流病房提资清单	1. 主要收治骨髓移植白血病、严重呼吸器官疾病和脏器移植、大面积重度烧伤等患者
	2. 考虑医患分流，洁污分流，患者进入病房前需药浴，设置送餐通道
	3. 以 I 级净化为主，个别设置 II 级，温度 22～26℃，湿度：40%～60%
	4. 病房设前室作为缓冲，房间与前室之间保持 8Pa 正压
	5. 机组采用双风机运行，一用一备
	6. 设置 IT 隔离变压系统和 UPS
负压隔离病房提资清单	1. 设置三区两通道，分为污染区、半污染区、清洁区，病人和医护人员从不同通道进入病房
	2. 保持合理的压力梯度，缓冲区与走廊—10Pa，病房—15Pa，卫生间—20Pa
	3. 合理的气流组织，医护人员在送风的上风侧，病人呼出的空气通过床头侧的排风口排走
	4. 排风口设置原位检漏的高效过滤器，排风口设置在高于屋面 3000mm 处，排风采用双风机系统
血液透析室提资清单	1. 乙型肝炎病毒、丙型肝炎病毒、梅毒螺旋体、艾滋病毒感染以及其他特定的传染病患者应当分阳性隔离病区透析，治疗间、血液透析机、护理人员及相关治疗物品不能混用
	2. 血液透析室医疗用房使用面积不少于科室总面积的 75%
	3. 阴性患者与阳性患者入口应分设，病区各自独立，阳性病区相对负压
	4. 血液透析纯水采用双极反渗透纯水

续表

科室	内容
消毒供应中心提资清单	1. 应自成一区，宜与手术部、重症监护和介入治疗等功能用房区域有便捷联系
	2. 按照污染区、清洁区、无菌区三区布置，污物接收、去污、打包、灭菌、无菌存放/发放、发放厅：无菌区＝1∶2∶1，应按照单项流程布置，工作人员辅助用房应自成一区
	3. 中心消毒供应室应保持有序压差梯度和定向气流。定向气流应经灭菌区流向去污区。无菌存放区对相邻并相通房间不应低于5Pa的正压，去污区对相邻并相通房间和室外均应维持不低于5Pa的负压
	4. 检查包装及灭菌区三十万级净化、无菌存放区十万级净化，并应分开设置独立的净化空调系统
检验科、病理科、输血科提资清单	1. 检验科应自成一区，微生物学检验应与其他检验分区布置，微生物学检验室应设于检验科的尽端
	2. 实验室内通风柜、生物安全柜、减压设备、超净工作台等试验设备，应根据设备选型，预留安装尺寸、配电及通风、排风、给水、排水等管道和管路
	3. 检验科内PCR、HIV、微生物实验室常规设置十万级净化
	4. 检验科、病理科等需使用纯水，UPS电源（其他1、2类环境同）
生殖中心提资清单	1. 医患分流、患者男女分流、洁污分流，标本（精子、卵子、胚胎）流程联系紧凑、通畅、便捷，门诊、办公、手术、实验室严格分区
	2. 建筑和装修材料要求无毒，设置避开化学源和放射源
	3. 冷库、胚胎培养室、PGD室、显微镜操作室不建议设窗户，建议配置地脚灯，采用黄光灯，提高胚胎存活率，另设置普通照明灯光以备设备检修用
	4. 取卵室：环境符合国家卫生健康委员会医疗场所Ⅱ类标准，体外受精实验室：环境符合国家卫生健康委员会医疗场所Ⅰ类标准，胚胎操作区必须达到百级标准；胚胎移植室：环境符合国家卫生健康委员会医疗场所Ⅱ类标准
	5. 培养室：为确保胚胎安全，应设置双风机、双电机、24h恒温、恒湿
	6. 生殖中心气体管道用316不锈钢管，需用到混合气体，用气终端压力可调
口腔科提资清单	1. 口腔科所用的医用气体包括负压、压缩空气和氧气，其中负压、压缩空气系统在使用压力与流量上与病房、手术室等处医用气体系统不同
	2. 口腔综合治疗椅除需要连接压缩空气、负压抽吸外，整个治疗单元还应有洗涤的进出水、电话线、数字图像信号线等各种管道和线路，还需连接纯净水源、电源线和污水排放管路，这些管道和线路应提前预埋在治疗台下方专供口腔科使用的预留地沟内
静脉用药调配中心提资清单	1. 静配中心应当设于人员流动少、位置相对独立的安静区域，并便于与医护人员沟通和成品输液的运送，不宜设置在地下室和半地下室
	2. 静配中心使用面积应与日调配工作量相适应。 (1)日调配量1000袋以下：不少于300m² (2)日调配量1001～2000袋：300～500m² (3)日调配量2001～3000袋：500～650m² (4)日调配量3001袋以上，每增加500袋递增50m²
	3. 静配中心内不设置地漏。淋浴室及卫生间应设置于静配中心外附近区域，并应严格管控。静配中心整体净高宜达2500mm以上
	4. 净化系统要求 (1)洁净级别要求。 一次更衣室、洁净洗衣洁具间为D级（十万级）；二次更衣室、调配操作间为C级（万级）；生物安全柜、水平层流洁净台为A级（百级）。洁净区洁净标准应符合国家相关规定，经检测合格后方可投入使用。

续表

科室	内容
静脉用药调配中心提资清单	(2)换气次数要求。 D级(十万级)≥15次/h,C级(万级)≥25次/h。 (3)静压差要求。 ①电解质类等普通输液与肠外营养液洁净区各房间压差梯度:非洁净控制区＜一次更衣室＜二次更衣室＜调配操作间;相邻洁净区域压差5～10Pa;一次更衣室与非洁净控制区之间压差≥10Pa。 ②抗生素及危害药品洁净区各房间压差梯度:非洁净控制区＜一次更衣室＜二次更衣室＞抗生素及危害药品调配操作间;相邻洁净区域压差5～10Pa;一次更衣室与非洁净控制区之间压差≥10Pa。 ③调配操作间与非洁净控制区之间压差≥10Pa
智慧药房提资清单	1."毒、麻、精、放"等特殊管理药品的存储场所出入口应安装出入口控制装置和视频监控装置 2. 药房出入口应安装出入口控制装置和视频监控装置;其外部主要通道应安装视频监控装置;其周边应安装电子巡查装置;取药窗口应安装视频监控装置
内镜中心提资清单	1. 接待区应设置在患者可见的醒目位置并配有标识标牌,可设置内镜中心总服务台,配置不少于两个工位 2. 各内镜室的使用面积应大于或等于20m²,房间内安放基本设备后,保证检查床有360°自由旋转的空间。肠镜区域,应配置专门的患者卫生间;ERCP诊疗室,面积在50～60m²,分两个工作区域,一个是控制区域,此区域面积可分配为15～20m²,另一个是操作区域,内设X光机,因此该区域顶棚、地面、墙面应采取放射防护措施,面积可分配为35～40m²并配置缓冲区;VIP内镜诊疗室,应与其他内镜诊疗室的候诊接待、术前准备、术后复苏等区域相对隔离,室内装修材料档次适当提高 3. 洗消室应有上下水设施和地漏,地面有适当坡度以利于排水,墙面、地面应进行防渗水处理,应有冷、热、纯净水供应。清洗消毒区可放在尽端靠外窗处,应通风良好,可安装有效的送排风装置,保持换气充分,且排风应外排;由于化学消毒剂挥发物略重于空气,排风口应设置在离地300mm处,便于将化学消毒剂的挥发物及时抽吸排放;顶面设置送风口 4. 内镜器械储存区内应通风良好、保持干燥,相对湿度常年保持在30%～70%,可使用成品镜柜,设备自带恒温、恒湿、紫外消毒功能。若集中摆放镜柜,应注意通风降温 5. 内镜中心的暗背间通常较多,应配置独立的新排风系统;支气管镜检查与洗镜区域应建立独立的排风系统;洗消室的换气次数应达到每小时10～12次,上送下排,保持微负压,安装感应门;支气管镜检查室与支气管镜洗消间均为微负压

4.2.5 医疗设备提资内容见表4-7

医疗设备提资　　　　　　　　　　　　　　　　表4-7

医疗设备	内容
大型医疗设备	场地准备资料:设备重量、尺寸、散热量;环境要求;搬运要求;设计机房系统总定位;设备基础、地面、天花电缆沟槽定位;天花安装孔定位、天花型钢结构示例;假天花(吊顶)开孔位置;配电建议方案和现场电气准备要求

4.3　医疗专项提资实例展示

以某医院项目为例，列出项目建设过程中，结合医院相关功能单元及所属科室提出的设计需求清单，见表 4-8～表 4-19，前置进行设计优化及修订，为医院后期交付使用提供便利。

血透室提资　　　　　　　　　　　　　　　　　表 4-8

序号	提资需求	改动前图纸	改动后图纸
1	污物间： 1. 原治疗间到污物间的门取消。 2. 污物间增加一个隔断、开两扇门。 3. 污物间洗手池上移		
2	阳性透析区： 左侧洗手池下移 850mm，尽量靠近门		
3	阳性透析区： 治疗间里面需要一个洗手池，现场该洗手池下水预留到治疗间外面去了		
4	机器维修间： 下方需要安装条形地漏		
5	水处理间： 1. 该空间墙和门需要做隔声处理。 2. 该空间要求有空调和新风系统。 3. 该空间需要做防水处理		

序号	提资需求	改动前图纸	改动后图纸
6	中央供液系统间： 1. 该空间墙和门需要做隔声处理。 2. 该空间要求有空调和新风系统。 3. 该空间需要做防水处理		
7	医生办公室： 1. 洗手池调方向。 2. 取消一段隔墙		
8	护士站、候诊区及各功能区： 图纸中各区域对插座有特殊要求的地方，尽量满足备注所需，如有问题请及时提出		
9	治疗区、功能区各办公室、休息间、多功能间： 要求开窗通风		
10	整个区域： 血透室电压需求较大，请注意设备用电量及点位相关要求	 设备用电点位图	
11	候诊区： 两个更衣间各增加 2 个五孔插座，离地 300mm		
12	治疗区： 设备带内每个机器后面都需要有排水口，排水口需带止回阀	 给水排水点位图	

续表

序号	提资需求	改动前图纸	改动后图纸
13	治疗区： 治疗区域所有顶灯需要多档调节，患者透析时需要柔和灯光		
14	库房： 所有库房要求有空调		
15	各库房、污物间： 新增紫外线灯电源		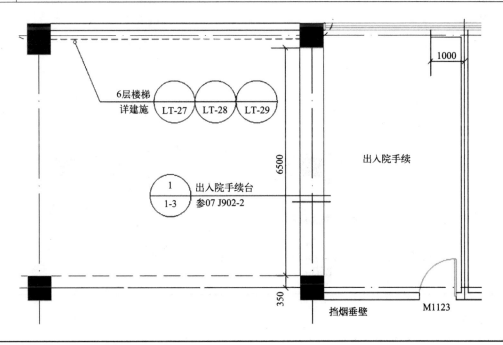

财务科提资　　　　　　　　　　表4-9

序号	内容
1	新院区收费窗口台面高度1100mm
2	每个单独收费室需要安装洗手池，洗手池周围墙面预留电源
3	每个收费窗口需有1个插座（5～6孔插座，最好在能墙面预留），弱电数据终端（其他医疗、医技、住院环境同）
4	每个收费室预留壁挂式消毒机插孔
5	出入院手续处（下图）文件柜位置中间位置新增预留2个工位的插座（5～6孔插座，最好能墙面预留）
6	财务室需增加1个工位的插孔（5～6孔插座，最好能墙面预留），共3个工位
7	每个收费窗口、财务室及出入院办理处左侧需预埋监控线
8	每个收费室内空调需有独立控制开关
9	右侧两图中的门建议用防盗门和密码锁（有现金存放）
10	空调出风口采取下出风的方式

手术室提资   表 4-10

序号	内容
1	手术室内气体面盘增加
2	负压吸引要扩容,DN10不够,下面几间手术室除了眼科,左右两侧必须配有气体面盘,其余的可以左或右只安装一个,病人头部必须有气体面盘。DSA、3号、7号预留氮气,其余手术室可以把氮气改成负压吸引
3	男女更衣各增加一套蹲便器
4	每间手术室和洁净区辅房都必须有压差表
5	手术室换床间外门口处增加显示屏
6	护士站设管收发的门禁
7	标本间增设一个门,中间设一个从天到地的收纳柜,使之成为2个房间。层流风管要在此房间有2个出风口
8	原护士办公室和器械室中间墙体打通,器械室与机房的墙体移向机房尽可能外展1000~2000mm
9	护士办公室与器械室对换,可减少办公室噪声

ICU 提资   表 4-11

序号	内容
1	倒污间增加砖砌倒污池,并且带有高压水枪
2	换床位置,高处位置增加三个房间推窗

NICU 提资　表 4-12

序号	内容
1	医生办公室以及隔离、洗婴室增加铅墙 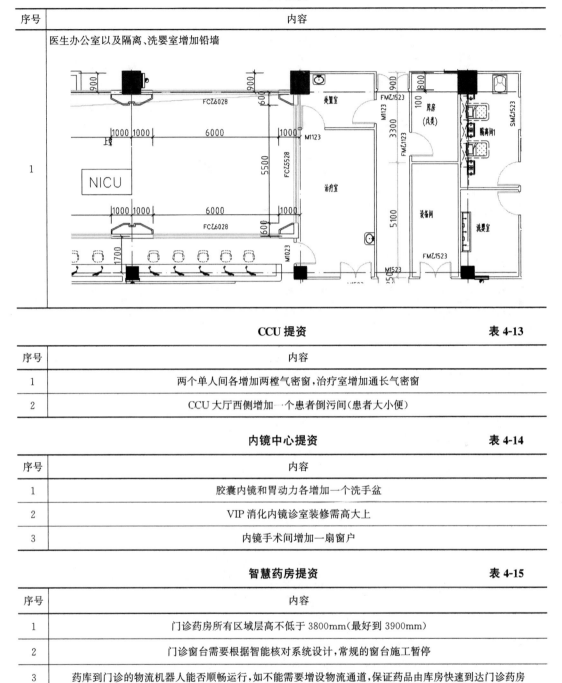

CCU 提资　表 4-13

序号	内容
1	两个单人间各增加两樘气密窗，治疗室增加通长气密窗
2	CCU 大厅西侧增加一个患者倒污间（患者大小便）

内镜中心提资　表 4-14

序号	内容
1	胶囊内镜和胃动力各增加一个洗手盆
2	VIP 消化内镜诊室装修需高大上
3	内镜手术间增加一扇窗户

智慧药房提资　表 4-15

序号	内容
1	门诊药房所有区域层高不低于 3800mm（最好到 3900mm）
2	门诊窗台需要根据智能核对系统设计，常规的窗台施工暂停
3	药库到门诊的物流机器人能否顺畅运行，如不能需要增设物流通道，保证药品由库房快速到达门诊药房

检验科提资

表 4-16

序号	内容
1	标本制备和鉴定室增加两个二氧化碳设备带以及管道,每个设备带四个二氧化碳终端 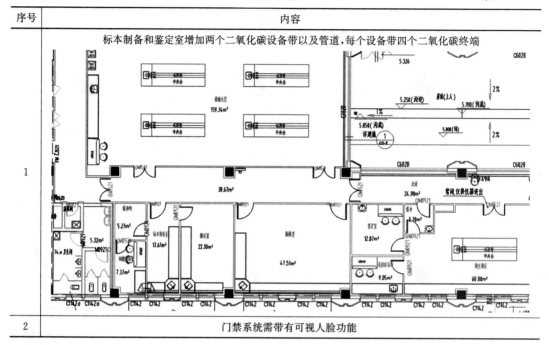
2	门禁系统需带有可视人脸功能

医用气体提资

表 4-17

序号	内容
1	室外液氧站: 医用液氧供应源站房及汇流排间设计及设备基础、防火围堰、配套工艺用房设计 液氧站房需设置防雷接地 液氧贮罐站内预留 DN25 给水管用于汽化器结冰后冲洗化冰。 液氧贮罐站内排水用于站内雨水和汽化器冰水排出,地漏应带封堵,平时地漏处于封闭状态,需要排水时才打开 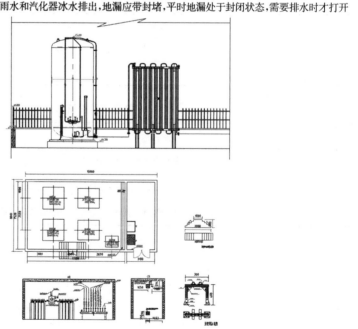

续表

序号	内容
2	室外液氧站： 液氧贮罐站内设置配电箱用于数显远传液位计供电 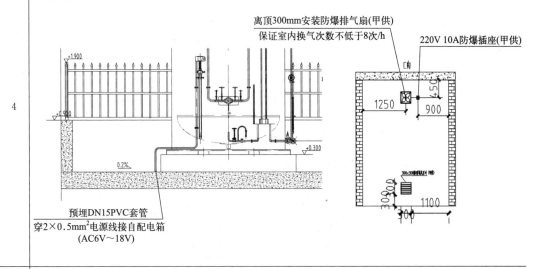
3	汇流排间： 根据《医用气体工程技术规范》GB 50751—2012 输送氧气含量超过 23.5% 的医用气体汇流排间，当供气量不超过 60m³/h 时，可设置在耐火等级不低于三级的建筑内，但应靠外墙布置，并应采用耐火极限不低于 2.0h 的墙和甲级防火门与建筑物的其他部分隔开
4	汇流排间： 医用氧气钢瓶汇流排间必须设置电源，其电源用于自动氧气汇流排、氧气减压装置报警器、站房排气扇、照明。 具体要求如下图：
5	门诊医技 1 号楼负压站房： 站内通风换气，换气次数不应少于 8 次/h，或平时换气次数不应少于 3 次/h，事故状况时不应少于 12 次/h； 站房内预留排水地漏

序号	内容
5	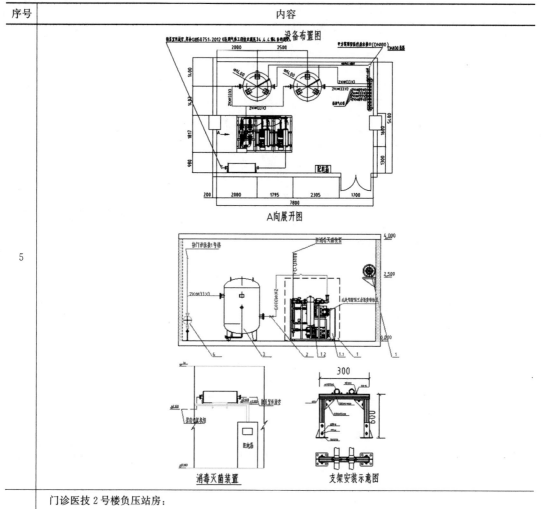
6	门诊医技 2 号楼负压站房： 站内通风换气，换气次数不应少于 8 次/h，或平时换气次数不应少于 3 次/h，事故状况时不应少于 12 次/h。 站房内预留排水地漏 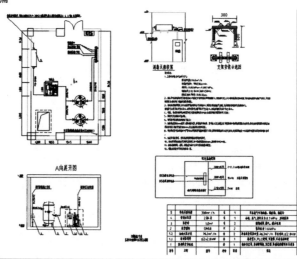

序号	内容
7	门诊医技 1 号楼负压站房： 医用真空柜预留双电源切换配电箱 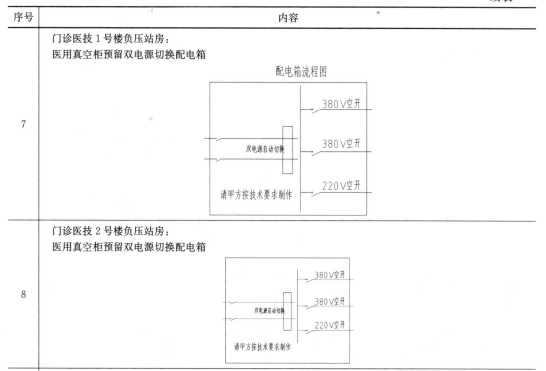
8	门诊医技 2 号楼负压站房： 医用真空柜预留双电源切换配电箱
9	医用空气站房：空压机房内预留进排风系统，确保空压机房内空气流通房间换气次数不应少于 8 次/h，或平时换气次数不应少于 3 次/h，事故状况时不应少于 12 次/h； 站房内须预留 DN50 排水地漏 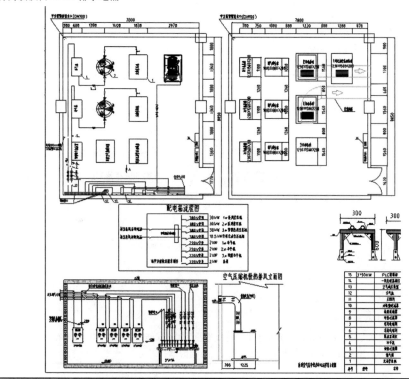

序号	内容
10	医用空气站房： 医用空气供应源预留双电源切换配电箱 配电箱流程图 380V空开　30kW　1号医用空压机 380V空开　30kW　2号医用空压机 380V空开　30kW　3号预留医用空压机 380V空开　10.5kW　牙科无油空压机组 接至医院备用电源 接至医院总配电箱 双电源自动切换 220V空开　2kW　1号冷干机 220V空开　2kW　2号冷干机 220V空开　2kW　3号预留冷干机 220V空开　2kW　备用 请甲方按技术要求制作
11	牙科站房预留双电源切换配电箱（甲供），用电需求 9.5kW。 负压吸引站双电源配电箱示意图（配电箱由甲方制作安装） 进线电缆由业主提供 主用电源 进线电缆由业主提供 备用电源 双电源切换开关 380V空气开　无油旋叶式真空抽吸机组　9.1kw 220V空气开　备用 0.5kw
12	牙科站房应设置相应措施，保证房间换气次数不少于 8 次/h。 牙科站房需设置排水地漏。 牙科负压站房需预留 DN20 给水管 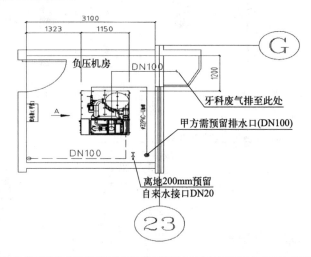 3100 1323　1150 负压机房　DN100 1200 G 牙科废气排至此处 甲方需预留排水口(DN100) A DN100 离地200mm预留 自来水接口DN20 ㉓
13	护士站（压力监测报警装置）： 由机电专业施工单位在开孔正上方高于吊顶标高至少 150mm 处预留 220V/10A 五孔电源插座 请在开孔正上方离墙 100mm 处预留 500mm×500mm 检修孔

续表

序号	内容
13	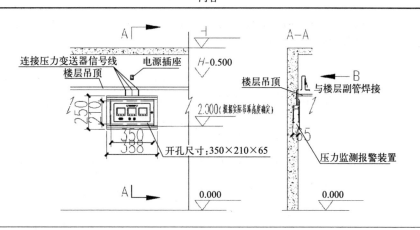
14	医用气体管井(流量计)： 机电施工单位为每只流量计预留 220V/10A 五孔电源插座,插座离地 1900mm 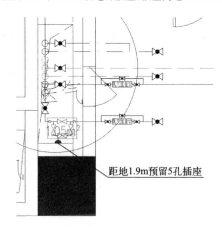
15	病房:安装设备带位置的墙面必须为实心墙面,即:距病房地板高度 1300～1500mm 之间的墙面采用实心砖砌筑 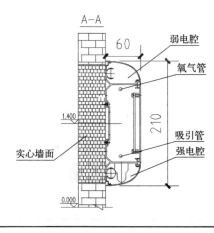

序号	内容
16	病房：机电单位在墙面预留电源、等电位接地端子应在远离下墙支管的另一端布置，预留电源离墙面 150mm，预留等电位接地端子离墙面 100mm 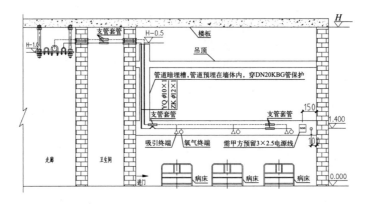
17	地下二层医用气体管井： 监控系统信号采集柜需接电源，请配合预留电源插座。距地 1500mm 预留 1 个 5 孔电源插座 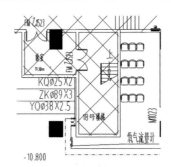
18	住院综合楼 2 号楼 1 层、3 层、6 层、11 层、15 层医用气体管井处： 监控系统信号采集柜需接电源，请配合预留电源插座。距地 1500mm 预留 1 个 5 孔电源插座 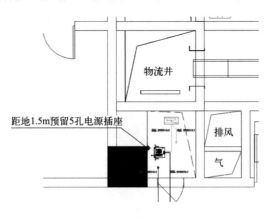

续表

序号	内容
19	住院综合楼 2 号楼 1 层、3 层、6 层、11 层、15 层医用气体管井处： 监控系统信号采集柜需接电源，请配合预留电源插座。距地 1500mm 预留 1 个 5 孔电源插座 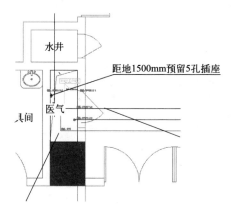
20	门诊医技 2 号楼 1 层医用气体管井处： 监控系统信号采集柜需接电源，请配合预留电源插座。距地 1500mm 预留 1 个 5 孔电源插座 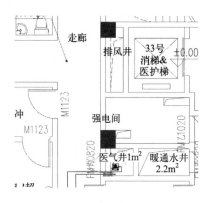
21	监控系统信号采集柜需接电源。在氧气汇流排间、负压站房、空压站房、牙科空气站房、牙科负压站房各预留 1 个 5 孔电源插座

声光电专业提资　　　　　　　　　　　　　　　　表 4-18

专业	内容
结构	1. 舞台区域设置有固定吊杆，需在梁体结构上后置预埋件进行下挂，需要在装饰及风管施工安装之前做好预埋件和下挂点，装饰完成后再焊接固定吊杆，固定吊杆安装位置在吊顶标高以下。 2. 舞台区域总荷载为约 2500kg，其中灯具设备约为 1000kg（厂家不同，重量不同），钢结构重量为 1200kg，幕布及综合布线重量约为 300kg，综上所述总荷载为 2500kg，下挂点总共为 22 个，每个点重量为 113.63kg。 3. 观众席上有面光吊杆一道，总重量为 360kg，其中灯具设备约为 160kg（厂家不同，重量不同），钢结构 170kg，综合布线为 30kg，下挂点为 10 个

续表

专业	内容
装饰	1. 设备间及控制室需设置静电地板、地板离地 200mm 以上。 2. 室内通风情况好,有利于设备散热。 3. 建议控制室窗户最好采取左右滑动,能使窗户完全开启,有利于音响师、灯光师掌握现场情况及时做出调整。 4. 应设置面向主席台的观察窗,窗为推拉式,尺寸不小于 2400mm×1200mm,窗台高度宜为 800mm。 5. 应配备控制桌,尺寸不小于 3000mm(长)×900mm(宽)×750mm(高)。 6. 观察窗下沿与控制桌之间应均匀分布 5 位 10A 的五孔插座。 7. 超低频、拉声像音箱和台唇扬声器采用暗装方式,需要装修单位配合在现有结构上进行开孔,具体开孔尺寸和音箱的安装定位需要厂家进行二次深化,另需要搭配装修风格相似的透声幕。 8. 主扩声扬声器采用明装吊挂的方式安装,具体安装点位和安装高度需要厂家进行二次深化。 9. LED 屏幕的背景显示屏和观众席辅助 LED 显示屏具体尺寸需根据厂家进行二次深化设计,面积不得小于设计尺寸,背架结构也需厂家进行二次深化设计,观众席辅助 LED 显示屏需暗藏安装,开孔尺寸需要厂家进行二次深化设计。 10. 所有声光电的线路及桥架布置都需要在装饰封板之前全部施工安装完成,避免返工
强电	1. 声光电系统总负载预留 200kW,需要将主电缆放置于设备间,末端预留 2000mm 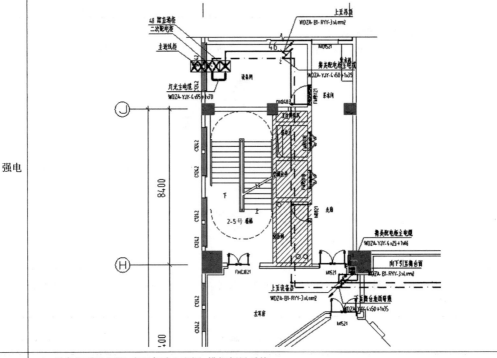
暖通	1. 设备间暖通空调:应配备独立空调,排烟新风系统。 2. 控制室暖通空调:应配备独立空调,排烟新风系统

　　在项目的设计阶段和建设阶段,及时与医院及相关科室对接,了解相关的需求和使用习惯,提前进行图纸设计或者深化设计,能有效减少项目建设过程中的拆改,有利于项目整体造价控制和节省工期,确保提前或按期投入使用,为建设方创造效益。

表 4-19

医疗设备提资实例（以 MR 和 CT 为例）

设备型号	土建及承重	强电和气体	弱电	水路	空调	水冷机	运输通道	防护特殊要求	其他	电缆线径要求
3.0T MR/Video	1. 磁体自重 7250kg，其余混凝土和装修材料的种类需另算，请院方聘请设计院诸结构工程师核算地面及运输通道的承重，并进行书面确认。 2. 根据屏蔽公司的图纸要求预留墙面洞口，洞口尺寸和位置见屏蔽图纸，失超管所需的洞口还需现场进一步确定，一般应为其预留 400mm×400mm 的洞口。 3. 屏蔽应在 MR 检查室负 300mm 的位置铺装铁皮屏蔽之后才能进行地面回填，土建最终应回填至负 60mm，磁体基础需做 C25 强度的混凝土基础，其余区域可采用轻质基础回填，整体找平后（水平度要求≤5mm）再做双层 SBS 防水防潮卷材，卷材上翻至四面墙上翻 500mm，墙角处需做直角卷材。 4. MRI 扫描间内的风、水电、消防等设施需拆除。 5. 水冷系统及精密空调系统的室外机平台需用 C20 混凝土一次性浇筑，尺寸：2000mm×8000mm×200mm（宽×长×厚），具体位置需现场确定，并预留室内机至室外机管线安装的桥架和穿墙孔。桥架尺寸：100mm×400mm 穿墙孔：100mm×400mm	1. MR 主机功率为 95kVA，精密空调和水冷系统的功率约为 120kVA。 2. MR 主机要求直接从低压配电柜拉专线至 MR 主控箱内。 3. MR 辅助设备要求拉一条 70mm² 至辅助控制箱内，至辅助控制箱内的五芯铜芯电缆至辅助控制箱，应使用专线。 3. 为避免液氮挥发，建议为 MR 主机和辅助设备配备双电源系统。 4. 操作间观察窗下方预留 7 个五孔插座，设备窗下方预留一个五孔插座。 5. 气体需相关需求暂定与科室对确定是否有需求	1. 操作间观察窗下方应准备 4 个网口，一个 TP 电话口	设备间需准备上下水，上下水的位置可参考图纸，具体要求： 1. 供水口准备有 3 个球阀，其中 2 个 4 分内丝用于空调和水冷机，另 1 个 6 分外丝用于磁体共振系统加水用。 2. 准备 2 个管径为 1 寸的排水口	MR 设备同及 MR 检查室不需空调安装相关风管均要求拆除，原有空调照明需设计准备并安装	进水水压≥2kg/cm²	门洞尺寸建议（宽×高）：2800mm×2800mm，最小 2600mm×2600mm	N/A	1. 失超管出口处需设置示标志。出口上方 6000mm，左右 3000mm，下方 5000mm 内需窗户需封闭处理。 2. MRI 正下方的停车位无法使用，蓝色云线区域不允许车辆通行，具体位置可参考磁共振正下方限制区域定位图	1. 进线电缆的线径与实际布线距离有关，一般建议 80m 以内使用 4×70＋1×25mm²，110m 以内使用 4×95＋1×35mm²，140m 以内使用 4×120＋1×35mm²，170m 以内使用 4×150＋1×50mm²，200m 以内使用 4×185＋1×50mm²，200m 以上使用 4×240＋1×70mm²。 2. 备注：以变压器至 MR 设备间的实际布线距离计算

续表

设备型号	土建及承重	强电和气体	弱电	水路	空调	水冷机	运输通道	防护特殊要求	其他	电缆线径要求
模拟定位CT/go.Sim	1. CT主机的重量为1719kg，病床重量为354kg，其余混凝土和装修材料的重量需另算，请院方聘请设计院结构工程师核算地面及运输通道的承重，并进行书面确认。 2. CT基础采用C25以上强度混凝土浇筑，厚度不少于16cm，基础水平误差整体小于5mm。电缆沟及过墙孔按照我方图纸提前预留，地基土表面不能覆盖任何装修材料并与自流平表面齐平	1. CT设备功率115kVA 2. CT设备要求直接从低压配电柜专线拉至CT控制箱内。 3. 操作间观察窗下方准备5个5孔插座、机房内每面墙至少一个5孔插座。操作间内建议安装一个急停开关、启停开关和电源指示灯，急停开关、启停开关和电源指示灯应与CT控制箱联动。 4. 科室要求在模拟定位CT检查室内设置气体终端	1. 操作间观察窗下方准备4个网口（其中一个网口与CT主机背后的摄像头相通），一个TP电话口。操作间内建议安装一个电话口。 2. 模拟定位CT主机背后应为摄像头和呼控系统门控系统预留两个5孔插座和一个网口	N/A	模拟定位CT检查室内应安装控温系统，独立的空调系统，出风口应避免设备正上方	N/A	可从停车场从入口搬运至机房	最大管电流：625mA，最大管电压：140kV	1. 模拟定位CT机房应根据国家相关法律法规提前完成职业病危害预评价，设备安装调试完成后完成控评及环评备案	1. 进线电缆的线径与实际布线距离有关，一般建议 50m以内使用 $4 \times 35 + 1 \times 16mm^2$， 100m以内使用 $4 \times 50 + 1 \times 16mm^2$， 150m以内使用 $4 \times 70 + 1 \times 25mm^2$， 200m以内使用 $4 \times 95 + 1 \times 35mm^2$， 250m以内使用 $4 \times 120 + 1 \times 35mm^2$， 300m以内使用 $4 \times 150 + 1 \times 50mm^2$， 300m以上使用 $4 \times 240 + 1 \times 70mm^2$。 2. 备注：以变压器至MR设备间的实际布线距离计算

第五章

医疗建设项目的招采建议

5.1　招标采购的原则

医院建设项目招标投标应严格按照国家和地方有关招标、投标的法律、法规进行，遵循公开、公平、公正、择优和诚实守信的原则，坚持质量第一和质量价格比最优相统一的原则，应科学评估，集体决策，依法接受有关部门监督。

由于医院项目具有规模大、工期紧、功能复杂等特点，在招标过程中，业主方应高度重视前期的准备策划以及采购过程中的分析评审工作，依据不同项目特点选择最优的工程参建主体。

5.2　招标采购的特点和基本情况

医疗建设项目具有功能复杂、专业性强、质量标准高、工期要求紧等特点，是复杂的公共建筑。这些特点决定了医院建设项目招标的复杂性与专业性。其招标大体上可分为工程类、货物采购类与服务类招标，涉及工程勘察、设计、施工、监理、设备采购等方面，须在建设初期制定详细的招标计划，以保证招采进度与质量满足工程建设需求。某医院招标采购计划安排见表 5-1。

×××医院招标采购计划

表 5-1

采购类别	分项	采购包名称	采购包内容	招标开始时间	招标周期（天）	完成时间
勘察设计	勘察	地质勘察	岩土勘察、地形图测量、地下管线探测	2020/7/1	60	2020/9/1
		方案设计	方案设计、总平面布置	2020/9/15	60	2020/11/15
	主体设计	建筑、结构设计	建筑、结构设计	2021/6/16	60	2021/8/15
		基坑支护设计	支护桩、内支撑、喷锚支护、钢栈桥、三轴搅拌桩、降排水工程等设计	2021/5/16	60	2021/7/15
		给水排水、电气工程、暖通工程设计	给水排水、电气工程、暖通工程设计	2021/6/16	60	2021/8/15
		人防工程设计	人防工程设计	2021/6/16	60	2021/8/15
	常规专项设计	装饰装修设计	装饰装修设计	2021/10/7	30	2021/11/6
		外幕墙设计	外幕墙设计	2021/10/7	30	2021/11/6
		建筑智能化设计	建筑智能化设计	2021/10/7	30	2021/11/6
		室外工程设计	室外工程设计	2021/10/7	30	2021/11/6
		绿化景观设计	绿化景观设计	2021/10/7	30	2021/11/6
		泛光照明设计	泛光照明设计	2021/10/2	35	2021/11/6

续表

采购类别	分项	采购包名称	采购包内容	招标开始时间	招标周期（天）	完成时间
勘察设计	医疗专项设计	医用气体工程设计	医用气体工程设计	2021/10/2	35	2021/11/6
		净化工程设计	净化工程设计	2021/10/2	35	2021/11/6
		智慧物流系统设计	智慧物流系统设计	2021/10/2	35	2021/11/6
		标识标牌设计	标识标牌设计	2021/10/2	35	2021/11/6
		放射防护	放射防护	2021/10/2	35	2021/11/6
		污水处理系统设计	污水处理系统设计	2021/10/2	35	2021/11/6
		纯水系统	纯水系统	2021/10/2	35	2021/11/6
		厨房工艺设计	厨房工艺设计	2021/10/17	20	2021/11/6
检测监测、咨询服务	检测监测	桩基检测	试桩静载检测，工程桩、支护桩检测	2021/11/20	35	2021/11/6
		见证取样、结构检测	钢筋、混凝土、水泥等材料见证取样，结构专项检测	2021/11/20	35	2021/12/25
		人防检测	人防检测	2022/2/14	21	2022/3/7
		水、电、风、消防、防雷检测	水、电、风、消防、防雷检测	2023/1/27	21	2023/2/17
		室内环境检测	室内环境检测	2023/1/27	21	2023/2/17
		基坑监测	基坑水平、竖向位移监测，轴力监测、水位观测、土体位移监测等	2021/8/27	21	2021/9/17
	咨询服务	地质灾害评估	建筑场地地质灾害评估	2021/3/10	7	2021/3/17
		土地复垦方案	办公区、工人生活区租赁土地复垦方案	2021/1/15	7	2021/1/22
		基坑周边房屋安全鉴定	基坑周边房屋结构安全鉴定	2021/6/5	7	2021/6/12
		BIM 咨询	BIM 设计及咨询服务	2021/11/15	21	2021/12/6
		施工图审查	设计图纸审查，优化建议	2021/8/15	7	2021/8/22
前期工程	劳务分包	临建劳务（办公生活区）	办公区、食堂、职工生活区、场内临时施工道路、围墙基础等	2020/11/1	3	2020/11/4
		临建劳务（工人生活区）	工人生活区临建劳务	2021/9/7	3	2021/9/10
		临建水电安装劳务	临建水电安装	2020/11/1	3	2020/11/4
	专业分包	临时自来水接入	施工临时用水接入	2021/11/5	5	2021/11/10
		临时高低压供配电接入	施工临时高压电接入	2021/11/16	21	2021/12/7
		临建装饰装修	会议室、小包房装饰装修	2020/11/15	10	2020/11/25
		临建园林绿化	办公生活区广场及绿化	2020/11/10	10	2020/11/20
		临建板房	办公室箱式板房，会议室厨房等 K 式板房	2020/11/18	21	2020/12/9
		临建零星材料	临建零星材料	2020/10/30	3	2020/11/2
		东侧场地堆土清理	东侧场地堆土，土方开挖，场地平整	2020/10/24	21	2020/11/14
		西侧场地平整、水塘清淤	西侧场地平整，水塘清淤换填	2021/7/24	21	2021/8/14

续表

采购类别	分项	采购包名称	采购包内容	招标开始时间	招标周期（天）	完成时间
前期工程	第三方服务	办公生活区租地	办公生活区土地租赁	2021/11/30	30	2021/12/30
		工人生活区租地	工人生活区土地租赁	2021/9/5	10	2021/9/15
		CI	项目CI系统	2020/10/26	3	2020/10/29
		物业	办公生活区保洁及厂区保安服务	2020/10/26	3	2020/10/29
		喷淋降尘	施工现场和办公区喷淋降尘、环境监测系统	2021/3/10	7	2021/3/17
土建工程	劳务分包	内支撑劳务	内支撑模板工程、钢筋工程、混凝土工程、支撑架体,安全文明施工防护、辅助配合用工等	2021/8/31	12	2021/9/12
		内支撑破除	内支撑绳锯切割拆除、支护桩及工程桩桩头破除、混凝土块破碎、建筑垃圾清理外运	2021/11/26	21	2021/12/17
		主体劳务	主体结构模板工程、钢筋工程、混凝土工程、支撑架体,安全文明防护、辅助配合用工等	2021/10/6	21	2021/10/27
		外架	外架搭拆,地上、地下、室内外"三宝""四口""五临边"等安全防护搭拆和施工期间日常维护、清理工作,现场CI标识牌的挂设	2021/8/27	21	2021/9/17
	专业分包	试桩	试桩施工,含除商品混凝土、钢筋、水泥外一切材料及措施	2020/10/28	5	2020/11/2
		主院区基坑支护	支护桩、挂网喷锚、三轴搅拌桩、高压旋喷桩、降排水工程等	2020/10/18	21	2020/11/8
		行政区基坑支护	支护桩、挂网喷锚、三轴搅拌桩、高压旋喷桩、降排水工程等	2021/10/22	21	2021/11/12
		桩基工程	桩基工程(含塔式起重机桩基)	2020/10/18	21	2020/11/8
		土方工程	土石方淤泥开挖、外运、余方弃置、回填及清底等	2021/8/8	21	2021/8/29
		地下室底板及顶板防水工程	地下室底板、外墙及顶板防水工程	2022/1/9	7	2022/1/16
		砌体抹灰、二次结构	砌筑抹灰、混凝土浇筑、地坪、钢筋绑扎、模板安拆	2022/3/11	21	2022/4/1
		轻质隔墙	轻质隔墙制作安装	2022/2/21	21	2022/3/14
		人防门工程	人防临战封堵门框及门扇制作、运输、二次转运、安装、油漆、调试、吊钩、密封橡胶条等	2020/11/14	31	2020/12/15
		人防设备	防化设备	2020/11/14	31	2020/12/15
		屋面防水工程	屋面防水	2022/1/9	7	2022/1/16
		变形缝工程	制作、运输、安装、防水处理、油漆涂刷等	2022/5/20	21	2022/6/10
		保温工程	顶板、屋面保温隔热材料采购和施工	2021/5/24	21	2021/6/14
		保温工程	外墙保温隔热材料采购和施工	2022/4/4	21	2022/4/25
		垃圾外运	建筑垃圾外运	2022/1/13	15	2022/1/28
		烟道工程	烟道供货、施工	2022/3/8	7	2022/3/15

续表

采购类别	分项	采购包名称	采购包内容	招标开始时间	招标周期（天）	完成时间
土建工程	物资采购	小五金料具、零星材料供应	负责材料供应、成品运输至指定地点	2021/10/28	1	2021/10/29
		砌体供应	砌块材料供应	2022/3/25	7	2022/4/1
		周转材料	钢管、扣件、快拆头、盘扣、钢板网、密目网、定型化防护等周转材料供应	2021/11/27	7	2021/12/4
		商品砂浆	预拌砂浆供应	2022/3/21	15	2022/4/5
		水泥供应	水泥供应	2021/11/22	7	2021/11/29
		混凝土及外加剂供应	混凝土及外加剂供应	2021/11/7	7	2021/11/14
		钢筋供应	钢筋供应	2021/11/7	7	2021/11/14
		型钢供应	型钢供应	2021/11/8	7	2021/11/15
	机械设备	零星机械租赁	零星机械租赁	2021/1/11	15	2021/1/26
		塔式起重机租赁	塔式起重机安装、拆除、附墙、操作、保养、维修	2021/8/24	7	2021/8/31
		施工电梯租赁	施工电梯安装、拆除、附墙、保养、维修等	2022/3/29	7	2022/4/5
		汽车式起重机租赁	汽车式起重机租赁	2021/1/21	7	2021/1/28
装饰装修	专业分包	室内精装修	室内精装修深化设计、采购及施工,包括顶棚吊顶、地面、墙面贴砖、涂料、墙地面石材、地砖铺贴、塑料件、病房墙柜、竣工保洁等	2021/11/27	21	2021/12/18
		幕墙工程	石材幕墙、幕墙窗外立面工程	2021/11/12	21	2021/12/3
		泛光照明	泛光照明施工,包括管线预埋、电线敷设、预埋件安装及灯具安装、系统调试等	2022/1/12	35	2022/2/16
		防火卷帘	防火卷帘供应及安装	2022/3/11	21	2022/4/1
		钢质防火门窗	普通钢质门及钢制防火门制作、运输、安装、消防验收	2022/3/1	21	2022/3/22
		室内普通门窗	入户门及铝合金门窗制作、运输、安装、验收等	2022/2/23	21	2022/3/16
		栏杆工程	栏杆工程	2022/1/11	21	2022/2/1
		环氧地坪	地下车库环氧地坪漆	2021/9/10	28	2021/10/8
		开荒保洁	开荒保洁	2023/2/5	21	2023/2/26
	物资采购	卫生间五金洁具	卫生间马桶、便池、洗手盆、拖把池等卫浴五金洁具,包材料、包安装	2022/4/3	60	2022/6/2
		防静电地板工程	防静电地板工程	2022/4/3	60	2022/6/2
机电安装工程	劳务分包	水、电劳务	电气(变配电系统、自备电源系统、动力配电系统、照明配电系统、防雷接地系统),蒸汽系统,给水排水系统(生活给水系统、生活污水处理系统、热水系统、饮用水系统、冷冻机冷却循环水系统、冷却塔补水系统)	2021/8/20	25	2021/9/15

续表

采购类别	分项	采购包名称	采购包内容	招标开始时间	招标周期（天）	完成时间
机电安装工程	劳务分包	消防工程	室内外消火栓系统,喷淋系统,灭火器系统,气体灭火系统,消防炮灭火系统,火灾自动报警系统,电气火灾监控系统,消防电源监控系统,防火门监控系统,防排烟系统等应急疏散指示照明系统	2021/8/26	25	2021/9/21
	专业分包	高低压配电系统	高低压配电系统	2021/10/15	30	2021/11/15
		防火封堵	防火封堵施工	2022/3/10	20	2022/3/30
		抗震支架	抗震支架	2021/10/30	25	2021/11/15
		衰变池	衰变池	2022/3/10	25	2022/4/5
		太阳能	太阳能供应安装,前期设计费由施工单位承担	2022/3/10	25	2022/4/5
		充电桩	充电桩,前期设计费由施工单位承担	2022/4/10	25	2022/5/5
	物资采购	变配电及电力照明工程材料采购	高低压柜、母线、变压器、配电箱、电线电缆、开关灯具插座、桥架、抗震支架线管及钢材等设备及材料供应	2021/8/31	30	2021/9/30
		柴油发电机	柴油发电机采购	2021/3/1	30	2021/3/31
		给水排水材料采购	水泵、水箱、阀门、水管及管件、板式换热器、水处理器、洁具等设备及材料供应	2021/9/11	30	2021/10/11
		消防工程材料采购	消防火灾自动报警设备、消防排烟风机、阀门、消火栓等设备及材料供应	2021/9/21	30	2021/10/21
室外配套工程	专业分包	室外铺装工程	室外人行道路铺装,广场铺装等硬景工程	2022/5/18	21	2022/6/8
		室外园林景观工程	室外园林绿化,包括绿化树木、草坪、假山石、围墙、大门、雕塑等景观工程	2022/5/18	21	2022/6/8
		室外道路及管网	室外沥青道路,雨污水管网工程	2022/4/22	21	2022/5/13
		标识标牌设计施工	室内医疗类标识标牌工程	2022/1/14	28	2022/2/11
医疗专项工程	专业分包	污水处理站	污水处理站构筑物,工艺设备及管道安装	2021/10/10	21	2021/10/31
		智慧物流系统	箱式物流、污物处理系统、智能机器人等	2022/1/25	60	2022/3/26
	暂估价	电梯工程	垂直电梯、扶梯	2021/11/25	70	2022/2/3
		医用气体工程	医用气体及氧气罐、医疗带等施工	2022/2/24	70	2022/5/5
		建筑智能化	火灾自动报警及联动控制系统、建筑机电设备管理系统、广播系统、有线电视系统、综合布线系统、综合安防系统、信息发布系统、叫号系统、汽车库计算机管理系统、多媒体会议系统、弱电系统的防雷与接地等	2022/3/4	70	2022/5/13
		暖通工程	空调设备、通风管道等	2022/1/12	70	2022/3/23
		医用净化工程	医用净化工程	2022/3/17	70	2022/5/26
		智能化后勤管理系统	智能化后勤管理系统	2022/2/4	70	2022/4/15
		智能环境监测系统	智能环境监测系统	2022/2/4	70	2022/4/15

续表

采购类别	分项	采购包名称	采购包内容	招标开始时间	招标周期（天）	完成时间
水电气接入工程	专业分包	自来水工程	市政给水管到室外消防给水环网的设计和施工	2022/4/10	15	2022/4/25
		供配电工程	红线内的开闭所内开关柜及进线电缆、开闭所至用户自管10kV配电室的电缆	2022/3/12	60	2022/5/11
		燃气工程	从市政燃气到末端用户燃气表处的设计和施工	2022/5/17	60	2022/7/16
		三网工程	三网接入	2021/12/8	25	2022/1/2

5.3　招采中主要的承发包模式的优缺点分析

5.3.1　医院建设项目常采用的承发包模式

1. PMC（项目管理承包）模式——工程建设项目管理承包

业主将建设工程项目管理任务委托给一家工程项目管理咨询公司，即"代建制"，如图5-1所示，或业主和工程管理咨询公司组成一体化联合组织共同管理工程建设项目，如图5-2所示。

优点：可充分利用工程项目管理咨询公司的人员、技术、管理经验优势，避免业主设置庞大的管理机构，有效解决工程完成后人员的安置难题，可提高项目净现值。

缺点：项目管理承包商择优性差，合同价较高。

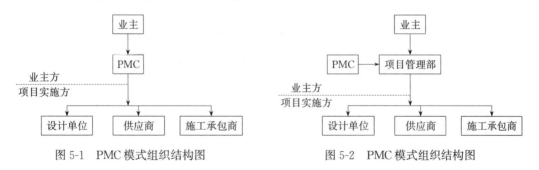

图 5-1　PMC 模式组织结构图　　　　　图 5-2　PMC 模式组织结构图

2. CMC（施工管理承包）模式——施工项目管理承包

业主委托一家承包商来负责与设计协调，并管理施工，如图5-3所示，要求在设计结束之前，当工程某部分的施工图设计完成时，首先进行该部分施工招标，从而使这部分施工提前至项目设计阶段。

优点：设计、招标、施工三者充分搭接，可在尽可能早的时间开始施工，大幅缩短了整个项目的建设周期。

缺点：施工总造价很难在工程开始前确定或得到保证。

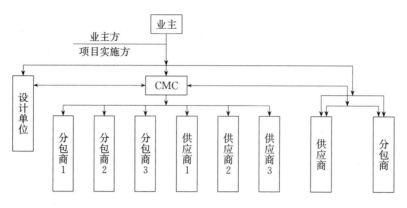

图 5-3　CMC 模式组织结构图

3. EPC（设计采购施工总承包）模式——工程总承包

业主方将设计、采购、施工等一系列工作发包给同一家承包商，该承包商作为总承包单位最终向业主交付一个符合使用条件的工程项目，如图 5-4 所示。

优点：有利于合同管理、组织协调、缩短工期。

缺点：承包商择优性差，业主参与程度低，合同价一般较高。

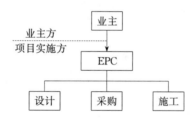

图 5-4　EPC 模式组织结构图

4. EP+ C（设计采购+ 施工总承包）模式——设计施工联合体进行工程总承包

业主将设计、采购及施工等一系列工作发包给由一家设计单位和一家施工单位组成的设计施工联合体，如图 5-5 所示。

优点：实用性较广，合同数量少，选择承包商的择优性较强，可以发挥联合体各家所长。

缺点：联合体内部协调工作量大，业主受约束程度大。

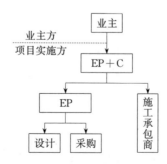

图 5-5　EP+C 模式组织结构图

5. CGC（施工总承包）模式——施工项目施工总承包

业主将施工任务集中发包给一家施工总包单位，总包单位可以将其中一部分分包给其他承建单位，如图 5-6 所示。

优点：有利于项目的组织管理。

缺点：工期一般难以缩短。

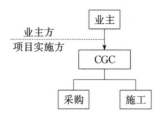

图 5-6　CGC 模式组织结构图

5.3.2　承发包模式的市场形势及建议

现阶段医院建设项目多选用 EPC（设计采购施工总承包）模式。由于医院项目的建设方往往缺乏专业的工程建设管理经验，而 EPC 总承包商负责整个项目的实施，有利于整个项目的统筹规划和协同运作，可以有效解决设计与施工的衔接问题、减少采购与施工的中间环节，顺利解决施工方案中的实用性、技术性、安全性之间的矛盾，可以将业主从具体事务中解放出来，关注影响项目的重大因素上，更多的掌控项目管理的大方向。

5.4　建设各阶段招标工作任务

医院建设项目筹备启动前期，应首先确定一种最适合业主方特点的承发包模式，其次择优选择参建单位，是保证医院建设质量和进度的关键。

5.4.1　设计准备阶段、设计阶段

在设计准备阶段、设计阶段招采应前置安排，以期解决以下问题：

1）医疗平面布局与流程问题，例如检验科、输血科、介入室、内镜中心等区域有其特定的规划布局与流程要求，如未经充分沟通极易造成后期返工，影响工程进度。

2）专项设计问题，有些专项系统例如净化区域（手术室、ICU、静脉配置中心等）的设计与主体土建、装修密切相关，设计时如考虑不周全，会因设备选型、管路设计等原因造成净化区域温湿度波动过大，影响后期工程的运维管理。

3）预先的方案沟通问题，早期沟通不彻底容易导致施工过程中出现各种问题，例如电源插座布局位置错误或预留数量不足，导致竣工验收阶段使用科室重新提出要求，为弥补失误，墙面需重新开槽破洞或者改为明线敷设，由此造成一些不必要的损失。

在 EPC 工程总承包招标前初步设计及初步设计概算应满足以下要求：

1）初步设计深度应满足以下要求：①确定主要工艺流程、设备选型、主要建（构）筑物等。②确定平面布置、主要尺寸、结构形式、基础形式等。③确定原材料及能源供应方案。④编制工程量及投资估算。

2）初步设计概算深度应满足以下要求：①工程量清单应包括所有主要工程，包括土石方、基础、结构、建筑、安装、装饰等。②投资估算应包括所有直接、间接费用，包括设计费、预备费、建设期利息等。③投资估算应考虑价格变化因素，以及建设期利息、投资方向调节税等费用。

5.4.2　确定工程总承包单位

工程总承包招标需要做好前期准备工作，包括定位研究、建设规模和内容研究、建设标准研究、建设方案研究和投资估算等准备工作，需确定装饰材质规格、品牌和档次，机电设备材料的主要参数、指标、品牌和档次，各区域末端设施的密度，家具配置数量和标准等。投资估算需要适应工程总承包模式，可参考《房屋建筑和市政基础设施项目工程总承包计价计量规范（征求意见稿）》，《建设项目工程总承包计价规范》T/CCEAS 001—2022 进行编制。

1. 工程总承包的招标应执行《中华人民共和国招标投标法》《中华人民共和国招标投标实施细则》和各地方关于 EPC 工程总承包的相关管理办法等文件要求。

2. 招标人应向投标人提供已经批复的可行性研究报告或者初步设计文件，招标人不提供工程量清单，由投标人根据给定的概念方案（或设计方案）、建设规模和建设标准，自行编制估算工程量清单并报价。

招标人应谨慎定标，投标人的工程总承包管理能力、履约能力、深化设计和投标报价是定标的重要依据。

工程总承包招标时间应长于传统的施工招标时间，发包人应确定合理的招标时间，确保投标人有足够时间对招标文件进行仔细研究、研究招标人需求、进行必要的深化设计及风险评估和编制估算工程量清单等。

合同文本可以参考国际咨询工程师联合会（FIDIC）《设计采购施工（EPC）/交钥匙工程合同条件》《生产设备和设计-施工合同条件》和《建设项目工程总承包合同》（示范文本）（GF—2020—0216）拟定。

计价模式宜采用固定总价合同，除合同约定的变更调整部分外，合同固定价格不予调整。

在总承包范围内的暂估价工程、货物、服务分包时，属于依法必须招标的项目范围，且达到国家规定应当招标规模标准的，应当依法招标。暂估价的招标可以由建设单位或者工程总承包单位单独招标，也可以由建设单位和工程总承包单位联合招标，具体由建设单位在工程总承包招标文件中明确。

费用支付的约定根据费用构成分类、采购计划和实施进度进行约定，费用分为勘察设计费、建筑安装工程费、设备购置费和总承包其他费用，不同类型的费用采用不同的支付方式，设备采购费按照总包方的采购计划支付，建筑安装工程费按照实际进度支付。

5.4.3　确定监理单位

施工监理招标最重要的内容是对监理单位及其拟派的监理团队能力的选择。医院建设项目涉及建筑设计、医疗装备、医疗流程和洁净环境等多方面的要求，监理单位的经验和能力是招标工作的重点，应通过招标确定满足相应经验与能力要求的监理单位。

1）一般要求投标单位及监理工程师提供以往所承担项目一览表，以便确定其医疗建设领域的管理经验是否对招标项目今后的施工监理实施有帮助。

2）有相应的专业技能，配备足够的专业人员。专业技能主要表现为各类技术、管理人员的专业构成及等级构成、工作设施和手段以及以往工作经验。专业人员的专业类型和数量应满足承担监理任务的工作要求，一般应有建筑、结构、民防、暖通、给水排水、电气、设备（电梯等）、消防、弱电、幕墙、造价、安全、医疗专项及监测检测等方面的专业人员。

3）监理单位应在管理、技术、诚信、公正等方面有良好声誉。

5.4.4　专业分包招标工作要点

招标方法的选择。医院建设项目中比较关键与重要的专业分包工程，如弱电工程、手术室工程等，往往需要会同医院多个相关的部门、科室对招标技术标准要求进行讨论、确认，从而选择合适的招标方法。

招标计划的编排。在医院专业分包招标中，对需要配合总包土建预埋、配管的项目应安排在前期进行招标，如消防工程、弱电工程、污水处理工程等。以设备为主的专业分包可以适当延后，如医用气体、屏蔽工程等。部分专业分包中包含的设备技术参数与总包的土建工程密切相关，如手术室、多联机空调、电梯等，在编制招标计划时也要充分考虑，应前置招标，避免影响总包进度。

专业分包招标的一般顺序如下：

1）施工准备工程在前，主体工程在后。

2）制约工期关键线路的工程在前，施工时间较短的工程在后。

3）土建工程在前，设备安装在后。

4）结构工程在前，安装工程在后。

5）工程施工在前，货物采购在后，但部分主要设备采购应提前，以便获取工程设计或施工的技术参数。

5.4.5　施工阶段

采用 EPC 模式的医院建设项目，进入施工阶段后，仍会进行大量的招标与采购工作。如在土建施工阶段会进行机电安装工程、医疗专项工程和医疗设备的招标与采购，在此阶段应特别重视各专业合同界面与技术界面的划分。相关医院项目的合同界面划分案例参见表 5-2、表 5-3、表 5-4。

×××医院建设项目机电合同界面划分

表 5-2

系统	明细	施工界面		
		暖通	机电安装	智能化
冷热源系统设备电源	冷水机组启动柜前端动力母线及出线动力电缆		√	
	冷冻、冷却水泵控制柜前端及出线动力电缆		√	
	卫生热水预热循环泵控制柜前端及出线动力电缆		√	
	锅炉电源		√	
	锅炉烟囱(含避雷措施)	√		
冷热源系统	冷热源系统管线及设备	√		
	锅炉配套烟囱	√		
中央空调能耗计量管理系统	中央空调能耗计量管理系统			√
	各取源部件			√
中央空调全链路节能控制系统(参考系统中设备清单)	机房群控(含冷冻水、冷却水、冷却塔等控制柜接线)			√
	冷冻水、冷却水等系统电动阀检查接线(电源及控制)			√
	控制柜出线至流量开关等配管穿线			√
	冷却水泵控制柜采购及安装			√
	冷却塔风机控制柜采购及安装			√
	卫生热水循环泵控制箱采购及安装			√
	阀门智能控制箱采购及安装			√
	各取源部件			√
冷却水系统	冷却水补水系统		√	
	冷却水循环水管道及附件		√	
	冷却水循环水泵(不含控制柜)		√	
	冷却塔(不含控制柜)		√	
	旁流式水处理器		√	
	冷却塔不锈钢补水水箱		√	
	全自动毛刷在线清洗系统采购及安装就位	√		
	全自动毛刷在线清洗系统电源		√	
卫生热水预热系统(参见暖通系统图中冷凝器供回水管路)	卫生热水预热循环泵	√		
	热水储热保温水箱		√	
	卫生热水预热循环管路(冷凝器至热水储热水箱)	√		
空调系统	非净化区空调器、新风机组、分体空调等电源线配管及检查接线		√	
	非净化区空调器、新风机组	√		
	冷凝水立管(如有单独立管)及支管保温	√		
	风机盘管电源线配管及检查接线		√	
	风机盘管温控面板采购安装		√	
	风机盘管控制线配管穿线		√	

续表

系统	明细	施工界面		
		暖通	机电安装	智能化
空调系统	风机盘管检查接线		√	
	风机盘管电动两通阀检查接线		√	
通风、防排烟系统	风机控制柜采购及安装		√	
	系统管道及设备采购及安装	√		
	风机控制线配管及检查接线		√	
	挡烟垂壁	√		
	防火阀风机连锁线		√	
	排烟防火阀联动接线调试		√	
	余压监控系统		√	
	室内风口百叶	√		

××× 医院建设项目施工界面划分（安装－净化）　　表 5-3

序号	分项	子项	明细	专业分包	
				大楼气体	净化
1	给水	2 号 17 层 RCU	管井内预留氧气、空气、负压吸引管道接口（含区域控制阀门、二级稳压箱、氧气流量计）	√	
			氧气管道氧气流量计后或空气管道控制阀门、负压管道控制阀门至用气点的管道及附件（医用气体报警装置，阀门箱）		√
2		1 号 7 层 CCU	管井内预留氧气、空气、负压吸引管道接口（含区域控制阀门、二级稳压箱、氧气流量计）	√	
			氧气管道氧气流量计后或空气管道控制阀门、负压管道控制阀门至用气点的管道及附件（医用气体报警装置，阀门箱）		√
3		5 层流机房	氮气、二氧化碳汇流排及管道		√
4		2 号 4 层手术部	管井内预留氧气、空气、负压吸引管道接口（含区域控制阀门、二级稳压箱、氧气流量计）	√	
			氧气管道氧气流量计后或空气管道控制阀门、负压管道控制阀门至用气点的管道及附件（医用气体报警装置，阀门箱）		√
5		1 号 4 层产房 NICU	管井内预留氧气、空气、负压吸引管道接口（含区域控制阀门、二级稳压箱、氧气流量计）	√	
			氧气管道氧气流量计后或空气管道控制阀门、负压管道控制阀门至用气点的管道及附件（医用气体报警装置，阀门箱）		√
6		门诊 4 层手术部办公区	无医用气体		
7		2 号 3 层病理科、输血科、ICU	管井内预留氧气、空气、负压吸引管道接口（含区域控制阀门、二级稳压箱、氧气流量计）	√	
			氧气管道氧气流量计后或空气管道控制阀门、负压管道控制阀门至用气点的管道及附件（医用气体报警装置，阀门箱）		√

续表

序号	分项	子项	明细	专业分包	
				大楼气体	净化
8	给水	2号3层内镜中心	管井内预留氧气、空气、负压吸引管道接口(含区域控制阀门、二级稳压箱、氧气流量计)	√	
			氧气管道氧气流量计后或空气管道控制阀门、负压管道控制阀门至用气点的管道及附件(医用气体报警装置,阀门箱)及二氧化碳汇流排设备及管道附件		√
9		门诊3层PCR	无医用气体		
10		2号2层检验科	二氧化碳汇流排及管道附件		√
11		2号2层介入中心	管井内预留氧气、空气、负压吸引管道接口(含区域控制阀门、二级稳压箱、氧气流量计)	√	
			氧气管道氧气流量计后或空气管道控制阀门、负压管道控制阀门至用气点的管道及附件(医用气体报警装置,阀门箱)及二氧化碳汇流排设备及管道附件		√
12		2号1层急诊	管井内预留氧气、空气、负压吸引管道接口(含区域控制阀门、二级稳压箱、氧气流量计)	√	
			氧气管道氧气流量计后或空气管道控制阀门、负压管道控制阀门至用气点的管道及附件(医用气体报警装置,阀门箱)及二氧化碳汇流排设备及管道附件		√

×××医院建设项目施工界面划分（净化－精装修） 表 5-4

序号	分项	子项	明细	专业分包		
				净化专项	精装修	总包(土建)
1	装饰	门诊医技1号楼一层急诊区	DSA室天、地、墙及防辐射工程的装饰装修	√		
			DR/CT室天、地、墙及防辐射工程的装饰装修		√	
			1.设计范围线内的土建相关内容;砌体工程、墙面抹灰工程、地面找平、DSA室设备混凝土基础、管井内装修、降板回填(除防水区域)、所有电梯、电梯厅、楼梯间、前室、外窗、电缆沟、管井等; 2.医疗器械部分:无影灯;手术床;吊塔;吊桥及其锚栓等			√
2		门诊医技1号楼二层检验科	5轴处污物间、纯水间、UPS间,天、地、墙及门窗的装饰装修	√		
			检验科成品定制冷库不在净化专项与精装修范围内,需确认施工范围			√
			设计范围线内的土建相关内容:砌体工程、墙面抹灰工程、地面找平、管井内装修、降板回填(除防水区域)、所有电梯、电梯厅、楼梯间、前室、外窗、电缆沟、管井等			√
3		门诊医技1号楼二层介入中心	1.设计范围线内的土建相关内容:砌体工程、墙面抹灰工程、地面找平、DSA室设备混凝土(或钢架)基础,DSA顶面设备钢架、管井内装修、降板回填(除防水区域)、所有电梯、电梯厅、楼梯间、前室、外窗、电缆沟、管井等; 2.医疗器械部分:无影灯;手术床;吊塔;吊桥及其锚栓等			√

序号	分项	子项	明细	专业分包		
				净化专项	精装修	总包（土建）
4	装饰	门诊医技1号楼三层平面图病理科、输血科	14～15轴处电梯厅天、地、墙及门窗的装饰装修		√	
			设计范围线内的土建相关内容：砌体工程、墙面抹灰工程、地面找平、管井内装修、降板回填（除防水区域）、所有电梯、电梯厅、楼梯间、前室、外窗、电缆沟、管井等			√
5		门诊医技1号楼三层平面图PCR	设计范围线内的土建相关内容：砌体工程、墙面抹灰工程、地面找平、管井内装修、降板回填（除防水区域）、所有电梯、电梯厅、楼梯间、前室、外窗、电缆沟、管井等			√
6		门诊医技1号楼三层平面图ICU	5轴处UPS间天、地、墙及门窗的装饰装修	√		
			设计范围线内的土建相关内容：砌体工程、墙面抹灰工程、地面找平、管井内装修、降板回填（除防水区域）、所有电梯、电梯厅、楼梯间、前室、外窗、电缆沟、管井等			√
7		门诊医技1号楼三层平面图内镜中心	32～33轴交P～Q轴处的UPS间，天、地、墙及门窗的装饰装修	√		
			设计范围线内的土建相关内容：砌体工程、墙面抹灰工程、地面找平、管井内装修、降板回填（除防水区域）、所有电梯、电梯厅、楼梯间、前室、外窗、电缆沟、管井等			√
8		门诊医技1号楼四层手术中心	12轴交N轴处谈话间天、地、墙及门窗的装饰装修	√		
			1. 设计范围线内的土建相关内容：砌体工程、墙面抹灰工程、地面找平、DSA手术室设备混凝土基础、管井内装修、降板回填（除防水区域）、所有电梯、电梯厅、楼梯间、前室、外窗、电缆沟、管井等； 2. 医疗器械部分：无影灯；手术床；吊塔；吊桥及其锚栓；医疗柱及其锚栓等			√
9		门诊医技1号楼四层产房、NICU	33～35轴交K～L轴处的UPS间，天、地、墙及门窗的装饰装修	√		
			1. 设计范围线内的土建相关内容：砌体工程、墙面抹灰工程、地面找平、管井内装修、降板回填（除防水区域）、所有电梯、电梯厅、楼梯间、前室、外窗、电缆沟、管井等； 2. 医疗器械部分：无影灯；手术床；吊塔；吊桥及其锚栓；医疗柱及其锚栓等			√
10		综合住院1号楼七层CCU	26～27轴交M～N轴处的更衣室天、地及门窗的装饰装修	√		
			1. 设计范围线内的土建相关内容：砌体工程、墙面抹灰工程、地面找平、管井内装修、降板回填（除防水区域）、所有电梯、电梯厅、楼梯间、前室、外窗、电缆沟、管井等； 2. 医疗器械部分：吊桥及其锚栓等			√
11		综合住院2号楼十七层RCU	11～12轴交1/P～Q轴的UPS间，天、地、墙及门窗的装饰装修	√		
			1. 设计范围线内的土建相关内容：砌体工程、墙面抹灰工程、地面找平、管井内装修、降板回填（除防水区域）、所有电梯、电梯厅、楼梯间、前室、外窗、电缆沟、管井等； 2. 医疗器械部分：吊桥及其锚栓等			√

5.4.6　医院内部招标与采购工作

当整体施工进入后期完工阶段时，很多招采工作均由医院内各部门负责，由基建主管部门统筹协调进场。主要包含以下几类：

1. 确定物业及维保单位

建设项目后期会涉及空调调试、水、电、消防测试等调试内容，此阶段应提前确定物业及维保单位。物业维保单位应提前进场参与系统调试，熟悉各系统功能及事故应急处置措施。

2. 大型医疗设备

如 CT、核磁共振、DR、X 光机、体外冲击波碎石机、高压氧舱、加速器等。此类设备具有体积大、采购价格高、对安装环境要求高等特点，需要提前展开招标采购工作（最好在结构施工前即确定相关设备规格及型号），相关设备体积及安装需求应提前与工程总承包单位对接，以便确定机房结构尺寸及水电布局，同时预留设备进场通道及运输方案。

3. 确定食堂运营单位

在建设过程中需要提前明确食堂运营模式及范围，明确食堂经营服务商与工程总承包装饰装修工程的专业界面划分，明确水、电及天然气接入及预留等，招标采购人提供的相关设施设备及承包人提供的服务标准均应详细列入招标文件中。

4. 物资采购

包括医疗设备、办公家具、办公用品、卫生被服、药品、医疗器械、医用耗材、卫生材料等。以上采购涉及医院多个部门，医院基建管理部门需要事先了解各类型物资采购流程及进场配合事宜，提前组织相关部门科室负责人现场查勘，综合考虑现场平面布置、装饰风格等，避免后期拆改。

5.5　招标采购过程管理

5.5.1　合理选择承发包模式

医疗建设项目根据其特殊性，涉及的专业非常多，有建筑、结构、消防、空调、强电、智能化、医用气体、净化等，项目管理、组织协调工作十分复杂，只有根据项目的实际情况，合理选择承发包模式，才能给项目的顺利实施奠定良好基础。

5.5.2　招标进度的控制

根据工程项目的施工的进度计划，制定招标计划。许多医院项目的总进度计划往往制定都很合理，但实施起来往往出现偏差，主要原因多与招标不及时有关。如何确保工程实施总体进度处于可控状态，招标计划的科学性、合理性就尤为重要，招标计划如何高效融入项目总进度计划已成为项目建设能否如期完成的关键。

在工程实施阶段，应将"招标前置"的工作思路贯穿在整个招标计划中，开工前就应招标监理、总包、电梯（不同电梯的厂家对电梯基坑、主体结构有不同的要求）、边坡监测、白蚁防治以及各项专业设计单位。基础阶段招标一般为智能化、幕墙施工招标。主体结构阶段一般为洁净工程（手术室应在结构施工前完成招标）、医疗（气体、物流、纯水等）专业系统、二次装修、空调设备、发电机组等招标。室内外装修阶段一般为景观绿化、道路管网、污水处理站、标识标牌以及配套工程（水、电、气等）招标。招标工作不应固化，总原则为具备招标条件即可启动招标。

根据总进度计划做好设计招标策划：设计是招标的基础，是工程招标的核心，对工程建设总进度计划实现起决定作用。医疗建设项目的设计工作仅靠一家设计单位无法完成，需多家设计单位共同协作完成。想要做好各项设计招标，首先应根据《招标投标法》和总进度计划要求，策划好设计招标的范围、界面、工作时间，其次专业设计招标需围绕主体设计进度进行针对性制定。

根据总进度计划，做好专业设备招标，并为二次设计提供依据也是设计招采需重点解决的问题。由于设备的参数、选型、厂家等相关条件，对其使用功能、品质有很大的影响，同时对主体结构、建筑设计等有较大的影响，进而制约总进度计划的顺利推进。比如：电梯招标，由于不同电梯的厂家对电梯基坑、井道、屋顶机房等都有不同的要求，因此电梯招标应在基础施工前完成。

根据总进度计划合理搭配招标衔接时间：在总进度计划基础上，合理、高效插入各项招标工作并合理搭配招标衔接时间。如幕墙、室内装修、智能化弱电、室外景观绿化等专业设计方案招标应在主体初步设计完成后及时启动，且室内装修和弱电方案应在主体电气设计完成前提供给主体设计院；景观绿化设计应在施工图完成前完成。而各专业工艺设计则需合理搭配招标衔接时间：如厨房工艺设计宜在精装图前完成；检验科、输液、化验室、实验室等工艺宜在主体施工图前完成。

施工合理搭配招标衔接时间：幕墙施工单位宜在主体结构封顶后1个月进场；电梯宜在基础底板封板前完成采购；精装施工单位招标宜在中间结构验收时完成。配套工程申请及设计应合理搭配招标衔接时间，如：配电工程申请要尽早申请，应在主体结构施工时启动；气、水等宜在室外工程施工前2～3个月启动。

招标计划的制定，应充分考虑招标所需要的时间成本（公开招标不少于3个月），并应根据施工进度计划的调整而随时进行调整。

5.5.3　流标、废标情况避免

招标项目流标、废标的原因：《招标投标法》中确定了多种流标情形，如投标人少于三个、所有投标在评审中被否决、出现"中标无效"的情况等。

预防项目流标的措施建议：

1. 选择正确的采购工具

招标只是采购工具的一种，与其他采购方式相比，招标有其适用范围及明显的优缺点，对采购人而言，根据项目属性、金额大小及市场竞争情况，确定正确的采购工具，极为重要。只要过程公开和透明，合理选择询价、竞争性谈判等非招标采购工具，也能达到采用招标方式相同的采购效果，同时还可有效提高采购效率。

2. 推行集中采购和归类合并采购

招标金额的大小，是能否吸引更多潜在投标人参与招标活动的一项重要指标。为避免投标人少于三个的现象，建议：①对于通用性货物、服务类项目实行集中采购，由上级单位实行统一招标，其下属单位根据招标结果实行订单采购；②做好项目归类合并，把金额较小且无特殊要求的品类进行整合，打包后实行一次招标，既提高项目采购额度，增大潜在供应商参与投标吸引力，减少流标风险，也可减少采购频次，有效降低成本。

3. 准确发布招标信息

对于潜在投标人购买招标文件后放弃投标现象，原因大多为信息壁垒造成。现在很多招标公告中，采购内容不清，标准范围不明，更有甚者，用"详见招标文件"来代替，潜在投标人只有购买招标文件后，才清晰采购内容及是否有利润可图。因此在项目公告中清晰传达出采购范围、控制金额、标准及需求等基本信息，就显得十分重要，让潜在投标人通过招标公告来基本判断是否参与投标，最大可能消除信息的不对称，避免出现购买招标文件满足三家以上而实际参与投标不足的情况，也避免政府采购中投标人报价均超出采购预算而导致流标现象。同时建议招标公告发布后，招标人还应向有竞争实力的供应商主动告知招标信息，发出投标邀请。这里需要特别注意，所有信息沟通应在不违反相关法律法规前提下进行，不得泄露需要保密的有关信息。

4. 合理设置资格条件和技术需求

《招标投标法》第十九条规定："招标人应当根据招标项目的特点和需要编制招标文件。"招标文件是整个招标过程中极为重要的法律文件，也是评标依据。招标条款设置过于宽松则可能达不到采购预期，过于苛刻，则会涉嫌限制或排斥潜在投标人，也会造成项目流标。供应商资格条件和技术需求应依据项目特点设置，技术参数设置应客观，避免门槛过高；对于技术复杂、专业性强且招标人难以准确说明采购需求的项目，可参照《招标投标法实施条例》第三十条规定，选择两阶段招标；招标文件宜简练清晰，须利用《投标人须知前附表》对重要信息以前附表形式提醒，要慎重设置否决条款，不宜过多，最好以星号标记提醒投标人，防止因投标被否决而导致项目流标。

5.5.4　材料设备认质认价管理

医院建设项目工程总承包及专业分包合同中均已明确主要材料、设备品牌及质量要求，但可能仍有部分材料、设备未约定品牌或价格。需要就此部分材料、设备制定相应品牌或价格确认原则，以保证工程项目所选用的品牌合理、价格合规。

1. 成立设备材料认质认价工作小组

工作小组由建设单位、监理单位、跟审单位、总承包单位等组成，明确各参建方职责。

2. 认质认价遵循原则

①质量优先原则。从材料、设备的质量合格、规格参数正确、符合图纸设计及施工规范为标准。②货比三家原则。认价过程以询价的方式对比价格，材料设备必须形成至少三家厂商、品牌的比价信息。通过询价最终选定报价合理、档次相应的品牌。③资料完整性原则。所有询价必须有询价依据及原始凭证资料。④价格匹配原则。应以核定材料、设备采购价格为主，在同一技术标准、同一品牌档次前提下核定。⑤满足设计要求原则。工程总承包单位不得降低设备、材料档次。

3. 询价定价工作程序

①确定询价定价方式。②确定需要认质认价材料、设备范围。③确定材料、设备品牌范围。④确定材料、设备价格。⑤材料、设备采购。

因材料、设备认质认价涉及工程建设质量风险、财务审计风险，因此在材料、设备认质认价过程中应遵守相关法律法规、遵循认质认价相关原则。

第六章

医疗建设项目质量控制

6.1　建筑结构系统

6.1.1　专项工程特点

建筑结构是支撑和满足建筑空间环境及功能的受力体系，医疗项目的基础、梁、柱、板、围护等构件空间关系复杂，特别是为了提高诊疗效率，常常将门诊、医技、住院功能单元叠合布置，低层裙楼一般为大空间结构，通常存在一定数量的超高、超长、超厚构件，特别是医技、门诊涉及的专业科室多，通常会设置加速器、CT、DR、MR、DSA 等大型医疗设备，建筑结构既需要满足结构受力、建筑布局的需求，还需要预防出现渗、漏、裂等常见质量问题，因此建筑结构工程是医疗项目建设质量控制的重点与关键，需严格进行事前与过程质量控制，确保工程质量满足要求。

6.1.2　质量控制措施

医疗项目建设工程往往工期较长、投资大、施工工序复杂、影响质量的因素多，如人员、材料、机械、施工工艺、操作方法、技术措施、管理制度等，这些因素对工程项目的质量有着直接的影响，因此加强现场的质量控制就显得尤为重要。为保证工程质量满足要求，创精品工程，在医疗项目建设管理过程中需做好以下工作。

1. 对影响质量因素的控制

（1）人员的控制

是指对直接参与项目的组织者、指挥者和操作者的有效管理和控制。人作为控制对象是质量控制的关键，为达到以工作质量保证工序质量、促工程质量的目的，除了加强人的纪律教育、职业道德、专业技术培训、健全岗位责任制、改善劳动条件、制定公平合理的奖惩制度外，还需要根据项目特点，从确保质量出发，本着人尽其才、扬长避短的原则控制人的质量履责范围与行为，从而保证工程质量。

（2）材料及构配件的质量控制

建筑材料品种繁多，质量及档次相差较大，对用于项目实体的主要材料，进场时严格检查其出厂合格证和质量检验报告，对钢筋、水泥、混凝土等涉及结构安全的材料还需要根据相关规范标准进行见证取样送检，复验其相关性能指标。

（3）机械设备控制

从保证项目施工质量角度出发，应着重从机械设备的选型、主要性能参数和机械设备的使用操作要求等三方面予以控制。机械设备的选择，应本着因地制宜、因工程制宜的原则，按照技术上先进、经济上合理、生产上适用、性能上可靠、使用上安全、操作上轻巧和维修方便的要求，贯彻执行机械化、半机械化与改良工具相结合的方针，突出机械与施工相结合的方针，突出机械设备能正确地进行操作。在操作过程中应贯彻"人机固定"的原则，实行定机、定人、定岗位责任的"三定"制度。操作人员必须严格执行各项规章制度，遵守操作规程，防止出现安全质量事故。

（4）方案控制

在项目施工方案审批时，必须结合项目实际，从技术、组织、管理、经济等方面进行全面分析、综合考虑，确保方案在技术上可行、经济上合理，从而保证工程建设质量。

（5）施工环境与施工工序控制

施工工序是形成施工质量的必要因素，为了把工程质量从事后检查转向事前控制，达到"预防为主"的目的，必须加强对施工工序的质量控制。

1）要严格遵守工艺流程，工艺流程是进行施工的依据和规定，是确保工序质量的前提，任何操作人员都应严格执行。

2）控制工序活动条件的质量，主要活动条件有施工操作者、材料、施工机械、施工方法和施工环境。只有将它们有效地控制起来，使它们处于被控状态，才能保证每道工序质量正常、稳定。

3）及时检查工序质量。工序质量是评价质量是否符合标准的基本单元，因此必须加强质量验收工作，每道工序完成，经过质量检查验收合格后，方可进行下一道工序施工。

2. 项目实施阶段的质量控制

项目实施阶段是质量控制的重要阶段，需从各个环节、各个方面落实质量管理责任，以确保建设工程质量。作为建设的管理者，要通过科学的手段和现代化技术，从基础工作做起，注意施工过程中的细节管控，主要的质量控制阶段如下。

（1）事前质量控制

施工前质量控制以预防为主，审查承包单位是否具有能完成工程并确保其质量的技术能力及管理水平，检查工程开工前的准备情况，由建设单位组织进行设计交底和图纸会审，将设计理念、设计关键点进行交底，对设计文件中存在的问题提前予以解决。同时对工程所需原材料、构配件、设备质量进行检查与控制，并根据相关规范标准要进行见证取样复检，杜绝不合格的材料在工程中使用。施工时严格审查承包单位提交的施工组织设计和施工方案，确保质量控制措施齐全可行。

（2）事中质量控制

事中质量控制应以质量标准为准绳，在施工过程中，承包单位是否按照设计文件、标准规范和合同标准的要求实施，直接影响到工程产品的质量，是项目工程成败的关键。因此，管理人员要进行现场监督，及时检查，严格把关，每道施工工序要落实三检制、报验验收制度，验收不合格不得进入下道工序施工。

（3）事后质量控制

主要是指竣工验收阶段的质量控制，即对于通过施工过程所完成的具有独立的功能和使用价值的最终产品及有关方面进行检验、工程质量评定和质量文件验收，对存在的问题进行整改，确保最终验收的工程达到建设目标要求，顺利实现工程项目的移交与结算。

6.1.3　常见问题预控

结合已有的医疗项目建设质量控制案例，常见的质量通病问题与管控措施如下：

1. 建筑结构标高错误

（1）原因分析

1）设计图纸错误，建筑、结构、机电安装、医疗专项设计图纸的标高不统一、设计做法不一致。

2）施工错误。

3）医疗设备在设计阶段未确定，参考的设备参数与后期采购的设备参数存在偏差。

（2）预控措施

1）严格落实图纸会审，将各专业设计图纸进行统一核对，确保一致。

2）做好高程、标高的交点、引测、施测、复测。

3）在设计阶段，提前选定医疗设备，采购时按确定的参数进行招标。

2. 建筑结构后开洞、开槽

（1）原因分析

1）设计不全、遗漏或设计阶段未确定。

2）预留、预埋施工定位错误、遗漏或工序安排不当。

3）设计变更。

（2）预控措施

1）严格落实图纸会审制度，统一核对各专业设计图纸，确保一致。

2）加强管道预留、预埋阶段的定位控制，确保定位准确，严格落实各工序质量管控制度，结构或建筑隐蔽前，所有预留预埋必须完成，通过各专业、各单位隐蔽验收确认后，方可进行下道工序施工。

3）在设计阶段，充分考虑管道安装的合理性，减少后期设计变更；在结构或建筑隐蔽施工前提前完成各专业深化设计。

3. 建筑墙体调整拆除

（1）原因分析

1）施工错误。

2）设计变更。

（2）预控措施

1）加强施工过程控制，严格落实作业交底、工序验收制度。

2）在墙体施工前，通过样板、图纸、BIM技术、实体观摩等多方面措施，提前确定各区域、各科室的设计方案（包括建筑布局、机电安装末端设备、家具设备等），减少变更。

4. 室外回填土不均匀沉降

（1）原因分析

1）基坑（槽）中的积水、淤泥杂物未清除干净就回填；或基础两侧土倾填，未经分层夯实；或槽边松土落入基坑（槽），夯填前未认真进行处理，回填后土受到水的浸泡产生沉陷。

2）基槽宽度较窄，回填夯实受限，未达到要求的密实度。

3）回填土料中夹有大量干土块，受水浸泡产生沉陷；或采用含水量大的黏性土、淤泥质土、腐殖土作填料，回填质量不符合要求。

4）回填土采用水夯法，含水量大，密实度达不到要求。

（2）预控措施

1）回填前，将槽中积水排净，淤泥、松土、杂物清理干净，如有地下水或地表滞水，采取相应的排水措施，确保填前处理满足要求。

2）回填土严格采取分层回填、夯实。每层虚铺土厚度不得大于300mm。填筑和含水量符合规定要求。回填土密实度检测应按规定进行环刀取样，确保压实度符合要求。

3）填土土料中不得含有大于50mm直径的土块，不应有较多的干土块；严格控制回填土质量。

4）严禁采用水夯法回填。

5. 混凝土结构出现裂缝、渗漏

（1）原因分析

1）设计的基础形式及相应的配筋、防沉降、防开裂措施不合理。

2）模板及支撑体系不牢固，拆模过早。

3）混凝土配合比不合理、材料质量差、浇筑不连续、温控防裂措施不到位、养护不到位、成品保护不到位。

（2）预控措施

1）设计方面。

①设计中应充分考虑地下水作用的最不利情况。桩基、筏基必须支承在可靠的持力层上，使结构具有足够的强度、刚度，以抑制地基基础局部下沉。

②根据结构受力形式、构件尺寸，采用补偿收缩混凝土、抗渗混凝土以及相应的防开裂措施。

③合理设置后浇带和变形缝，避免出现超长、超厚构件。

2）施工方面。

①通过考察选择质量可靠、信用优良、供应有保证的商品混凝土供应商。

②严格按照审批的模板及支撑体系施工方案检查模板和模板支撑体系搭设质量，确保体系稳定、加固牢靠，模板拆除时严格落实审批制，确保达到拆模条件，方可拆除模板及支撑。

③提前进行混凝土试配，对水泥、砂、石、外加剂等原材料进行检验，确保质量合格，配合比设计合理。

④建立混凝土生产抽查、进场验收、浇筑旁站、养护巡查全过程质量控制体系。

⑤确保混凝土分层浇筑、振捣密实、浇筑顺序合理，避免漏振、过振、浇筑不连续等情况出现，浇筑过程中遗撒的混凝土要及时清除，浇筑后采取二次收光措施，浇筑完成后

及时进行覆盖养护。

⑥大体积混凝土要重点做好温度监测，出现超过允许值时，及时实施控温措施。

⑦加强成品保护，避免钢筋踩踏变形、浇筑完成后过早上人上料等情况。

⑧严格落实混凝土养护要求，一般混凝土养护不少于 7 天，大体积混凝土养护不少于 14 天。

6. 砌体填充墙出现裂缝

（1）原因分析

1）为赶工期，砌块未到产品 28 天龄期就进行砌筑，或者含水量过大，砌块收缩量过大而引起墙体开裂。

2）未按要求设置构造柱和圈梁，与结构墙柱、构造柱交接部位未设置拉结筋。

3）存在混砌及搭接长度不符合要求；灰缝不饱满或灰缝宽度不符合要求。

4）墙体随意开槽后未采取防裂修补措施；不同材料交接处未采取抗裂措施。

5）顶部斜砌间隔时间未达到规范允许间隔时间，梁（板）底填充不紧密。

（2）预控措施

1）要求砌块砌筑时的龄期应超过 28 天，砌体砌筑前，块材应提前 1～2 天浇水湿润，使块料与砂浆有较好的粘结；并根据不同的材料性能控制含水率，轻质小砌块含水率控制在 5％～8％，加气混凝土砌块含水率应小于 15％，粉煤灰加气块含水率小于 20％。

2）按照设计要求设置构造柱或圈梁；通常情况下，当填充墙长度大于 5000mm 时，宜在墙长方向的中部设置构造柱；当墙高度超过 4000mm 时，宜在墙体的中部设置圈梁。在结构墙柱或构造柱连接部位设置 $2\phi6$ 拉结筋，间距为 500～600mm，长度应符合设计要求。

3）不应将不同干密度和强度的加气砌块混砌，加气砌块搭接长度不宜小于砌块长度的 1/3，并应不小于 150mm；蒸压加气混凝土砌块灰缝厚度和宽度为 15mm，采用薄灰缝施工的精确砌块水平灰缝厚度和竖向灰缝宽度宜为 3～4mm。

4）开槽宜使用锯槽机，线管安装应牢固，抹灰必须先填槽沟，后挂钢丝防裂网或耐碱玻璃纤维网格布，再抹砂浆；不同材料交接处应挂设每边宽度不少于 100mm 宽的钢丝防裂网或耐碱玻璃纤维网格布。

5）填充墙与承重主体结构间的空（缝）隙部位施工，普通砌块填充墙应在砌筑 14 天后进行，精确砌块填充墙在 7 天后进行，顶部按设计要求采取砖斜砌或发泡胶填充密实。

7. 轻质隔墙板之间出现裂缝

（1）原因分析

1）由于轻质隔墙板都有一定的干缩率，当含水率变化且墙体较大时，因干燥收缩等变形较大，条板竖向接缝张开，该处饰面层易产生裂缝。

2）安装轻质隔墙板时，板间缝隙不均或偏大，接缝处的粘接材料及防裂处理工艺不符合要求。

3）轻质隔墙板受冲击或装修后吊挂重物，在竖向接缝处的饰面层产生裂缝。

（2）预控措施

1）轻质隔墙板隔墙安装长度超过 6000mm 时，应采取加强措施，如间断预留伸缩缝，后期用弹性腻子填实或贴防裂网带、防裂胶带等加强处理措施。

2）轻质隔墙板安装时含水率不应超过 10%，干燥地区不应超过 8%。

3）轻质隔墙板接缝的密封、嵌缝、黏结及防裂增强等材料，应提供质量证明文件，并按产品说明书配套使用。

4）轻质隔墙板接缝处满刮专用黏结砂浆后应挤实，板缝宽度不大于 10mm，轻质隔墙板的接缝表面采用专用砂浆打底后粘贴 50mm 宽耐碱涂塑玻纤网格布，用专用砂浆刮平，轻质隔墙板与墙柱的接缝及条板转角表面，用专用砂浆打底后粘贴耐碱涂塑玻纤网格布，每边宽度不小于 100mm，并用专用砂浆刮平。

5）轻质隔墙板上需开槽、开孔及安装吊挂时，应严格按设计要求进行加固，轻质隔墙板上应避免开水平槽，不得开穿透的洞口。

6）轻质隔墙板应防止碰撞、冲击等，需做好成品保护工作。

6.2　装饰装修系统

6.2.1　专项工程特点

现代综合医院的室内建筑装饰装修，是包含医疗、管理、环境、建筑、设备等内容的全方位的系统工作，是一门综合学科，它不仅要符合卫生学、医学专业的要求，同时，也要符合环境工程学、建筑美学、人体生理学、心理学等各方面要求。随着人们对医院环境的要求越来越高，医院环境除受建筑结构本身影响外，更大程度上取决于其装饰材料所呈现的效果。由于医院流动人群中老弱病残的聚集比例远大于一般公共场所，其对装饰材料的选用有其特殊要求。

医院装饰装修材料按照类别主要分为以下三种：

1. 防护类材料

现代医院的辅助检查仪器以及特殊检查设备的种类越来越多，而设备对其使用环境有着特殊的要求。需要防护的医疗设备主要分为两类：一类为具有放射性能量的设备，如放疗用的加速器 LA、检查用的 CT、MRI、PET/CT、PET/MR、介入用 DSA 等医疗仪器。对于此类设备，主要是对机器使用时所产生的中子、γ 射线、X 射线的防护，一般来说小能量射线的防护可用钡浆（水泥砂浆掺硫酸钡）抹灰处理；大能量的射线则需要用混凝土或铅板防护，如图 6-1 所示，如遇特殊要求需采用玻璃的部位，则应根据设备要求选用相应铅含量的含铅玻璃；另一类为产生电磁的医疗设备，如核磁共振仪，此类设备一般采用铜板屏蔽防护，如图 6-2 所示，玻璃则使用含有铜网的磁屏蔽玻璃。

图 6-1　放射性防护措施（铅板）

图 6-2　磁屏蔽防护措施（铜板）

2. 洁净类材料

在医院的组成单元中，洁净区域是一个非常重要的医疗单元，有着特殊的使用要求。医院有洁净要求的区域主要有：手术室、ICU、中心供应室及各种实验室等。洁净室的建筑装饰材料除应满足隔热、隔声、防振、防虫、防腐、防火、防静电等要求外，还应保证洁净室的气密性和装饰面不产尘、不吸尘、不积尘，并应易清洗，因此洁净室不应使用石材和石膏板作为表面装饰材料，常见洁净区材料对比见表 6-1。

洁净区材料对比　　　　　　　　　　　　表 6-1

材质	使用年限	气密性	抗撞击性	屏蔽效能	污染情况	施工工艺	造价
电解钢板	20 年以上	气密优、无缝	强	好	不产尘不易污染	可造型、无缝焊接	高
不锈钢板	25 年以上	气密优、无缝	强	差	不产尘不易污染	可造型、无缝焊接	高
卡索板（格拉斯板）	15 年以上	气密中、打胶	中	好	不产尘不易污染	不可造型、有缝拼接	高
无机预涂板	15 年以上	气密中、打胶	中	差	不产尘不易污染	不可造型、有缝拼接	较高

材质	使用年限	气密性	抗撞击性	屏蔽效能	污染情况	施工工艺	造价
树脂板	15年以上	气密中、打胶	中	差	不产尘不易污染	不可造型、有缝拼接	较高
铝塑板	15年以上	气密中、打胶	中	差	不产尘不易污染	不可造型、有缝拼接	中
彩钢板	5年以上	气密中、打胶	差	差	会产尘易污染	不可造型、有缝拼接	低
瓷砖	10年以上	气密中、勾缝	差	差	不产尘不易污染	不可造型、粘贴勾缝	低
铝单板	10年以上	气密中、打胶	中	差	不产尘不易污染	不可造型、有缝焊接	中
铝扣板	10年以上	气密中、打胶	差	差	不产尘易污染	不可造型、有缝焊接	低

根据中国医院洁净工程的整体水平及工程造价的承受能力，在手术室的手术间、供应室洁净区、实验室中，一般选用以下材料，如：墙面、吊顶可使用电解钢板、无机预涂板、不锈钢板、防锈铝板类金属材料和卡索板、抗倍特板、酚醛树脂板等非金属材料；地面材料则选用 PVC 地板或橡胶地板等弹性地板材料，洁净区材料对比，如图 6-3、图 6-4、图 6-5 所示。

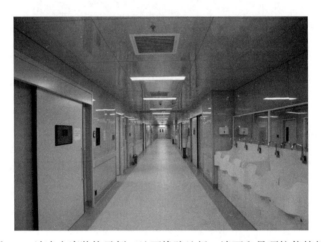

图 6-3　洁净走廊装饰示例（地面橡胶地板、墙面和吊顶抗倍特板）

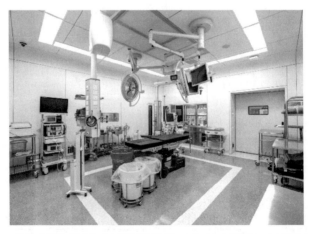

图 6-4　手术室装饰示例（地面橡胶地板、墙面电解钢板、吊顶电解钢板）

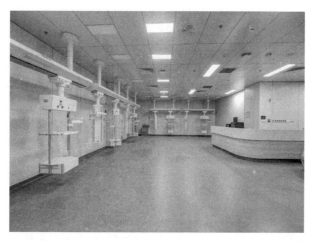

图 6-5　ICU 装饰示例（地面橡胶地板、墙面无机预涂板、吊顶铝塑板）

3. 一般公共区域材料

在医院的整体设计中，除了设备用房、洁净区域外，一般公共区域是所占比重最大的部分。这些公共区域主要包括门诊、急诊、病房、医护办公室、无防护要求的影像中心、检验科室、患者等候区、电梯厅、卫生间、楼梯间等区域。在这些区域内对于建筑材料的选用基本要求是洁净、耐用、抗腐蚀等。

这些区域的天花、墙面和其他公建所用的材料相差不大。天花一般为石膏板、铝板、铝扣板、高晶板、硅钙板、硅晶板等吊顶；墙面一般为瓷砖、PVC、涂料、玻纤壁布、石材、树脂板等。涂料、PVC、玻纤壁布一般使用在走廊、病房、办公室等区域；石材、瓷砖、树脂板一般使用在电梯厅、大厅等公共区域；瓷砖一般使用在卫生间、处置间等防水区域；地面使用 PVC 地板、橡胶地板等弹性材料较多，瓷砖、石材则主要在大厅、电梯厅、楼梯间、卫生间等区域使用，如图 6-6～图 6-12 所示。

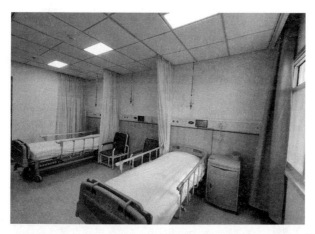

图 6-6　病房装饰示例（地面地胶、墙面抗菌防霉涂料、吊顶高晶板）

图 6-7　病房走廊装饰示例（地面地胶、墙面装饰板/抗菌防霉涂料、吊顶高晶板）

图 6-8　电梯厅装饰示例（地面石材、墙面金属复合板、吊顶冲孔铝板）

图 6-9　卫生间装饰示例（地面、墙面仿石材砖、吊顶铝扣板）

图 6-10　服务咨询区装饰示例（地面石材、墙面木纹金属复合板、吊顶石膏板涂料）

图 6-11　大厅装饰示例（地面石材、墙面白色金属复合板、吊顶白色微冲孔铝板）

图 6-12　食堂装饰示例（地面防滑地砖、墙面瓷砖、吊顶白色铝方通＋铝板）

6.2.2 质量控制措施

1. 严控材料质量关

随着建筑市场的不断发展，建材市场日益活跃，但假冒伪劣产品泛滥成灾。工程施工单位承包工程后往往不从管理要效益，而是片面地追求低价材料，借以降低施工成本，给伪劣产品大开方便之门，严重影响了工程质量。医院在发包合同中，应对关键的材料及大宗建材，约定质量标准或约定三家以上同品质的材料，在装饰工程开始前，通过材料送样、选样、定样，确定最终使用的材料、颜色及质量标准，并进行封样。材料进场时，严格按照封样样品进行核对，检查品牌、合格证、检验报告等质量证明文件，实测规格、尺寸等数据，对不合格的材料，责令退场，杜绝不合格材料、以次充好的材料进场；施工过程中应加强对使用材料的抽查，严防偷梁换柱的情况发生。

2. 选择有医疗项目施工经验的施工单位和施工作业人员

医院不同于一般建筑，装饰装修具有特殊性，特别是医疗专项施工，通常应选择有类似施工经验的单位和熟悉医疗项目的施工作业人员进行施工，以此来保证装修工程的施工质量。

3. 开展精细化施工质量管理

开展精细化施工质量管理主要应做好以下几点：一是做好防渗处理，主要是地下室、卫生间、有水房间、屋面、外门窗、净化机房等防水施工，做好结构防渗、基层处理、防水施工工序、蓄水试验等；二是做好装饰装修工序控制，落实工序样板和成品样板引路制度，加强装饰施工细部节点管控，特别是阴阳角部位、拼缝拼接部位、开洞留口部位、打胶勾缝的处理，尽量避免抢工施工，完成一处、检查一处，尽量一次成型、减少修补和返工，对不符合要求的坚决予以整改销项，不留隐患。

6.2.3 常见问题预控

1. 地坪开裂、空鼓、起砂

（1）原因分析

1）水泥、砂等原材料或砂浆不符合要求。

2）基层表面清理不干净，有积水、浮灰、浆膜或其他污物。

3）基层表面未浇水湿润或浇水不足，过于干燥。

4）养护和成品保护不到位。

（2）预控措施

1）禁止现场自拌砂浆，选用干混砂浆、湿拌砂浆、袋装砂浆等预拌砂浆。

2）认真清理表面的积水、浮灰、浆膜以及其他污物，并冲洗干净。如底层表面过于光滑，则应凿毛处理。

3）控制基层平整度，用 2m 直尺检查，其凹凸度不应大于 10mm，应保证面层厚度均匀一致，防止厚薄不均，造成凝结硬化时收缩不均而产生裂缝、空鼓。

4）地坪施工前 1～2 天，应对基层认真进行浇水湿润，使基层表面清洁、湿润、有足够的粗糙度；施工前应刷一道素水泥浆结合层，随刷随铺。

5）水泥砂浆终凝后，应及时养护，防止产生早期收缩裂缝，连续养护的时间不应少于 7～10 昼夜；刮风天施工地坪时，应防止因表面水分迅速蒸发而产生收缩裂缝。在低温条件下施工地坪时，应防止受冻，保证施工环境温度在＋5℃以上。

6）合理安排施工程序，避免过早上人。地坪应尽量安排在墙面、顶棚抹灰等装饰工程完工后进行，避免对地坪产生污染和损坏，如必须安排在其他装饰工程之前施工，应采取有效的保护措施。

2. 抹灰层空鼓、开裂

（1）原因分析

1）水泥、砂等原材料或砂浆不符合要求。

2）墙面基层清理不干净，未进行甩浆、拉毛处理；抹灰前墙面未浇水湿润，墙面过于干燥。

3）基层墙面平整度偏差过大，导致出现抹灰层厚薄不均，超厚部位未分层施工、未采取防裂措施。

4）不同墙体材料交界处未设抗裂网片，未采取抗裂措施。

5）养护不到位。

6）为赶工期，墙体材料停放、墙体砌筑时间过短。

（2）预控措施

1）禁止现场自拌砂浆，选用干混砂浆、湿拌砂浆、袋装砂浆等预拌砂浆。

2）落实工序样板和成品样板制度，确定每道工序的控制标准，样板经过验收后方可大面积施工。

3）认真清理墙体基层，对表面进行拉毛处理，增加结合效果。抹灰前一天应对墙面进行浇水，浇水应均匀，不得漏浇。

4）对不同基体材料结合处，以及局部抹灰厚度超过 30mm 的部位应按规定加设抗裂网片。

5）砂浆应随拌随用，应在初凝前用完。抹灰用水泥砂浆、水泥混合砂浆现场存放时间应分别控制在：当气温≤25℃时应在 180min 和 210min 内用完；当气温＞25℃时应在 150min 和 180min 内用完。对已结硬的砂浆不得使用。

6）对新抹灰层应根据气温和环境条件适当进行洒水养护。

7）冬季应有可靠的防冻措施，气温低于 5℃以下时禁止抹灰作业。

8）对墙体材料和砌筑的墙体要静放一段时间，抹灰前顶部斜砌或缝隙处理应完成。

3. 同一片区域内的天然大理石、花岗石色差过大

（1）原因分析

1）天然石材取材的矿脉不同；石材切割面不同；石材切割时间不同。

2）大理石、花岗石原材料存在色差，石材加工时或镶贴时未根据石材的颜色进行调整。

3）石材在运输、储存过程中受到了污染，使石材产生了变色。

4）石材产品出厂前，生产厂家一般均有编号，并有箭头标出明确的指向，如果施工方在安装时不严格按生产厂家给予的编号安装，随意打乱生产厂家的编号，将会影响安装效果。

（2）预控措施

1）选择有实力的供应商，保证供应的石材能出自同一矿脉。

2）大理石、花岗石在加工时，应严格控制加工质量，同一镶贴区域的石材应采用相同颜色的石材进行加工。镶贴前，应对石材的颜色进行比对，有色差的石材不得镶贴在同一区域。

3）石材加工及运输过程中，应对石材进行妥善保存，不得采用易产生色泽污染的材料包装石材，石材宜保存在干燥通风的位置，不得放置在潮湿的地方。

4）可在生产厂家或工地现场先进行排样，确定石材安装位置后编号待用，提前将存在细微色差的石材尽量安排于阴角等不影响整体外观效果的位置上。

5）严格按生产厂家或现场的排版编号进行安装。

6）加强成品保护，避免对石材造成污染。

4. 墙面砖空鼓、脱落

（1）原因分析

1）瓷砖、粘贴材料质量差或用量不足等。

2）基体（或基层）、板块底面未清理干净，残存灰尘或污物，未用界面处理剂处理基体表面。

3）粘贴砂浆厚薄不匀，砂浆不饱满，操作过程中用力不均，对粘贴好的瓷砖进行纠偏移动，造成饰面空鼓。

（2）预控措施

1）在合同中约定材料品牌、标准，施工前进行选样、定样、封样，进场时严格按样品验收，并按规范要求进行见证取样送检，确保符合合同、设计及规范要求。为提高瓷砖粘贴质量，宜使用经检验合格的专用胶黏剂进行粘贴。

2）施工前，基体（或基层）、板块必须清理干净，可涂刷界面处理剂（随贴随刷）。

3）施工顺序为先墙面、后地面；遇粘贴不密实时，应取下瓷砖重新粘贴，不得在砖口处塞灰，防止空鼓；砖缝应及时勾缝，防止水汽进入。

4）注意成品保护，防止振动、撞击等损坏。

5. 涂料墙面开裂

（1）原因分析

1）腻子、涂料质量差、不合格。

2）墙体自身变形开裂，未进行处理。

3）基层未清理干净、处理不到位。

（2）预控措施

1）在合同中约定材料品牌、标准，施工前进行选样、定样、封样，进场时严格按样品验收，并按规范要求进行见证取样送检，确保符合合同、设计及规范要求，施工过程中应加强对使用材料的抽查，严防偷梁换柱的情况发生。

2）等墙体或抹灰层充分干燥收缩后，对开裂部位进行处理。

3）清理干净基层上的浮灰、泥浆、油渍，在腻子施工前施涂配套的抗碱封闭底涂。

6. 地胶起泡

（1）原因分析

1）地胶、黏接剂、焊材、自流平材料质量差。

2）基层未清理干净、潮湿或有水，残存灰尘或污物，未用表面处理剂处理基体表面。

3）黏接剂涂刷不均匀、气泡未压出。

4）地胶焊缝不及时，不严密。

5）成品保护不到位，过早上人、上料。

（2）预控措施

1）在合同中约定材料品牌、标准，施工前进行选样、定样、封样，进场时严格按样品进行验收，并按规范标准要求进行见证取样送检，确保符合合同、设计及规范标准要求，施工过程中加强对使用材料的抽查，严防偷梁换柱的情况发生。

2）施工前，基层应充分干燥，清理干净，可涂刷界面处理剂。

3）黏接剂应涂刷均匀，地胶应碾压密实、排除空气。

4）地胶施工完成，及时采用配套的焊接材料进行接缝处理，焊缝应饱满，无遗漏。

5）加强成品保护，保护期间严禁上人、上料。

6.3 通风空调系统

6.3.1 专项系统特点

医院通风空调系统主要分为净化空调、普通空调、通风系统，医院内的空间环境对空气质量的要求与一般民用建筑既有共同之处，也有特殊之处，空气质量除须满足一般患者及工作人员舒适度的要求外，还须在特定的环境中，根据医患安全与特殊设备的需要，对环境温度、空气纯净度、气流速度、气流方向等进行科学处理，既要满足人员舒适性、安全性的要求，又要防止感染性事件的发生。因此，医疗项目中一般空间的空气调节为舒适性空调，特殊空间的空气调节为工艺性（洁净）空调，需要持续性地维护与管理。

6.3.2 质量控制措施

医院通风空调系统是防止交叉感染的重要设施，是就医体验感、舒适感达标的重要保障。医院各功能分区对通风空调系统要求不一样，选用的空调形式、换气次数、新风量等指标也不同，而且通风空调工艺复杂、供应时间长，其工程质量的好坏将直接影响病人及家属、医护工作者的体验，因此需加强质量控制，确保满足设计与规范要求。

1. 关键材料、设备质量控制

（1）对风管及制作材料的质量控制

镀锌钢板风管不得有镀锌层严重损坏的现象，如表层大面积白花、锌层粉化等。风管所用的螺栓、螺母、垫圈和铆钉均应与管材性能相匹配，应采用不会产生电化学腐蚀的材料，或采取镀锌或有其他防腐措施的材料，并不得采用抽芯铆钉。

（2）部件质量的控制

1）风管系统中柔性短管、法兰等材料的选用，应采用防腐、防潮、不透气、不易霉变同时又内壁光滑、不易产尘的柔性材料。

2）制作风阀的零件表面应镀铬、镀锌或喷塑处理，轴套应为铜制。

3）轴端伸出阀体处要做密封处理。静压箱本体、箱内固定高效过滤器的框架及固定件应进行镀锌、镀镍等防腐处理。

（3）设备质量的控制

1）医院洁净空调设备需采用专用的空气处理设备，内部冷却设备、除湿设备等构件的材质及表面处理质量均有特别的要求。

2）冷却塔的型号、规格、技术参数必须符合设计要求。对含有易燃材料的冷却塔安装，必须严格执行防火安全的要求。

3）水泵的规格、型号、技术参数应符合设计要求和产品性能指标。水泵正常连续试运行的时间，不应少于 2h。

4）水箱、集水缸、分水缸、储冷罐的满水试验或水压试验必须符合设计要求。储冷罐内壁防腐涂层的材质、涂抹质量、厚度必须符合设计或产品技术文件要求，储冷罐与底座必须进行绝热处理。

5）风机盘管机组及其他空调设备与管道的连接，宜采用弹性接管或软接管（金属或非金属软管），其耐压值应大于等于 1.5 倍的工作压力。软管的连接应牢固、不应有强扭和瘪管。

2. 关键过程质量控制

（1）洁净风系统的风管与部件制作

1）现场应保持清洁，存放时避免积尘和受潮。风管制作应有专用场地，其房间应清洁、封闭，工作人员应穿干净工作服和软性工作鞋。风管的咬口缝、折边和铆接等处有损坏时，应做防腐处理。

2）不应在风管内设置加固框或加固筋，风管无法兰连接时不得使用 S 形插条、直角形插条或立联合角形插条等形式。

3）空气洁净度等级为 1～5 级的净化空调系统风管不得采用按扣式咬口。

4）风管的清洗不得使用对人体和材质有危害的清洁剂。

5）风管法兰铆钉孔的间距，当系统洁净度的等级为 1～5 级时，不应大于 65mm；为 6～9 级时，不应大于 100mm。

6）制作完成的风管，应进行第二次清洗，经检查达到要求后应及时封口。

（2）风管的安装

1）新风口的设置位置应正确，并采取有效的防雨措施。

2）风管接口的连接应严密、牢固，尽量减少接头。

3）风阀、消声器等风管部件安装前需对内外表面的油污和尘土进行清除。

4）风口安装前应清扫干净，其边框与建筑顶棚或墙面间的接缝处应加设密封垫料或密封胶，不应漏风。

5）洁净空调系统新风口处的环境应清洁，新风口底部距室外地面应大于 3000mm，新风口应低于排风口 6000mm 以上。

6）相互连通的不同洁净度级别的洁净用房，洁净度高的用房应对洁净度低的用房保持相对正压，最小静压差应大于或等于 5Pa，最大静压差应小于 20Pa。

（3）风管的严密性质量控制

1）风管与法兰连接时，风管翻边应平整贴近法兰，宽度不应小于 7mm，翻边处裂缝和空洞应涂密封胶。风管法兰连接的垫片安装应正确，厚度为 5~8mm，宽度与法兰宽度应一致，接口搭接符合要求。

2）设备、部件与风管连接应进行密封处理，特别是风机出口、高效过滤器与风口和风管的连接口等，应认真检查，确保密封质量符合要求。风管在安装前应进行漏光检测，采用带有保护罩的无油无尘的 1000W 碘钨灯放入管内，两端用聚苯乙烯板封堵遮光，检查有无漏光。

3）风管漏风量试验检查。为更好地检验风管严密性，应在系统安装后进行漏风量检测，应采用规范规定的漏风量检测装置，所有检测仪表应有计量鉴定证书，测试压力和漏风量应符合设计要求和质量验收规定。

（4）空调水管与设备安装

1）镀锌钢管应采用螺纹连接。当管径大于 DN100 时，可采用卡箍式、法兰或焊接连接，但应对焊缝及热影响区的表面进行防腐处理。

2）空调用蒸气管道的安装，应按现行国家标准《建筑给水排水及采暖工程施工质量验收规范》GB 50242—2002 的规定执行。

3）管道系统安装完毕，外观检查合格后，应按设计要求进行水压试验。

（5）防腐与绝热的质量控制

1）风管与部件及空调设备绝热工程施工应在风管系统严密性检验合格后进行。

2）空调工程的制冷系统管道，包括制冷剂和空调水系统绝热工程的施工，应在管路系统强度与严密性检验合格和防腐处理结束后进行。

3）风管和管道的绝热，应采用不燃或难燃材料，其材质、密度、规格与厚度应符合设计要求。如采用难燃材料时，应对其难燃性进行检查，合格后方可使用。

4）位于洁净室内的风管及管道绝热材料，不应采用易产尘的材料（如玻璃纤维、短纤维矿棉等）。

（6）主要洁净空调设备的安装控制

1）三级空气过滤器的安装。第一级应设置在新风口或紧靠新风口处；第二级应设置在系统的正压段；一般设置在空调箱内；第三级应设置在系统的末端或紧靠末端的静压箱附近，不得设置在空调箱内。

2）洁净空调机组应内置初、中、高效过滤器、电子灭菌和紫外线杀菌双效装置，防止净化空调的二次污染。

3）高效过滤器安装和检漏。检查高效过滤器的安装条件：要求应在洁净室及净化空调系统进行全面清扫和系统连续试行12h以上后，在现场拆开包装再进行安装；严格对过滤器密封装置进行检查。若设备采用机械密封，重点检查其密封垫料的厚度和压缩率；若采用液槽密封，重点检查槽架水平度及槽内密封液的高度和熔点，应满足有关规定要求。安装后的高效过滤器在调试前还须进行扫描检漏。

4）对现场组装的空气处理机组，组装完成后应按照中压或高压系统的要求进行箱体的严密性测试，确保空调机组箱体密封可靠，漏风率满足要求。

（7）空调系统调试的质量控制

1）系统调试所使用的测试仪器和仪表，性能应稳定可靠，其精度等级及最小分度值应能满足测定的要求，并应符合国家有关计量法规及检定规程的规定。

2）通风与空调工程的系统调试，应由施工单位负责，监理单位进行监督，设计单位与建设单位参与配合。

3）系统调试前，承包单位应编制调试方案，报送专业监理工程师审核批准；调试结束后，必须提供完整的调试资料和报告。

4）通风空调工程的系统无生产负荷的联合试运转及调试，应在制冷设备和通风与空调设备单机试运转合格后进行。空调系统带冷（热）源的正常联合试运转不应少于8h，当竣工季节与设计条件相差较大时，仅做不带冷（热）源试运转。通风、除尘系统的连续试运转不应少于2h。

5）净化空调系统运行前应在回风、新风的吸入口处和粗、中效过滤器前设置临时用过滤器（如无纺布等），对系统进行保护。净化空调系统的检测和调整，应在系统进行全面清扫，且已运行24h及以上，达到稳定后进行。洁净室洁净度的检测，应在空态或静态下进行或按合约规定执行。主要包括室内温、湿度、噪声、系统总风量、新风量及各风口的风量、室内工作截面平均风速、相邻不同级别洁净室之间和洁净室与非洁净室之间的静压差、室内空气洁净度级别检测等。测试方法应正确，检查测试内容应齐全。

6.3.3　常见问题预控

1. 镀锌钢板镀锌层破损

（1）原因分析

1）产品不合格，镀锌层厚度不符合标准要求，导致镀锌钢板耐久性差。

2）材料运输、保管不善，镀锌层受到损坏。

3）风管加工制作过程受损，划伤镀锌层。

（2）预控措施

1）把好材料进场关，产品材质应符合国家标准规定，表面应平整光滑，厚度均匀，不得有结疤、裂纹等缺陷。

2）材料运输与保管应做好保护，防止损坏镀锌层。

3）风管加工制件过程中，避免碰伤、擦伤镀锌层。

2. 送风时风管有噪声

（1）原因分析

1）风管的厚度与断面尺寸不相符。

2）风管未采取加固措施或内支撑松动、脱落。

（2）预控措施

1）风管制作时应严格对风管断面尺寸及钢板厚度进行检查。

2）对风管采取加固措施。

3. 风管、冷凝水管及接水盘结露

（1）原因分析

1）保温材料材质不符合设计要求。

2）胶黏剂与保温材料不相容。

3）保温材料拼接缝未错开。

4）未做好成品保护，保温层被破坏。

（2）预控措施

1）保温材料进场验收应严格复核导热系数、表观密度等参数是否符合设计要求。

2）按保温材料的不同性质，选用相应的胶黏剂，使其与风管牢固粘接。

3）保温材料拼接的纵横接缝应错开，缝隙较大时可用胶黏剂灌缝。

4）加强成品保护，避免破坏保温层。

4. 分支管与主干管连接方式不当

（1）原因分析

1）主干管开口管壁变形，接口不严密，缝隙过大，咬口缝加工不规范，系统运行后振动，增大缝隙。

2）连接方式未按规范要求施工，接口形式不合理，缝隙增大，风管内气流不顺畅，增大管内压力，增大漏风概率。

（2）预控措施

1）法兰连接的分支管及法兰面要平整，平整度的偏差要小于 2mm，保证其接口的严密性；咬口缝的分支管形状应规整，吻合良好，咬口严密、牢固。

2）连接方式应按规范要求进行，分支管连接主干管应顺气流方向制作成弧形接口或斜边连接，使管内气流分配均衡，流动顺畅。

5. 百叶送风口调节不灵活

（1）原因分析

1）外框叶片轴孔不同心，中心偏移。

2）外框与叶片铆接过紧或过松。

（2）预控措施

1）对于中心偏移、不同心的轴孔，焊接后重新钻孔。

2）叶片铆接过紧时，可连接扳动叶片使其松动。铆接过松可继续铆接，其松紧程度应在风口出风风速达到 6m/s 时，叶片不动不颤。

6. 薄钢板共板法兰的法兰面不平

（1）原因分析

1）使用单体专用设备在法兰板边时，弯折线偏移。

2）管段板材折弯时弯折线偏移。

（2）预控措施

1）在薄钢板风管共板法兰折弯加工时应对准弯折线，以确保共板法兰面的平整。

2）管段板材在弯折前，复查板材两边的折弯点，无误后再开始折弯，确保共板法兰面平整，法兰连接处严密、不漏风。

7. 风口安装有偏差

（1）原因分析

1）风口施工时与吊顶施工配合不足，未进行定位及拉线，造成风口排列不整齐。

2）风口未紧贴孔洞的边缘，连接后形成位置偏差。

（2）预控措施

1）施工时应进行放线，确保风口排列整齐划一。

2）调整软管连接形式与角度，确保垂直度满足要求，针对水平偏差，重新放线调整，确保风口整齐划一。

8. 未定期清洗、消毒

（1）原因分析

1）过滤措施不到位，微细灰尘进入风道后会黏附在风道内壁上、形成大量积尘，滋生真菌、细菌等有害微生物。

2）在施工阶段，为使空间更宽阔，往往尽可能地压缩吊顶内的空间，使得吊顶内的风机盘管、冷凝水盘、过滤器等无法清洗。

（2）预控措施

1）平时启动空调，特别是制冷模式后，应开启干燥除湿功能进行干燥，并进行专业的清理。

2）管线排布时、充分预留检修空间，吊顶综合天花设计要考虑后期检修需求，设置检修口，便于后期运维。

6.4　供配电系统

6.4.1　专项系统特点

1）在医院医疗场所的负荷中，手术室、重症监护室、信息系统和消防系统等都属于特别重要负荷，必须增设应急电源供电。根据规范和工程实践，当允许供电中断时间15s以上的负荷，可采用快速自启动的柴油发电机组；当允许供电中断时间为毫秒级的负荷，可采用蓄电池静止型不间断供电装置（UPS），且优先恢复生命支持电气设备的供电。

2）医院配电系统一般采用放射式和树干式相结合的供电方式。制冷站、水泵房、电梯、消防设备等大型重要负荷由配电室放射式供电，真空吸引、X光机、CT、MRI、DSA、ECT等医疗设备的主机及其空调电源由配电室放射式供电，烧伤病房、血透中心、中心手术部的照明和动力用电也由配电室放射式供电。MRI、DSA、ECT机、大型介入机等设备的主机电源一般需要双路供电，末端自动切换，此类设备的布置一般包括扫描室和控制室两部分，系统的电源一般送至控制室。

6.4.2　质量控制措施

1. 线管敷设

医院电气工程线管敷设除满足一般工程的施工质量验收规范及施工标准相关规范规定外，还应满足以下要求：

1）医院工程电线保护管一般采用金属导管与金属线盒。

2）穿越洁净区和非洁净区的电线管应加设套管，并做防火封堵。

3）进入洁净区的电线管口应采用无腐蚀、不起尘和不燃材料封闭。

4）洁净区用电线路与非洁净区线路应分开敷设，主要工作区与辅助工作区线路应分开敷设，污染区线路与清洁区线路应分开敷设，不同工艺要求的线路应分开敷设。

2. 配电箱（柜）安装

医院配电箱（柜）安装，除满足一般项目施工验收规范和施工标准规范规定外，还应注意以下几点：

1）配电箱（柜）内外应表面平滑，不积尘、易清洁，且配电箱（柜）的检修门不宜开在洁净室内，如必须设置在洁净室内时，应安装气密门。

2）洁净室所用100A以下的配电设施与设备安装距离不应小于600mm，大于100A时不应小于1000mm。

3）洁净室的配电盘（柜）、控制显示盘（柜）、开关盒宜采用嵌入式安装，与墙体之间的缝隙应采用气密构造，并应与建筑装饰协调一致。

3. 灯具安装

医院灯具安装的要求，除满足一般项目施工验收规范和施工标准规范规定外，还应注意以下要求：

1）医院中各种病房、检验室、手术室等部门应选用漫反射型高显色性灯具，灯具采用有接地端子的Ⅰ类灯具，需可靠接地。

2）洁净室内的灯具应吸顶安装，安装时所有穿过吊顶的孔眼应用密封胶密封。当为嵌入式安装时，灯具应与非洁净区密封隔离。

4. 接地系统

医院接地系统除按照常规做法外，还应注意以下要求：

1）医院接地系统均采用防雷接地、电力系统接地、等电位接地、设备保护接地一体的公共接地系统。医院多采用 TN-S 接地系统，且病房内严禁采用 TN-C 接地系统。

2）医疗电子仪器，有大电流的医疗设备要求就近接地，接地线越短越好。

3）与人体有接触的医疗设备不得单独接地。

4）医院应以房间为单位在外部做等电位连接，并将建筑物金属与等电位连接。

5）手术室、ICU"需要与患者体内接触以及电源中断危及患者生命的电气装置场所"等特殊场所，位于患者 2500mm 内的电气装置均应采用医用 IT 系统，且医用 IT 系统必须配置绝缘监视器，当系统线路对地绝缘电阻减少到 50 千欧时应能声光报警。

6）穿越洁净区域的接地线应设置套管，套管需做接地处理。

6.4.3 常见问题预控

1. 金属管道安装缺陷

（1）原因分析

1）手工操作时，手持钢锯不垂直和不正。

2）箱、盒外边未用锁母固定、未设挡板。

3）锯管后未用锉刀铣口。

（2）预控措施

1）要求施工单位做好技术交底，锯出的管口应平整。

2）在管口入箱、盒时，要求施工单位在外部加锁母。

3）在楼板或地坪内敷管时，要求线管面上有 20mm 以上的素混凝土保护层，以防止产生裂缝。

2. 套接紧定式钢导管（JDG 管）进配电箱（柜）不做接地跨接线

（1）原因分析

套接紧定式钢导管（JDG 管）进配电箱时，忽略了配电箱（柜）不是镀锌的情况，而按通常情况进行了处理。

（2）预控措施

套接紧定式钢导管（JDG 管）进配电箱时，要求施工单位采用通过截面不小于 $4mm^2$ 的软铜线进行跨接，并将软铜线接至配电箱（柜）内 PE 端子排。

3. 线槽穿防火墙、楼板时内部未进行防火封堵

（1）原因分析

当线槽穿过防火墙、楼板时，有的线槽盖也直接穿过，造成线槽内部没有封堵或封堵不严密。

（2）预控措施

当线槽穿过墙、楼板时，线槽盖不应直接穿过防火墙、楼板，要求施工单位将线槽盖在墙、板两端断开后，预留孔洞用防火堵料封堵严密。

4. 线槽、电缆梯架分支未用 135° 弯头

（1）原因分析

在导线、电缆敷设时，直角处的金属板容易对导线、电缆的绝缘护套造成损坏，可能引起电气事故。

（2）预控措施

要求施工单位在编制电气施工方案时，根据线槽、电缆梯架的情况，明确在分支处不能直接采用直角弯头，应采用135°弯头。

5. Ⅰ类灯具的外露可导电部分未接地

（1）原因分析

施工单位电气技术人员认为只有当灯具安装高度低于2400mm时才需要接地，对规范标准理解不透。

（2）预控措施

在设计交底时要请设计明确哪些是属于Ⅰ类灯具，相关的照明支路应含有 PE 线。要求施工单位订货时，提醒生产Ⅰ类灯具的厂家预留相应的接地端子。

6. 疏散指示灯固定缺陷

（1）原因分析

结构施工阶段，疏散指示灯的具体尺寸尚未确定，预留孔洞的尺寸留有余量，在后期末端设备安装过程中，造成施工随意性较大。

（2）预控措施

在设计阶段及结构施工阶段，尽量明确疏散指示灯的选型及尺寸，确定预留孔洞尺寸。

7. 配电箱接线困难

（1）原因分析

施工单位未核实箱体尺寸和电器接线桩头大小；厂家追求降低成本，致使箱体尺寸过小，箱内未留过线和转线空间。

（2）预控措施

配电箱订货时附电气系统图及技术要求，生产厂家根据图中导线大小及开关电器型号，确定是否增设接线端子排，并预留足够的过线和接线空间。

8. 电缆沟内敷设缺陷

（1）原因分析

1）电缆沟内防水不佳或未做排水处理。

2）电缆沟内支（托）架未按工序要求进行放线。

3）安装固定支（托）架预埋或金属螺栓固定不牢。

4）接地扁铁未按设计要求进行选择。

5）穿外墙套管与外墙防水处理不当，造成室内进水。

（2）预控措施

1）电缆沟内支（托）架安装应在技术交底中强调先弹线，以确定固定点。

2）预埋件固定坐标应准确；使用金属膨胀螺栓固定时，螺栓固定位置应正确，与墙体垂直，固定牢靠。

3）接地扁铁应正确选择界面，焊接安装符合工艺要求。

4）电缆进户穿越外墙套管时，特别对低于±0.000 地面部位，应用油麻和沥青处理好套管与电缆之间的缝隙，避免出现套管边缘渗漏水的问题。

5）电缆沟内进水的处理方法，应采用地漏或集水井向外排水。

9. 竖井垂直敷设电缆缺陷

（1）原因分析

支架安装时未进行弹线定位；未精细化施工，电缆未做防下坠处理，穿越楼板的孔洞未做防火处理。

（2）预控措施

1）要求施工单位根据楼层高度及规范规定保证支架间距满足要求，并根据电缆自重情况做好防下坠处理，采用 Ω 形卡将电缆固定牢固，防止下坠，电缆敷设应排列整齐，间距均匀，不应有交叉现象。

2）对于垂直敷设于线槽内的电缆，每敷设 1 根应固定 1 根，固定间距不大于1500mm，控制电缆固定间距不大于 1000mm。

3）采用防火枕或其他防火材料在电缆敷设完毕后，及时将楼板孔洞封堵严实。

10. 变电所设备布置及灯具安装工程施工缺陷

（1）原因分析

配电室电气设备及电气照明安装施工前，存在设计缺陷，图纸会审未提出，设计变更造成电气设备增加，空间布局变小，施工方法不当，预留预埋施工灯位放线不合理等原因。

（2）预控措施

1）根据国家标准要求，设备布置应满足要求，配电屏前、屏后的通道应满足最小宽度要求。

2）配电装置屏后通道应满足规范要求，保证巡视和维修人员在电气设备发生故障时，能及时疏散。

3）在变配电室裸导体的正上方，高压开关柜、变压器正上方不布置灯具和明敷线路，在变配电室裸导体上方布置灯具时，灯具与裸导体的水平净距不小于1000mm。

11. 卫生间局部等电位安装缺陷

（1）原因分析

不了解卫生间局部等电位的作用，且未按国家标准与图集施工。

（2）预控措施

要求施工单位施工前认真熟悉电气设计图纸，并严格按照国家标准图集《等电位联结安装》15D502的要求进行施工。

6.5 给水排水系统

6.5.1 专项系统特点

1）医院新建、扩建和改建时，应对院区范围内的给水、排水、消防和污水处理系统进行统一规划设计。给水排水管道不应从洁净室、强电和弱电机房，以及重要的医疗设备用房的室内架空通过，必须通过时，应采取防渗漏措施。

2）现代化医院的设备及装备系统内容繁多，功能特殊，要求很高。除要求保证持续供给符合质量标准的用水外，更需要根据不同的医疗仪器以及不同科室对水质、水压、水温的要求，分门别类设置水处理系统并对系统进行相应的增减压。

3）随着社会的不断发展，人们对医院的使用功能及环境等方面提出了更高的要求，"以人为本"的理念深入人心。因此医院的装修标准逐步提高，病房趋于宾馆化，病房内各类配套设施标准也相应提高，昂贵的测试仪器，治疗仪器、家具大大增加。对医院消防喷淋系统与给水排水系统的施工质量提出了更高的要求。

6.5.2 质量控制措施

1. 给水管道及配件安装

医院给水管安装除了符合一般工程施工质量验收规范和施工标准相关规定外，还要注意以下要求：

1）给水管道应采用塑料管、不锈钢管、无缝钢管等，采用管件必须与管材相适应。生活给水系统所涉及的材料必须达到饮用水卫生标准。

2）给水系统管道在交付使用前必须冲洗和消毒，并经有关部门取样检验，水质符合《生活饮用水卫生标准》GB 5749—2022及要求后方可使用。

3）水表安装除符合一般性要求外，还应在市政水表后设置Y形过滤器。

4）病房卫生间内冲洗便盆的水龙头距地面高度应设置在300～500mm。

5）室内明装水平给水管应在压力试验及消毒冲洗合格后施作防结露措施，所用材料型号规格应符合设计或规范规定。

6）洁净区的给水管道应涂上醒目的颜色，或用挂牌方式，注明管道内水的种类、用途、流向等。

7）污染区域的供水管不得与用水设备直接相连，必须设置空气隔断，配水口应高出用水设备溢水位，间隔应大于等于 2.5 倍出水口口径。在供水点和供水管路上均应安装压差较高的倒流防止器，供水管上应设置关断阀，倒流防止器和关断阀均应设置在清洁区。

8）致病微生物严重污染的排水管道上的通气管应伸出屋顶，距站人地面 1000mm 以上，不应接到清洁区，周边应通风良好，并远离一切进气口，不得将通气口接入净化空调系统的排风管道。

2. 热水管道及配件安装

医院热水管道及相应设备安装除了符合一般工程的施工质量验收规范和施工标准相关规定外，还应注意以下要求：

1）热水供应系统的管道应根据医院需要采用塑料管、复合管、镀锌钢管和铜管、304号以上的不锈钢管及相应配件。

2）作为消毒器件用热水的绝热措施应能维持储存温度不低于 80℃ 或循环温度 65℃ 以上。冷热水混合用的自动调温阀应安装在出水口处。

3. 纯水管道及配件安装

1）纯水处理设备安装应符合《电子级水》GB/T 11446.1—2013 有关规定。

2）纯水水站的地面、沟道和设备必须做防腐处理，且应配备急救处理药箱。纯水处理系统安装前必须校核安装承重安全。

3）砂滤器、活性炭过滤器和离子交换器的安装必须保持垂直，膜过滤器、反渗透系统、超滤系统和电再生离子系统基架应水平安装。滤器中所有介质应按量投入、铺平、冲洗，待所有介质全部加入后反洗，反洗时间：砂层应为 1h，活性炭为 2h，并应再正洗 30min。

4）集水滤帽固定牢固，无污损；离子交换器应按要求加装树脂；反渗透压力容器的交换膜可用甘油作润滑剂，但不得使用硅脂；膜过滤设备安装膜之前应彻底清洗设备管路，不得有颗粒进入膜组件。

5）管道、管件的预制、安装工作应在洁净环境中进行，操作人员应穿洁净工作服、戴手套。纯水管道、管件、阀门安装前应清除油污并进行脱脂处理。

4. 排水管道及配件安装

医院排水管道安装除符合一般工程的施工质量验收规范和施工标准相关规定外，还要注意以下要求：

1）雨水管道不得与生活污水管道相连接，传染病门诊和病房的污水管、放射性废水管、牙科废水管、手术室排水管等需单独收集处理或独立排水的均不得互相连接或与雨水管道、生活污废水管道相连接。

2）开水房等有高温水排放的排水管道应采用耐高温的金属管道及配件。

3）洗胃室、血液透析等排水管道应采用耐酸、耐碱性的塑料管及配件。

4）太平间应在室内有独立的排水措施，且通气管应伸出屋顶并远离一切进气口。

5）急诊抢救室等需要冲洗地面、冲洗废水的场所或房间应采用可开启式密封地漏。

6）污染区的排水管应明装，并与墙保持一定的检查检修间距，有高致病性微生物污染的排水管线宜安装透明套管。

7）地漏安装后必须先封闭。

6.5.3　常见问题预控

1. 地下埋设给水管道漏水或断裂

（1）原因分析

1）管道没有认真进行水压试验，管道缺陷没有及时发现并解决。

2）管道支墩位置不符合要求，管道受力不均匀。

3）管道周边回填土密实度不满足要求，或未按要求对称均匀回填，管身受到挤压。

4）埋设管道的上部覆土层不满足要求，未采取保护措施，直接行走大型机械发生碾压。

（2）预控措施

1）督促施工单位严格进行管道强度、严密性试验。

2）检查管道支墩位置设置情况。

3）严格对管沟回填进行过程质量管控。

4）对于特殊部位，督促施工单位做好成品保护措施。

2. 给水管出水混浊

（1）原因分析

1）给水钢管生锈。

2）给水管道未认真进行冲洗。

（2）预控措施

1）严格对给水管材及配件进行验收，必须达到饮用水卫生标准。

2）督促施工单位严格按要求对管道进行冲洗、消毒。

3. 管道支架制作安装不合格

（1）原因分析

1）支架制作下料切割不规范。

2）支架不按设计图集制作。

3）支架抱箍与管径不匹配。

4）支架固定于不能载重的轻质墙体上。

（2）预控措施

1）督促施工单位支架加工制作过程中使用专用工具。

2）支架制作过程中，按图集要求检查支架的规格型号。

3）检查支吊架抱箍与管道型号是否匹配。

4）督促施工单位将支吊架固定在承重结构上。

4. 配水管安装不平正

（1）原因分析

1）管道在运输、堆放和装卸过程中产生弯曲变形。

2）支吊架间距过大，管道与吊支架接触不紧密，受力不均。

（2）预控措施

1）要求施工单位加强对管材的运输、堆放、装卸的管理，防止产生弯曲变形。

2）检查配水管支吊架间距是否满足设计要求，支架安装要牢固，与管道接触要紧密。

5. 排水管道堵塞

（1）原因分析

1）管道预留口封堵不及时或方法不当，杂物进入管道中。

2）卫生器具安装前未认真清理掉入管道内的杂物。

3）管道安装坡度不符合要求，甚至局部倒坡。

（2）预控措施

1）督促施工单位对已形成的管道预留口进行临时封堵。

2）要求施工单位在管道安装时及时清理管道内杂物。

3）督促施工单位管道安装过程中，严格控制管道坡度、坡向，防止倒坡。

6. 管道除锈防腐不良

（1）原因分析

管道进场后保管不善，安装前未认真清除铁锈，未及时刷油防腐。

（2）预控措施

督促施工单位妥善保管材料，安装前按规范要求进行管道除锈、防腐作业。

7. 管道井漏设排水措施

（1）原因分析

1）设计阶段未考虑后期管道井可能的积水问题。

2）施工时排水措施漏装或堵塞。

（2）预控措施

1）在图纸会审阶段，认真查看图纸，及时提醒设计单位补齐管道井排水措施。

2）在施工及竣工验收阶段，督促施工单位按图施工，并疏通管道井排水装置。

8. 其他注意要点（医疗设备间）

（1）DR、CT 给水排水注意要点

1）检查室不允许任何无关的给水排水管道通过。

2）检查室内空调排水管不应敷设在设备正上方，且需暗装，避免空调设备或管道漏水对设备造成损坏。

3）检查室不需要设置自动喷水灭火系统，由于检查室房间面积不大，建议采用柜式七氟丙烷气体灭火系统。

（2）PET-CT 给水排水注意要点

1）检查室不允许任何无关的给水排水管道通过。

2）病人的二次等候室、注射室、休息间都需要采用射线防护措施，上述区域的洗手盆、卫生间等，需设独立排水系统，经衰变池存放 10 个半衰期后排放。

3）PET-CT 使用的正电子发射同位素半衰期最长的是 109.77min（如氟-18），衰变池容积可参考此数据计算。

4）管道应采用含铅的铸铁管道，水平横管应敷设在垫层内或安装在专用防辐射吊顶内，立管应安装在壁厚不小于 150mm 的混凝土管道井内。

5）检查室不需要设置自动喷水灭火系统，建议房间内采用七氟丙烷气体灭火系统。

（3）DSA 给水排水注意要点

1）检查室不允许任何无关的给水排水管道通过。

2）DSA 机房可利用导管实施介入手术，因此通常按手术室要求设计。检查室不允许设置空调机组，需设置洁净空调机房，机房内预留排水地漏。

3）不应设置自动喷水灭火系统。

（4）MRI 给水排水注意要点

1）不允许任何无关的给水排水管道通过。

2）服务于磁体间的空调机组应设于设备用房内，设备用房预留 MRI 冷却水供水管、空调排水管、排水地漏。

3）检查室不应设置自动喷水灭火系统、气体灭火系统，可在控制室或检查室外门口设置手提式无磁灭火器。

（5）直线加速器给水排水注意要点

1）不允许任何无关的给水排水管道通过。

2）设备的循环水管道必须埋设，避免在射线束照射到的墙体内埋设，可与电缆沟同沟敷设，管道进出屏蔽墙采用 U 形布置。

3）检查室不需要设置自动喷水灭火系统，房间内采用七氟丙烷气体灭火系统。

（6）消毒供应中心给水排水注意要点

1）不允许任何无关的给水排水管道通过。

2）大型清洗消毒器需用到纯水、软化水，建议在供应中心附近单独设置水处理机房，机房内预留自来水接驳口及排水地漏。

3）供水管道采用不锈钢管或 PP-R 给水管。

4）大型清洗消毒器、灭菌器需预留设备排水接驳口，待设备定位后与设备排水管连接。

5）设备维修间需设置排水地漏。

6）大型清洗消毒器、灭菌器设备排水温度均超过 95℃，需对排水进行降温处理，把水温降至 40℃以下时方可排至市政污水管网。

7）排水管道采用不锈钢管、无缝钢管或铸铁管。

8）设备排水管道必须独立排放，不得与其他管道或地漏连接，防止倒灌。

9）排水管道管径应大于计算管径 1～2 级，且不得小于 100mm。

10）无菌房间不需要设置自动喷水灭火系统及气体灭火系统。

6.6 医用气体系统

6.6.1 专项系统特点

1. 供应

医用气体系统通常包括氧气系统、压缩空气系统、负压吸引系统、笑气系统（一氧化二氮）、二氧化碳系统、氮气系统等。其中氧气、压缩空气和负压抽真空，几乎在所有医疗单元都会用到，医用气体的集中供应也以这三样为主；其他气体只在手术室、介入治疗室、专科检查室等场所使用，用气设备相对集中，用气量也相对较少，通常采用汇流排的方式就近供应。

2. 组成

医用气体系统由气源设备、管道、阀门、分配器、终端设备及监控装置等组成的。医用气体和医用真空通常是在医院生产制造；氧气的供应主要是靠外购液氧作为原料，在医院的液氧罐进行汽化后，进入管道供应，中心供氧应用较多的是采用液氧罐的方式，具有造价低、纯度高的优势；其余气体和瓶氧均是依靠外购成品气或制氧机供氧来保障医疗使用。

3. 运行

医用气体系统设计的总体要求应是确保医用气体系统运行高效、可靠，即"在任何情况下都能连续供气"，一般医用气体系统管道设计时应采用双回路供气方式，重要部门采用"一用、一备、一应急"的设计思路，医用气体额定压力值见表 6-2。

医用气体额定压力值　　　　　　　　　　　　　　　表 6-2

医用气体种类	额定压力(kPa)	医用气体种类	额定压力(kPa)
医用空气	400	医用氧化亚氮/氧气混合气	400(350)
器械空气、医用氮气	800	医用二氧化碳	400
医用真空	40(真空压力)	医用二氧化碳/氧气混合气	400(350)
医用氧气	400	医用氮/氧混合气	400(350)
医用氧化亚氮	400	麻醉或呼吸废气排放	15(真空压力)

4. 识别

医用气体管道很多，为方便辨识，防止误操作，规范要求：医用气体管道、阀门、终端组件、软管组件和压力指示仪表，均应有耐久、清晰、易识别的标识，医用气体标识见表 6-3。

医用气体标识 表 6-3

医用气体名称	代号		颜色规定
	中文	英文	
医用空气	医疗空气	Med Air	黑色—白色
器械空气	器械空气	Air 800	黑色—白色
牙科空气	牙科空气	Dent Air	黑色—白色
医用合成空气	合成空气	Syn Air	黑色—白色
医用真空	医用真空	Vac	黄色
牙科专用真空	牙科真空	Dent Vac	黄色
医用氧气	医用氧气	O_2	白色
医用氮气	氮气	N_2	黑色
医用二氧化碳	二氧化碳	CO_2	灰色
医用氧化亚氮	氧化亚氮	N_2O	蓝色
医用氧气/氧化亚氮混合气体	氧/氧化亚氮	O_2/N_2O	白色—蓝色
医用氧气/二氧化碳混合气体	氧/二氧化碳	O_2/CO_2	白色—灰色
医用氮气/氧气混合气体	氮气/氧气	He/O_2	棕色—白色
麻醉废气排放	麻醉废弃	AGSS	朱紫色
呼吸废气排放	呼吸废弃	AGSS	朱紫色

注：表中规定为两种颜色时，是在颜色标识区域内以中线为分隔左右分布。

6.6.2 质量控制措施

1. 医用气体管道安装

1）所有管材端口应密封包装完好，阀门、附件包装应无破损。管材应无外观缺陷，应保持圆滑、平直，不得有局部凹陷、碰伤、压扁等缺陷，高压气体、低温液体等管材不应有划伤压痕。

2）阀门密封面应完整，无伤痕、毛刺等缺陷，法兰密封面应平整光洁，不得有毛刺或径向沟槽。

3）焊接医用气体铜管及不锈钢管时，均应在管材内部使用惰性气体保护。

4）所有压缩医用气体管材、组件进入工地前均应脱脂，不锈钢管材、组件应经酸洗钝化、清洗干净并封装完好。未脱脂的管材、附件及组件应做明确的区分标记，并应采取防止与已脱脂管材混淆的措施。

5）医用气体铜管之间、管道与附件之间的焊接连接均应为硬钎焊，不锈钢管道及附件的现场焊接应采用氩弧焊或等离子焊。

6）医用气体管道与经过防火处理的木材接触时，应防止管道腐蚀，当采用非金属材料隔离时，应防止隔离物脱落。

7）医用气体管道支吊架的材料应有足够的强度和刚度，现场制作的支架应除锈并涂二道以上防锈漆，医用气体管道与支架间应有绝缘隔离措施。

8）医用气体阀门安装时应核对型号及介质流向标记，公称直径大于80mm的医用气体管道阀门宜设置专用支架。

9）医用气体管道的接地或跨接导线应采用与管道相同材料的金属板与管道进行连接过渡。

10）医用气体管道焊接完成后应采取保护措施，防止污染，直至全系统调试完成。

11）医用气体减压装置应进行减压性能检查，应将减压装置出口压力设定为额定压力，在终端使用流量为零的状态下，应分别检查减压装置每一减压支路的24h静压特性，其出口压力均不得超出设定压力15％，且不得高于额定压力上限。

12）医用气体管道在安装终端组件之前应使用干燥、洁净的空气或氮气吹扫，在安装终端组件之后除真空管道外均应进行颗粒物检测。

13）管道吹扫合格后由施工单位会同监理、建设单位共同检查，并应做"管道系统吹扫记录"和"隐蔽工程（封闭）记录"。

2. 医用气源站安装及调试

1）空气压缩机、真空泵、氧气压缩机及其附属设备的安装、检验，应按设备说明书要求进行，并应符合现行国家标准《风机、压缩机、泵安装工程施工及验收规范》GB 50275—2010的有关规定。

2）压缩空气站、医用液氧贮罐站、医用分子筛制氧站、医用气体汇流排间的所有气体连接管道，应符合医用气体管材洁净度要求，各管段应分别吹扫干净后再接入各附属设备。

3）医用气源站内管道应按规范要求分段进行压力试验和泄漏性试验。

4）空气压缩机、真空泵、氧气压缩机及其附属设备，应按设备要求进行调试及联合试运转。

5）医用真空泵站的安装及调试应符合下列规定：①真空泵安装的纵向水平偏差不应大于0.1/1000，横向水平偏差不应大于0.2/1000，有联轴器的真空泵应进行手工盘车检查，电动水泵的转动应轻便灵活、无异常声音。②应检查真空管道及阀门等附件，并应保证管道通径，真空泵排气管道宜短直，管道口径应无局部减小。

6）医用液氧贮罐站首次加注医用液氧前，应确认已经经过氮气吹扫并使用医用液氧进行置换和预冷。初次加注完毕应缓慢增压并在48h内监视贮罐压力的变化。

7）医用气体汇流排间应按设备说明书安装，并应进行汇流排减压、切换、报警等装置的调试。焊接绝热气瓶时，汇流排气源还应进行配套的汽化器性能测试。

6.6.3 常见问题预控

1. 气源设计不合理

（1）原因分析

在具体的运行过程中，经常会出现站房设计不合理的问题，无法满足相关标准的要求。

（2）预控措施

设计阶段需要根据院方自身的医疗需求，设置合理的医用气源供应模式，需要满足《氧气站设计规范》GB 50030—2013、《医用气体工程技术规范》GB 50751—2012 中的相关要求。

2. 压力流量不达标

（1）原因分析

管径偏细、变径不合理以及管道泄漏造成的压力与流量不足。

（2）预控措施

1）结合使用科室需求、终端位置等因素，在设计阶段重点控制医用气体管道的管径选择。

2）医用气体管道焊接完成后，及时督促施工单位做管道严密性试验、合格后方可进入下道工序施工。

3. 管道材质不符合要求

（1）原因分析

施工单位更换医用气体管道或采购不合格管材。

（2）预控措施

管道进场时要认真审查质量合格证明文件和管道脱脂记录，并实测规格尺寸，在施工过程中加强检查监督。

4. 管道未吹扫

（1）原因分析

施工工期紧张、施工队伍责任心不强，未按工序作业。

（2）预控措施

重视管道吹扫工作，一般可用氮气、洁净压缩空气试压吹扫，以确保安全。

5. 其他注意要点

（1）液氧站，如图 6-13 所示

1）液氧系统为保证系统的正常供氧应设置气体自动监报装置。

2）液氧储罐必须有消除静电的接地装置和防雷击装置，防静电接地电阻不大于 10Ω，防雷击装置最大冲击电阻为 30Ω，且每年至少检测 1 次。

3）液氧系统绝对禁止沾染油脂，以免引起燃烧和爆炸，液氧罐房间不允许有可燃、易燃流体管道和裸露电线穿过。

4）室外液氧站应合理规划运输车通行车道和充灌接口，以便于氧气运输车的方便通行及充灌。

（2）压缩空气站

1）由于压缩空气使用部门的特殊性，压缩空气站设备用电负荷应采用一级负荷系统和双电源供电方式，以保证空压机房供电的连续性。每台空压设备应设置独立控制回路，每台空压机能自动化启动运行，以保证各台的总运行时间相同。

图 6-13　液氧站

2）正压空气机房进气口位置应重点考虑空压机进气口周围的空气质量,《医用气体工程技术规范》GB 50751—2012 中明确规定,空压机进气口应设置在远离医疗空气限定的污染物散发处等相关场所。

3）口腔治疗中心对于压缩空气的瞬间需求量较大,其压缩空气压力与病房手术室所需压力不同,一般口腔治疗中心压缩空气所使用压力为 0.5~0.8MPa,而病房、手术室压缩空气使用压力一般在 0.4~0.5MPa。

（3）负压吸引站,如图 6-14 所示

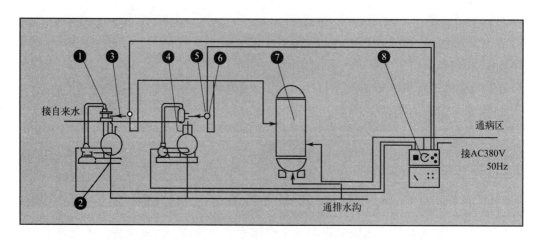

①排污阀 ②加水阀 ③止回阀 ④射流真空泵 ⑤真空电磁阀 ⑥球阀 ⑦真空罐 ⑧负压控制柜

图 6-14　负压吸引站

1）真空负压机房一般宜设置于地面建筑内,在条件限制时也可设于地下室,但负压机房不宜与正压空气机房布置在同一房间。

2）系统所吸引的废气应经灭菌消毒处理后方可向大气排放,特别是对于含有呼吸道传染病毒的废气更应该增加灭菌消毒处理措施,以免对大气及周边环境造成污染。

3）根据《医用气体工程技术规范》GB 50751—2012 要求,负压机组的排气管一般应设于室外，并高于地面 5m。

4）负压机组的电源应属于一级用电负荷，具有双电源切换功能，以保证真空负压机房电源的连续性，每台真空泵应设置独立的电源控制回路，每台真空泵能自动逐台轮流运行，从而保证每台真空泵的总运行时间能够相同，便于设备管理。

（4）其他注意事项

1）医疗项目建设时，院方应前置参与医用气体系统的设计管理，主动与设计人员沟通，尽可能做到设计先进，实用方便，又符合规范要求，尽量节约投资。

2）铝合金设备带用膨胀螺栓紧固在病房墙体上，安装高度应符合设计图纸要求，图纸无规定时，设备带中心距地面高度一般为 1400mm，固定用的螺栓间距不应大于 1500mm。

3）为确保医用气体系统运行的安全性，应在医用气体系统中设置多级气体监控报警系统，应设置于长期有人值班或可 24h 监控的区域，以达到 24h 不间断对医用气体的压力、流量、故障报警等参数的监测。

4）氧气管道应采用环路设计，系统所有减压装置应双路设计，一用一备，气体由气站经二级减压后送至各楼层。

5）对管道的焊接要求：焊接时充氮气，以免造成管道内部表面氧化。最后再用氮气对管道进行清洗。管道安装完毕后，安装者须对管道充氮气进行 24h 保压测试（压力为工作压力的 1.5 倍），检查每个接头是否有泄漏。

6）医用气体管道的色标是所有民用建筑物中最多的，医院室内管道往往纵横交错，施工和管理维护难度较大，因此医用气体管道应设置色标。

7）医用气体管道要求：医用氧气管材可选用脱脂铜管，吸引管道材料可采用不锈钢管及 UPVC 管，压缩空气管道材料可采用铜管或不锈钢管，氮气、一氧化二氮（笑气）、二氧化碳管道材料为不锈钢管或铜管。

6.7　智能化系统

医院智能化系统建设应参照国家智能建筑设计标准，综合考虑维护与操作的可行性、经济性、产品选型和最佳性价比，技术适当超前，并充分考虑功能和技术的扩展性。

6.7.1　专项系统特点

1. 医院智能化系统的主要配置见表 6-4

医院智能化系统的主要配置　　　　　　　　　　　　　　　表 6-4

智能化系统		一级医院	二级医院	三级医院
智能化集成系统	智能化信息集成（平台）系统	○	◎	●
	集成信息应用系统	○	◎	●

续表

智能化系统			一级医院	二级医院	三级医院
信息设施系统		信息接入系统	●	●	●
		布线系统	●	●	●
		移动通信室内信号覆盖系统	●	●	●
		用户电话交换系统	◎	●	●
		无线对讲系统	●	●	●
		信息网络系统	●	●	●
		有线电视系统	●	●	●
		公共广播系统	●	●	●
		会议系统	◎	●	●
		信息引导及发布系统	●	●	●
建筑设备管理系统		建筑设备监控系统	◎	●	●
		建筑能效监管系统	○	◎	●
公共安全系统		火灾自动报警系统	按国家现行有关标准进行配置		
	安全技术防范系统	电子巡查系统			
		视频安防监控系统			
		出入口系统			
		电子巡查系统			
		停车场管理系统	○	◎	●
	安全防范综合管理(平台)系统		○	◎	●
	应急响应系统		○	◎	●
机房工程		信息接入机房	●	●	●
		有线电视前端机房	●	●	●
		信息设施系统总配线机房	●	●	●
		智能化总控室	●	●	●
		信息网络机房	◎	●	●
		用户电话交换机房	◎	●	●
		消防控制室	●	●	●
		安防监控中心	●	●	●
		智能化设备间(弱电间)	●	●	●
		应急响应中心	○	◎	●
		机房安全系统	按国家现行有关标准进行配置		
		机房综合管理系统	◎	●	●

注：●—应配置；◎—宜配置；○—可配置。

2. 按医院智能化子系统的技术类别，将智能化系统细分为七大子系统

（1）网络通信系统

为智能化提供可靠的通信传输通道和网络平台。

（2）安全防范系统

针对医院可能的偷盗和医患纠纷发生案件而设立系统，保护人身、财产和信息安全，其他防范的对象主要是人和车。

（3）多媒体音视频系统

主要是有关音频和视频的子系统的集合。

（4）楼宇自控系统

医院主要机电设备的计算机监控和管理，为医护人员和病患家属提供舒适环境的系统，起到节能减排和科学管理的功能。

（5）医院专用系统

提供医疗业务应用所需的特定功能的智能化系统，其与医院的业务和流程关联紧密，专业性非常强；主要有：移动查房系统、物联网系统、物流系统。

（6）机房工程

包括机房工程和综合管路两部分。

（7）医院信息化系统

智能化的应用层面，决定着综合布线、计算机网络和主机存储建设的方案内容。

6.7.2 质量控制措施

1. 网络通信系统

网络通信系统是为确保医院内部之间以及与外部信息通信网的互联，对语音、数据、图像和多媒体等各类信息予以接收、交换、传输、存储、检索和显示等综合处理的，提供实现医院业务及管理等应用功能的信息通信基础设施。主要包括综合布线系统、无线网络系统、计算机网络系统、主机及存储系统、电话交换系统、移动通信覆盖系统、标准网络时钟系统等。

（1）电话交换系统

电话交换系统是医院业务开展过程中，为医务、管理和患者提供通话服务的功能。

1）系统组成。

主要设备包括公共主机系统、普通模拟用户、数字用户、市话数字中继、中分话务台、端口语音邮箱、系统维护中断等。

2）主要功能。

语音程控交换机主要是为医护人员和患者提供的语音服务功能，以降低通话费用，实现医院低成本运营。

电话交换系统根据医院的业务需求，设置相应的无线数字寻呼系统或其他群组方式的寻呼系统，以满足医院内部紧急寻呼的需求。

程控交换机的呼叫处理功能包括分机间呼叫、本网内特种业务呼叫、投币电话、磁卡电话、IC卡等带有计费设备的终端、与其他用户交换机间的呼叫、对用户的权限识别、话务员功能等。

3）技术要点及安装要求。

①以工程的实际需求为主、并考虑设备的扩容与功能的扩展，预留发展余地。

②所选的交换设备应具有国家相应检测机构发放的入网许可证。

（2）标准网络时钟系统

标准网络时钟系统是以卫星或互联网时间产生的时钟信号为标准时钟信号源，作为标准时间源对母钟的时钟信号源进行校准，为医院各业务流程和生产运行部门的工作提供统一、标准的时间，同步各计算机系统的时间。

1）系统组成。

标准网络时钟系统由时间服务器、时间同步系统、WEB 管理软件、网络子钟、通信控制器等部分构成。

2）主要功能。

医院标准网络时钟系统主要有两方面功能，一方面是为全医院各应用系统提供校时功能，避免因时间导致的数据混乱、管理隐患和医疗安全隐患；另一方面，还为公共区域和特殊区域提供标准时钟显示，为患者和工作人员提供准确的时间信息，为整个医院的运营提供最基础的标准秩序保证。

3）技术要点与安装要求。

①医院标准网络时钟系统，宜共用医院现成的网络平台，避免单独布线，用带 POE 供电模式的电子时钟，以简化施工。

②电子时钟安装在公共区域与特殊功能区域，应根据现场环境，与装饰装修协调配合，做好预留预埋，以方便后期的设备安装。

2. 多媒体音视频系统

（1）信息发布系统

信息发布系统是将医院常规的 LED 大屏、电视机、排队叫号屏、广告屏等公共区域各类信息显示屏集成整合，形成高度集成的信息发布系统。

1）系统组成。

信息发布系统是一个联网控制的综合显示平台，由各类显示屏、控制器、显示服务器、管理服务器、接口服务器和管理工作站组成，整个系统运行在医院现有的 TCP/IP 网络平台上，实现联网控制。

2）主要功能。

信息发布系统是医院信息发布平台，负责公共区域显示屏的集中控制和信息发布。

①授权在线控制：系统管理员通过分配各部门的客户端，给相关管理人员授权，实现分散权限管理。

②多媒体信息发布：各部门信息发布由各自的业务系统自行完成，完成后通过接口在医院信息发布系统平台上进行发布。

3）技术要点和安装要求。

①信息发布系统与多个系统有接口，施工时应按招标的产品性能参数，预先进行接口

配合。

②公共区域显示屏的供电，需与强电专业协调配合，确定电源预留位置和负荷，确定显示屏电源开关位置。

（2）自助查询系统

自助查询系统是医院信息发布系统的补充，为病人提供特定的信息。系统提供多种信息查询服务，包括医院综合导引系统、医疗科普信息、化验检查单信息、药品信息和政策法规信息等医院认为可以提供的信息。

1）系统组成。

由自助查询一体机、查询电脑、查询客户端软件、查询服务器和数字库组成，系统根据提供的信息需求，单机或联网运行。

2）主要功能。

患者或家属可以通过系统查询医院基本引导信息、就医引导信息、检查化验信息、相关政策；患者可以使用就医卡或者身份唯一信息查询本人相关就医信息，或打印化验报告，完成预约诊疗自助服务。

3）技术要点与安装要求。

①自助查询系统一方面要考虑信息化业务服务的内容，同时要考虑网络配置方面的条件。

②查询终端设备需在施工前确定型号，以便进行相应的线路施工。

3. 综合安防系统

医院安防系统一般包括视频监控系统、实时报警系统、电子巡查管理系统、门禁管理系统、停车场管理系统、火灾自动报警系统等。

（1）医院门禁控制系统

门禁系统目的在于对人员的流动进行合理的监管和控制。

1）系统组成。

门禁控制系统一般由识读部分、管理控制部分、执行部分组成。

识读部分是门禁系统的前端设备，负责实现对出入目标的个性化探测任务。

管理控制部门用来接收识读设备发送来的出入人员信息，同已设置存储的信息相对比，判断后发出控制信息，开启或拒绝开启出入执行机构。

执行部分接收从管理系统发出来的控制命令，在出入口做出相应动作，实现门禁控制系统的拒绝与放行操作。

2）主要功能。

①对重要场所（挂号收费处、手术室、ICU 病区、血库、药房、污染区、员工电梯等）的出入口实施管控。

②可分部门进行权限、数据管理。

3）技术要求。

①系统应有现场报警、向值班员报警功能，报警信号应为声光提示。

②系统应有人员的出入时间、地点、顺序等数据的设置，记录保存时间不少于30天，并有防篡改和防销毁等措施。

③系统应设置可靠的电源；当供电不正常、断电时，系统的各类信息不得丢失。

4. 医院应急指挥系统

医院应急指挥系统是针对自然灾害、事故灾难、公共卫生、医院安全等突发公共事件的抢险救援活动，进行实时组织领导的一个科学、有效的组织。

（1）系统组成

医院应急指挥系统一般由信息采集、显示、播放系统，综合指挥会议室和视频会议系统，计算机网络、通信系统、综合布线和不间断供电系统组成。

（2）主要功能

1）具备图像、声音、文字和数据信息的采集、汇聚、显示、发布、分析研判等功能。

2）具备上述信息的整合和上下级之间信息共享功能。

3）具备召开视频会议、进行事件研讨协调、发布处置指令的功能。

（3）技术要点和安装要求

1）各级医疗管理部门和医院应急综合指挥中心会议室面积和视频会议系统容量应满足应急指挥体系的需求。

2）电话通信系统来电回访时应清晰可辨，通话记录保存时间不少于30天。

3）为应急指挥系统设置备用电源，保证意外停电后主要设备可运行8h以上。如果停电时间超过规划能力，应配备应急发电设备。

5. 医院专用系统

医院专用系统是提供医疗特定功能的智能化系统。

（1）整体数字化手术与手术示教系统

手术示教系统是通过智能化的音视频技术、网络技术和控制技术，将手术现场的图像、声音上传到网络，供授权用户进行观看。

1）系统组成。

系统主要由手术室、手术主控室、中央监控室、各网络教学空间等组成。

2）主要功能。

①手术过程的完整信息整合和记录。

②手术室内外通信。

③工作协调与科室管理。

④教学科研与学术交流。

⑤手术过程资料保存管理。

3）技术要点和安装要求。

①系统安装环境需注意温湿度控制、电磁干扰等。

②设备安装在机架内应有足够的散热空间。

③检查供电电源与设备标识电源是否一致，设备电源以及接地端应有绝缘保护，不可

裸露在外，电源线应为阻燃型。

（2）医用对讲系统

医用对讲系统是解决病人遇事呼叫护士医生，以及医护人员在处理现场向护士站求助情形而设立的系统。

1）系统组成。

医用呼叫系统一般用于病房与护士站之间，系统由计算机、护士站主机、病房门口分机、走廊显示屏、病床处对讲机等组成。

2）主要功能。

①基本护理通信功能，即病患或家属与护理人员之间的实时呼叫、通话。

②信息管理通信功能，实现护理通信系统与医院信息管理系统联网，支持护理信息查看，护理人员电子照片显示，相关医疗信息推送等。

3）技术要点与安装要求。

①安装前应确保线路无断路、短路、接地等现象。

②分机应水平安装，保证高度、间距一致。

（3）排队叫号系统

排队叫号系统是一种综合运用计算机、网络、多媒体、通信控制的高新技术产品，以取代各类传统的服务性窗口，由顾客站立排队的方式改由计算机系统代替客户进行排队的产品。

1）系统组成。

系统通常由接口软件、服务器端、客户端、排队应用软件、传输网络、显示屏等组成。

2）主要功能。

系统主要功能是排队管理和排队呼叫，通过显示和声音提示设备，通知候诊患者按序到医生处就诊、窗口取药或相关医技科室接受检查。

3）技术要点和安装要求。

①系统应考虑与相关子系统的接口配合技术要求，使系统操作、维护便捷。

②显示设备安装时，安装位置、安装方式、具体款式需与建筑布局、精装方案等协调配合。

（4）探视对讲系统

1）系统组成。

探视系统一般由隔离病房部分（摄像机、显示终端、语音对讲终端等）、控制部分（护士站管理工作站、服务器、视频软件等）和家属探视端部分（摄像机、显示终端、语音对讲终端和遥控键盘等）组成。

2）主要功能。

在医院中，隔离病房因病情或病房管理原因，家属与亲友不能直接探视病人，因此依靠探视对讲系统，通过音视频网络远距离进行探视交流。

3）技术要点和安装要求。

①应设立权限管理，使对话局限于亲属间，保护个人隐私。

②隔离病房的摄像机等前端设备，根据隔离病房性质，采用固定或移动的方式。

6.7.3　常见问题预控

1. 摄像机视频图像画面灰暗，不清晰

（1）原因分析

1）摄像机镜头逆光安装、环境光对着镜头照射。

2）监视环境照度低于摄像机要求的照度。

3）摄像机监控区域有磁场干扰源，摄像机视频线缆屏蔽层未接地或视频线缆屏蔽层连接摄像机外壳未接地，监控系统未做接地装置。

4）摄像机供电电源不稳定，供电电压过高或过低，一般电源变化范围不宜大于±10％。

（2）预控措施

1）摄像机镜头安装顺光源方向对准监视目标，应避免逆光安装；当必须逆光安装时，降低监视区域的光照对比度或选用具有逆光补充的摄像机。

2）环境照度低于摄像机要求的照度时，加装辅助照明或采用带红外灯的摄像机，安装时避免环境光直接照射摄像机镜头。

3）在有强电磁环境传输时，选用光缆、电梯轿厢的视频电缆，选用屏蔽性良好的电梯专用视频电缆。信号传输线缆宜敷设在接地良好的金属导管或金属线槽内，视频线缆屏蔽层与设备接地端子屏蔽层线缆应与监控接地系统牢固连接。

4）摄像机宜由监控中心统一供电，或由监控中心控制的电源供电，供电电源不稳定的要增加电源稳压器。

2. 监控区域视频图像抖动，呈现马赛克

（1）原因分析

1）刮风时监控视频图像抖动、晃动。

2）摄像机立杆倾斜，立杆、支架晃动。

3）视频图像传输速度慢，图像停顿。

（2）预控措施

1）摄像机应有牢固稳定的支架，室外立杆基础应严格按照设计要求施作。

2）支架和立杆的强度、刚度应满足要求，安装应牢固稳定；立杆、支架的固定螺栓应有放松装置。

3）严格按照设计及规范要求选择线缆，SYV75-5同轴电缆300m传输距离内采用模拟视频信号，超过300m采用光缆传输或其他传输方式。

3. 读卡器、出门按钮安装位置不当

（1）原因分析

1）读卡器和出门按钮安装位置距开启门边距离较远，安装位置较高，刷卡不方便，刷卡后延时不够,门可能又关上。

2) 车辆出入时驾驶员无法在车内刷卡。

(2) 预控措施

1) 读卡器和出门按钮底盒安装高度宜为距地面 1200～1400mm,距门开启 200～300mm。

2) 车辆出入口读卡器宜安装在车道左侧,距地面高度 1200mm,距挡车器 3500mm 处。

4. 磁力锁、锁电源等安装位置不当

(1) 原因分析

1) 执行器的设备磁力锁、锁电源、控制器设备安装在防护门外。

2) 磁力锁安装在保护门外门框上,吸附板安装在内开门外门框。

3) 单开门磁力锁安装在门的正中间,导致门不能被可靠锁住。

4) 开、关门时吸附板与磁力锁有碰撞声。

(2) 预控措施

1) 土建预埋时严格按要求预埋执行器设备底盒和线管,底盒暗敷时应注意预埋在门的保护区内,若只能明装底盒和线管,应安装在门内。

2) 单开门磁力锁安装于保护区内门框上,靠近门开启边,双开门磁力锁安装在保护区内门框上的中间位置。

3) 内开门磁力锁安装在门内的门框上,磁力锁支架宜在门内安装,磁力锁吸附板安装在磁力锁支架上。

4) 磁力锁吸附板应安装 L 形支架,吸附板下可安装橡皮垫或调整吸附板下垫圈,吸附板与磁力锁之间紧密接触后再固定好吸附板螺栓。

5. 线缆两端无标识或标识不规范

(1) 原因分析

1) 线缆终接两端无标识,标识不清晰,护套上的标识磨损,护套标记被捆扎在里面。

2) 标签材料损坏、脱落,标识内容表示不清楚。

(2) 预控措施

1) 施工时在线缆两端做好临时标识,以便线缆终接时做永久标识。在线缆终接时在每根线缆两端做标识,标在线缆的护套上,或在距线缆每端 300mm 内标记。

2) 线缆标签根据标识部位不同,使用粘贴型、插入型或其他类型标签;标签应表示内容清晰、材质耐磨、抗恶劣环境、附着力强。

6. 综合布线工程电气未按标准测试

(1) 原因分析

1) 采用简易测试仪(通断仪)进行线缆电气性能测试验收。

2) 测试方法、级别不正确。

(2) 预控措施

1) 竣工测试选择符合测试标准的测试设备。

2）工程完工后，电缆电气性能测试项目根据布线信道或链路设计等级和布线系统类别要求选择测试标准。测试仪测试结果应能保存，测试数据不能被修改。

7. 接地体材料不符合标准要求

（1）原因分析

1）接地线没有采用软线，等电位连接导线未使用黄绿相间色标的铜质绝缘导线等。

2）扁钢宽度、厚度小于设计要求。

（2）预控措施

1）等电位连接导线使用黄绿相间色标的铜质绝缘导线，接地干线宜采用多股铜芯导线或铜带，其截面积不小于 $16mm^2$，综合布线楼层配线柜的接地线截面积也不小于 $16mm^2$。

2）设备间（弱电间）安装等电位接地装置，机柜接地端子、桥架末端采用截面不小于 $16mm^2$ 黄绿相间色标的铜质绝缘导线与等电位接地装置连接，室外引入的电缆、光缆金属外壳、钢丝均应接地。

6.8　污水处理系统

医院污水来源及成分复杂，主要有门急诊、病房、手术室、检验室、制剂、放射科、洗衣房、办公、宿舍、食堂等排出的医疗或生活污水。这些污水含有大量病原细菌、病毒、寄生虫卵和化学药剂，具有空间污染、急性传染和潜伏性传染等特征，必须按照国家相关法规、标准进行处理，达标后排放。

6.8.1　专项系统特点

医院污水处理所采用的工艺必须确保处理出水达标，主要采用的三种工艺有：加强处理效果的一级处理、二级处理和简易生化处理。其中传染病医院必须采用二级处理，并需进行预消毒处理。处理出水排入自然水体的县及县以上医院必须采用二级处理。处理出水排入城市下水道（下游设有二级污水处理厂）的综合医院推荐采用二级处理，对采用一级处理工艺的必须加强处理效果。

对于经济不发达地区的小型综合医院，条件不具备时可采用简易生化处理作为过渡处理措施，之后逐步实现二级处理或加强处理效果的一级处理。

各级别污水处理工艺流程如下：

（1）一级污水处理工艺流程如图 6-15 所示

加强处理效果的一级强化处理适用于处理出水最终进入二级处理城市污水处理厂的综合医院。

（2）二级污水处理工艺流程如图 6-16 所示

适用于传染病医院（包括带传染病房的综合医院）和排入自然水体的综合医院污水处理。

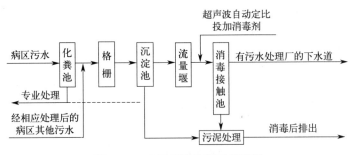

图 6-15 一级污水处理工艺流程

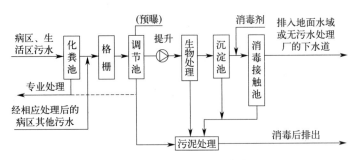

图 6-16 二级污水处理工艺流程

（3）简易污水处理工艺流程如图 6-17 所示

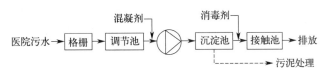

图 6-17 简易污水处理工艺流程

经济不发达地区的小型综合医院，条件不具备时可采用简易生化处理作为过渡处理措施。

医院污水处理工程必须按照国家《建设项目环境保护管理条例》规定，与主体工程同时设计、同时施工、同时投入使用，如图 6-18 所示。

6.8.2 质量控制措施

1. 关键材料、设备质量控制

（1）环保和安全

污水处理系统所采用的原材料和机电设备，须符合环保和安全的要求，具有相应的合格证件。国外进口的材料和设备，须严格按合同文件对照检验，经检验合格后方可使用，若发现问题，应严禁进场使用。

（2）核对与复验

核对进场的污水处理设备的规格型号、主要性能参数应符合设计要求和产品技术文件

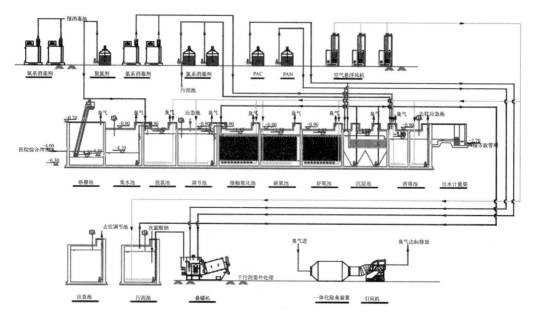

图 6-18　污水处理系统工艺流程图

的规定。所提供货物的装箱清单、用户手册、原厂保修卡、随机资料及配件、随机工具等是否齐全。机电设备及自动控制系统的主要材料和部件，使用前必须按订购合同和产品的技术指标进行检验，重点是设备出厂的功能检测和测试。无论是强电还是自控仪表系统，有关的接地、绝缘、继保等电气试验以及状态指示、控制信号、开关启闭和复位等性能指标均应按规范要求复测复验。

2. 关键过程质量控制

检查所有进出接线是否正确、联结是否可靠、线缆编号、色标应复查无误。设备的刀闸开关、按钮动作应准确、正常。检查界面操作是否可行，读数显示正确与否。电力专业部门进行的高压变配电交接试验，有资质方出具的电试报告中各项数据是否合格。进出墙电缆管口处应无锐边且封堵严密，墙管接合处应无渗水。检查设备的接地电阻及绝缘测试是否合格。相关设备供货商应现场安装指导，并参加单机调试工作。过程中所暴露和发现的问题应及时整改销项。

3. 调试

着重检查电气设备的各项数据指标是否检测合格，电缆敷设应排列整齐、绑扎紧固、标志清晰；督促检查设备供货厂商的首次带负荷调试情况；第一次开机调试应由供货厂家选派的技术人员现场指导。机械设备带负荷调试，如进出水泵、鼓风机等设备，由于是高压供电，因此设备和电气安装单位应共同参加。

经供货厂家技术指导人员现场检查无误，应先进行单机空载调试，达到运转灵活，无振动、噪声、过热等现象，仪表盘读数显示为正常后，再进行带负荷调试。

6.8.3 常见问题预控

1. 医疗污水处理站建设要求

医疗污水处理站的建设要达标，应设置污水处理设备间、化验间、水处理耗材和药品库房、值班室和更衣室等基本工作区域，每个区域的面积要达到标准要求。

2. 主要设备设施

污水处理站主要设备设施包括：格栅、集水井、调节池、水解酸化池、接触氧化池、二沉池、污泥池、消毒池、监控管理系统等。

3. 设备选型

在医疗污水处理设备选型时，要兼顾一次性设备投资成本与运行成本，兼顾对工作环境的无害无污染性；兼顾设备运行原理与不断升级的环保标准的符合性要求。

4. 特别要关注特殊性污水处理要求

1）医疗机构的各种特殊排水，如含重金属污水、含油污水、洗印污水等应单独收集处理，分别采取不同的预处理措施后再排入医院污水处理系统。

2）放射性污水（如 PET/CT、ECT 等药物和患者排泄物）应设置单独的收集处理系统，含放射性的生活污水和试验冲洗污水应分开收集，收集放射性污水的管道应采用耐腐蚀的特种管道，一般为不锈钢管道或塑料管道。

3）放射性试验冲洗污水可直接排入衰变池（一般为二至三级衰变），排泄物或生活污水应经过化粪池或污水处理池净化后再排入衰变池。间歇式衰变池在排放前需要监测，连续式衰变池每月监测一次。收集处理放射性污水的化粪池或处理池每半年清掏一次，清掏前应监测其放射性，达标后方可处置。

4）高致病性传染病定点收治医院或感染科病房和发热门诊，患者产生的污水在进入污水处理系统前必须预消毒，应设置预消毒池。预消毒池的设置可利用现有调节池或初沉池进行，增加搅拌装置，有条件的单位可新建预消毒池。

6.9 物流传输系统

6.9.1 专项系统特点

国内外医院应用的物流系统主要有气动物流传输系统、轨道物流传输系统、箱式物流系统、AGV 自动导引车传输及高架单轨推车传输系统等。

1. 医用气动物流传输系统

医用气动物流传输系统是以压缩空气为动力，借助机电技术和计算机控制技术，通过网络管理和全程监控，将各科病区护士站、手术部、中心药房、检验科等数十个乃至数百个工作点，通过传输管道连为一体，在气流的推动下，通过专用管道实现药品、病历、标本等各种可装入传输瓶的小型物品的站点间的智能双向点对点传输，气动物流传输系统的应用可以解决医院大量小型物品的物流传输问题。

2. 医用轨道物流传输系统

医院轨道小车物流传输系统是应用模块化设计，计算机控制，触屏显示和操作，实现运行控制、状态监视、数据统计、自动纠错等智能化管理。工程通过特定的水平和垂直轨道连接设在各临床科室和病区的物流传输站点，由运载小车沿固定轨道运输，实现临床科室之间、病区之间、医技科室之间、医院管理部门之间立体的、点到点的物品传输。轨道式物流传输系统一般由收发工作站、智能轨道载物小车、物流轨道、轨道转轨器、自动隔离门、中心控制设备、控制网络等设备构成，如图6-19所示。

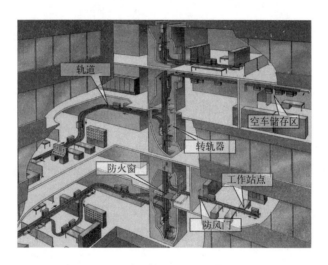

图6-19   轨道物流运输系统简图

3. AGV 自动导引车传输系统

AGV 是自动导引运输车（Automated Guided Vehicle）的英文缩写。AGV 自动导引车传输系统（AGVS）又称无轨柔性传输系统、自动导车载物系统，是指在计算机和无线局域网络的控制下的无人驾驶自动导引运输车，经磁、激光等导向装置引导并沿程序设定路径运行，停靠到指定地点，完成一系列物品移载、搬运等作业功能，从而实现医院物品传输。它提供了一种高度柔性化和自动化的运输方式，小型 AGV 智能搬运机器人如图6-20所示。

4. 高架单轨推车传输系统

高架单轨推车传输系统是指在计算机控制下，利用智能滑动吊架悬吊推车在专用轨道上传输物品的系统。通常应用在大型医院或特大型医院，利用服务通道（如地下通道），实现推车（如餐车、被服车等）的快速，高效的长距离输送。工作原理与轨道式物流传输系统类似，由于传输的物体较大、重量较重，因此轨道一般为钢质轨道，不设换轨器。

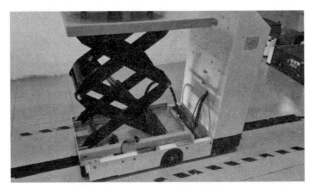

图 6-20　小型 AGV 智能搬运机器人

6.9.2　质量控制措施

1. 医院物流传输系统与土建的对接

物流系统作为现代化医院的重要组成部分，应在医院前期规划阶段就综合考虑，纳入投资概算。医院物流传输系统的采购一般由医院设备科或专门的招采部门按照公开招标流程进行采购。为确保系统方案的最优，院方应尽早确定物流输送类型，并设法协调物流厂商与设计院对建筑方案进行优化，保证物流系统发挥最大功能。物流系统规划与土建的关系如图 6-21 所示。

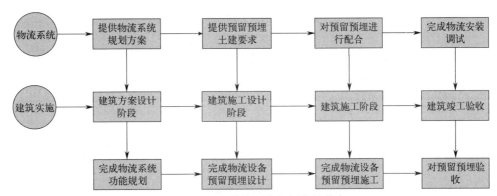

图 6-21　物流传输系统规划实施节点

现代化医院主要物流传输系统采购品牌见表 6-5。

主要物流传输系统品牌　　　　　　　　　　　　　　　表 6-5

序号	系统名称	品牌类型
1	医用气动物流传输系统	国内品牌有三维海言、旋风等，国外品牌包括奥地利 Sumetzberger、德国的 SIEMENS、HORTIG、Aerocom、瑞士 Swisslog、荷兰 Telcom 等
2	轨道物流传输系统	瑞士 Swisslog、德国 SIEMENTS 等
3	AGV 自动导引车传输系统	国内品牌如沈阳新松机器人自动化股份有限公司、广东埃勃斯自动化控制科技有限公司等，国外品牌包括瑞士 Swisslog、美国丹纳赫、日本住友等
4	高架单轨推车传输系统	国产的曼彻彼斯等

2. 医院物流运输系统安装

现代化医院应用较多的为轨道物流运输系统，本章节以德国 Swisslog 智能化轨道小车物流系统为例，主要介绍本系统的质量控制要点。

（1）轨道物流传输系统

1）井道间。

①轨道物流系统的轨道在工作状态下是带电设备，因此在物流井道间内严禁安装任何水管、强电管、消防喷淋管以及一切与轨道物流系统无关的管道。

②每个井道间内需配备"一灯一插座"。插座及照明为维修系统时使用，插座类型为3+2孔，插座及照明的安装要求与普通插座及普通照明要求相同。

③每个井道间安装甲级防火门，供检修时使用，并保障消防安全。

④井道间内墙壁需做简单粉刷刮平处理，井道间外墙需与医院内装墙面的处理方式相同，以保持和医院的内装风格一致。

2）运载轨道安装。

①轨道安装离地高度不得低于 2800mm，轨道安装空间须充分考虑轨道自身的宽度和高度。轨道要求的高度空间为 700mm，在转轨器的上方和下方需留出 300mm 的空间作为维修空间。

②当轨道的安装高度与吊顶的高度一致时，采用平齐安装的方式。当轨道在吊顶外安装且轨道安装高度高于吊顶高度时，轨道与吊顶做嵌入式配合。

③机电专业需要对轨道设计安装高度进行核查，查看轨道的安装高度是否与管道的安装高度发生冲突。如果发生冲突，则需要调整相应的管道。

④由于轨道系统附近严禁有水管、强电管、消防喷淋管等管路，因此上述管路如果在轨道安装区域附近需要调整位置。

（2）物流系统供电系统

系统采用多级供电方式。其供电结构如图 6-22 所示。

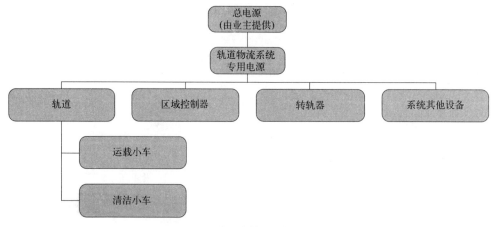

图 6-22 系统供电结构示意

1）系统的总电源要求为：电压380V，三相五线，同时需提供一专供该电源使用的带空气开关的配电箱。

2）电源从总电源接出，通过轨道物流系统专用电源转化后接入到轨道的供电铜轨、区域控制器、转轨器以及其他系统设备上。

3）轨道上的铜轨为运载小车和清洁小车提供电源，该电源为24V低压直流安全电。

6.9.3 常见问题预控

常见问题注意要点：物流系统穿越防火分区封堵。

（1）轨道系统

轨道系统除了要考虑时间、空间要素，还要考虑与建筑设备的关系，如便于医务和避免病患误碰的点位布置，结构梁、设备管线与净空、空间位置、轨道井设置、隐蔽与检修等必须相互协调。

（2）物流系统

物流系统要充分考虑空间穿越、消防、井道及防火分区的相应要求。

（3）实施过程

在实施过程中引进专业的供应商，实现项目伊始就有全流程工作的实施策划，并与医院整体管理平台统筹规划。

6.10 绿色建筑系统

绿色建筑划分为基本级、一星级、二星级、三星级4个等级，包含但不限于以下各分部分项工程：室外环境场坪绿化分部工程、建筑节能分部工程、建筑装饰装修分部工程、屋面分部工程、主体结构分部工程、地基与基础分部工程、通风与空调分部工程、智能建筑分部工程、建筑电气分部工程、建筑给水排水分部工程，绿色建筑的专业内容与相关分部分项同步施工，同步验收，其常见问题与预控措施详见各分部分项系统内容，绿色建筑评价在工程竣工后进行，绿色建筑评价指标体系由安全耐久、健康舒适、生活便利、资源节约、环境宜居5类指标组成，且每类指标均包括控制项和评分项；评价指标体系还统一设置加分项。

（1）绿色建筑工程验收检测

在绿色建筑工程验收时，需进行检测，主要检测内容包括但不限于以下内容：

1）可再生能源系统测评报告。

2）场地专项检测报告（土壤氡浓度、电磁辐射等）。

3）室内主要空气污染物浓度检测报告。

4）主要功能房间室内噪声检测报告。

5）构件隔声性能检测报告、楼板撞击声隔声性能检测报告。

6）建筑能效测评报告。

7）室内温湿度、新风量、二氧化碳浓度检测报告。

8）供暖空调设备能效检测报告。

9）照度和照明功率密度现场检测报告。

（2）绿色建筑工程验收记录

绿色建筑现场检查验收记录包括但不限于以下内容：

1）绿色建材标识证书。

2）建筑无障碍设施、可容纳担架电梯、阳角等。

3）非机动车、电动汽车和无障碍汽车停车位。

4）项目竣工环境保护验收监测报告。

5）吸烟区标识设置及周边环境、禁烟标识。

6）外部设施检修和维护条件。

7）垃圾容器及收集点。

8）走廊、疏散通道等通行空间。

9）警示和引导标识、导向标识、定位标识。

10）电梯和自动扶梯产品型式检验报告或质量证明文件。

11）就近选材应用比例证明材料。

12）预拌混凝土、预拌砂浆采购合同。

13）建筑内部暖通空调、电气设备、给水排水设备、太阳能、空气能等设备基础及附件和管道支吊架与主体结构连接方式。

14）地下车库一氧化碳浓度监测装置与排风设备联动相关影像资料。

15）空调冷源设备、风机和水泵节能性能型式检验报告或质量证明文件。

16）非传统水源管道和设备标识。

17）水池、水箱等储水设施清洗消毒计划。

18）用水器具的节水性能型式检验报告或质量证明文件。

19）配电箱（柜）和控制箱（柜）的实装位置。

20）建筑能耗独立分项计量。

21）照明产品、三相配电变压器等设备型式检验报告或质量证明文件。

上述检测内容与验收记录是绿色建筑星级评定的关键，需在项目建设全过程中注意执行、收集与落实，从而实现医疗项目绿建星级评定目标。

第七章

医疗建设项目进度控制

　　医疗项目建设从项目建议书到竣工交付通常建设周期较长，包括征地、可行性研究、勘察、设计、招采、建设、竣工及运营维护等阶段，大量实践证明，设计和招采阶段是医院全过程进度管理的两条重要主线，同时施工阶段多专业、多单位的进度协同以及专业间的穿插施工也是整个工程进度目标能否顺利实现的关键。

　　作为业主或全过程咨询单位，必须对项目的整体进度进行全面管控，根据工期要求制定项目里程碑计划，明确各阶段的主要时间节点，并做好中间各环节的进度管理，以节点目标的实现保证项目整体建设目标、使用目标的实现。

　　根据笔者多年来对于医疗项目的管理咨询经验与数据统计，多数情况下医院建设项目的实际工期比计划工期用时要长，工期滞后往往受天气、政策、资金、图纸方案、组织等多方面的影响，其中受设计和招采影响的占比很大。因此我们需要加强上述对医院建设进度影响较大的关键环节的过程管控，以确保整体进度目标的实现。特别是对于净化、平急转换空调、医用气体、物流、氧气站、污水处理站等设施、设备或医疗专项，无论由业主或总包单位招采，都应根据节点目标提前考虑招采周期、进场时间、所需的施工时间以及与安装单位的协同配合等因素，并根据进度需求明确合同工期要求，同时也要考虑大型医疗设备的进场时间及路线，确保预留的施工时间满足设备安装要求，确保各专业的施工衔接顺畅，避免压缩工期影响质量、安全，避免不必要的拆改，为进度计划的实现创造有利条件。

　　以上考虑完备后，在具体实施阶段，除总进度计划与月进度计划外，可根据视实际情况要求编制季度进度计划、周进度计划及日进度计划等，在施工过程中实时将进度计划与现场实际进度进行比较分析，及时纠偏，确保总体进度目标的实现。

7.1　策划阶段进度管理

　　在此阶段，业主需要及时完成《项目建议书》的编制工作。《项目建议书》是对项目建设的必要性、可行性、建设地点选择、建设内容与规模、投资估算和资金筹措，以及经济效益、生态效益和社会效益评价等作出的初步研究和说明，以论证项目的必要性。在此基础上，需对拟建项目进行具体的调查研究和分析论证，在技术可行性和经济可行性的基础上进行方案比选，并编制《可行性研究报告》，经各主管部门批复后，即可进行具体实施阶段的有关勘察、设计、招标等前期工作。由于项目策划阶段所需的批复流程较多，为缩短周期，前期准备必须充足，对项目的可行性研究应具体，内容尽可能翔实。此外，医院类工程除常规报批报建程序外，还另外包含了医疗专项环评和职业病危害（放射防护）预评价报告等内容，其中医疗专项环评内容包含在《环境影响评价文件》中，需引起充分重视，避免遗漏。策划阶段报批程序、对接部门及工作推进建议，见表7-1。

策划阶段常规报批报建一览

表 7-1

序号	报批程序	具体说明
1	项目建议书批复 （对接部门：发展改革部门）	政府资金参与的项目在项目初期需要编制项目建议书报送相对应发展改革部门进行审批，审批通过后核发项目建议书批复文件（政府投资项目的资金来源一般分为区级、市级、省级、国家级，相关项目应该报到相对应的发展改革部门进行审批），在项目建议书批复的基础上进一步编制可行性研究报告

续表

序号	报批程序	具体说明
2	项目选址与用地意见书 （对接部门：规划局）	项目选址与意见书是对项目建设位置与性质的初步确定
3	概念方案确定	设计院根据建设单位的需求对概念方案进行设计，最终选择方案由建设单位确定，针对部分重大项目当地政府部门也会参与到方案的选择与确定中来
4	方案征询 （对接相应各部门）	方案确定初期，建设单位根据需要分别征求规划、市政、环保、水务等相关部门的意见，确保初步方案符合各部门要求
5	可行性研究报告 编制（政府投资） （对接部门：发展改革部门）	可研报告的编制需要进行方案设计，并对方案进行研究和论证，同时在项目建议书的基础上对项目的功能、规模与造价等多方面进一步细化。 部分项目在与发展改革部门沟通同意的情况下可简化流程，将项目建议书与可行性研究报告两项工作合并为一项。可研报告编制工作所需时间较长，一般在20天左右
6	可研的专家评审及批复 （对接部门：由发展改革部门并批复）	可行性研究报告根据申请资金来源需要报送对应的发展改革部门（区级、市级、省级、国家级部委）进行审批，发展改革部门组织相关的机构或专家对可行性研究报告进行评审，并且可研报告的审批时间一般都在1个月左右。 可行性研究报告专家评审完成后，发展改革部门出具可行性研究报告批复文件。批复完成后可以与规划部门沟通确定规划条件和开展方案设计相关工作
7	用地红线图 （对接部门：规划局）	用地红线图确定了项目用地的大致范围（精确边界范围以宗地图为准），用地红线图最关键的是要有准确详细的用地红线坐标，用地红线图获得后可开展现场打围及基坑支护相关工作
8	规划条件 （对接部门：规划局）	规划条件是方案设计的依据，只有拿到规划条件才能开始方案设计工作。 规划条件里的相关指标对项目的建造成本与项目效益有较大的影响，还未获得规划条件的项目一定要提前与规划部门沟通，使规划条件向有利于己方的方向制定，已获得规划条件的项目也可与相关部门申请降低相关标准，一般在规划条件中申请调整的主要有绿地率、容积率、绿建等级、装配率等指标
9	用地规划许可证 （对接部门：规划局）	建设用地规划许可证在大部分城市与不动及产权证的办理无先后要求，但用地规划许可证是工程规划许可证办理的前置条件，部分区域用地规划许可证与工程规划许可证可同时办理

7.2　设计阶段进度管理

设计阶段是进度管理的主线之一，亦是项目前期工作的核心，设计阶段的进度控制主要任务是出图，即通过采取有效措施使设计者如期完成初步设计、技术设计、施工图设计等各阶段的设计工作，并提交相应的设计图纸及说明。

1. 初步设计

方案设计是设计中的主要阶段，是决定建筑使用功能是否达到预期目标的重要环节。业主要根据拟建项目的建设规模、功能区域分布等情况，协调并促进设计人员与相关科室人员的对接，由科室人员根据后期运行阶段的实际情况提出基本使用需求，作为设计依据之一，使项目基本功能得以在初步设计中充分体现。此阶段，业主一是要协调科室人员积极配合，在拟建项目有限的空间及布局的约束下尽可能全面地提出合理化需求，二是跟踪检查设计单位的工作进度，同时要对设计质量进行检查，督促尽早提交初步设计成果，为后续工作创造条件。作为业主方，积极跟进协调，提高设计人员与科室人员的沟通效率，可有效缩短初步设计阶段的设计周期。

2. 技术设计

由于医疗项目使用功能较多，涉及的专业多、设备多，因此，在初步设计方案批准后，需进行技术设计，技术设计是确定初步设计中所采取的工艺过程、建筑物和构筑物、校正设备的选择及其数量的误差、确定建设规模和技术经济指标，并作出修正概算的文件和图纸，使设计文件更加细化、合理，更具有指导性。业主方前期提供的需求越具体，信息越准确，设计质量越高，技术设计阶段所需的时间将越短。

3. 施工图设计、绿建设计内容、海绵城市设计内容等

施工图设计：施工图是指导现场施工的最重要依据，能完整地反映项目中所有施工要求和内容，施工图设计的进度对项目整个建设周期起着决定性作用。业主要根据项目进度需求，督促设计单位在相应施工内容开始前完成该部分设计，并向施工单位提供经图审合格的设计文件指导现场施工（尤其对于 EPC 项目），避免边出图边施工的情况出现。

绿色建筑设计：在很多医疗建筑的设计中存在以下问题：①一般会先处理施工问题，再进行绿色设计，没有把绿色设计作为核心理念来实施。②仍有部分医疗建筑布局模式受传统设计理念影响，各就诊科室以分散或曲线连廊式构造，无法统一功能，设计缺少自己的独特之处，形式和内容相对单一，严重限制了患者的快速治疗。③许多设计单位往往不能将绿色设计的理念有效融合到医疗建筑中，他仅仅把绿色标签作为绿色设计的目的，未能坚持因地制宜的设计原则。因此，在进行绿色建筑设计时，应从初期就开始考虑，坚持以人为本，为病人服务，同时要将绿色建筑材料和技术有效融合到医院建筑中，最大限度减少能源损耗，充分发挥绿色建筑的作用。

海绵城市设计：除绿色建筑设计外，在设计初期同样要考虑海绵城市设计。海绵城市建设提倡推广和应用低影响开发建设模式，加大对城市雨水径流源头水量、水质的刚性约束，使城市开发建设后的水文特征接近开发前，有效缓解城市内涝，控制面源污染，最终改善和保护城市生态环境，实现新型城镇化下城市建设与生态文明的协调发展。从源头减排雨水系统的主要技术可分为三个阶段：雨水入渗、雨水收集回用、雨水调蓄排放。雨水入渗是指消纳硬化地面上的雨水用来补充土壤含水量；雨水收集回用是指储存雨水，将雨水转化为水资源，用来替代部分自来水；雨水调蓄排放是指把雨水储存后再缓慢排出，甚至全部在雨后排出，但不能使雨水资源化。

要达到绿色建筑指标，实现海绵城市功能，两者均必须在设计初期开始考虑，将相应的材料、设备、措施、技术融入施工图设计中，实现按图施工即满足绿色建筑及海绵城市的效果。

在设计阶段，业主要根据设计合同，结合工期要求，对设计阶段的进度进行有效控制，及时跟进各设计阶段的进展情况，检查设计成果质量，使设计进度满足施工进度需求，才能为项目建设阶段的连续、顺利施工提供保障。

在工程建设中，幕墙、精装修、钢结构、园林绿化、电梯、锅炉、柴油发电机、变配

电、泛光照明、标识标牌以及医疗专项的智能弱电系统、污水处理系统、医用气体、厨房、检验科、口腔科、PIVAS、CT、DR、MRI、DSA、PET 等医疗设备房、物流传输系统、UPS 电源系统、加速器房、净化等专业图纸均需要进行二次深化，业主在相关工作开始前需要考虑图纸二次深化设计的完成时间以及施工插入时间节点，以确保现场施工有据可依。结合以往建设案例，具体的深化设计时间节点要求建议见表 7-2。

深化设计时间节点要求建议　　　　　　　　　　　表 7-2

序号	深化设计内容	设计周期	设计招标时间	施工穿插时间节点
常规深化设计内容				
1	钢结构深化设计	1~2 个月	提前 2 个月完成	随主体结构展开预埋
2	精装修深化设计（常规区域）	2~3 个月	提前 3 个月完成	砌体抹灰施工完成
3	幕墙深化设计	2~3 个月	提前 3 个月完成	随主体结构展开埋件预埋/或主体结构完成后置埋件
4	园林绿化深化设计	2~3 个月	提前 3 个月完成	装修阶段后期,室外管网施工完成
5	标识标牌深化设计	1 个月	提前 1 个月完成	收尾阶段,园林绿化完成
6	泛光照明系统深化设计	2 个月	提前 2 个月完成	收尾阶段,园林绿化完成
7	电梯深化设计（含电梯功能分类）	2 个月	提前 2 个月完成	电梯井道施工完成
8	锅炉房深化设计	1~2 个月	提前 2 个月完成	设备在锅炉房砌体、设备基础完成后安装
9	柴油发电机房深化设计	1 个月	提前 1 个月完成	设备在己方砌体、设备基础、油管沟完成后安装
10	变配电系统深化设计	2~3 个月	提前 3 个月完成	变配电间基础、装修、机电安装全部完成
医疗专项深化设计内容				
1	智能弱电系统深化设计	2~3 个月	提前 3 个月完成	随砌体展开预留预埋线管
2	污水处理系统深化设计	2~3 个月	提前 3 个月完成	随主体结构预留预埋管道
3	医用气体深化设计	1~2 个月	提前 2 个月完成	随砌体展开预留预埋线管
4	液氧站深化设计	1 个月	提前 1 个月完成	基础在主体结构阶段后期展开
5	洁净工程深化设计	2~3 个月	提前 3 个月完成	砌体施工完成、地坪完成
6	厨房系统深化设计	2 个月	提前 2 个月完成	砌体施工完成、地坪完成
7	燃气系统深化设计	1 个月	提前 1 个月完成	随砌体预留预埋
8	检验科深化设计	2 个月	提前 2 个月完成	砌体完成、地坪完成
9	口腔科深化设计	1 个月	提前 1 个月完成	随砌体预留预埋
10	静脉配液中心深化设计	1 个月	提前 1 个月完成	外立面（墙体）封闭、地坪完成
11	辐射防护全套深化设计（墙体、楼板防护处理,防护门、防护窗）	防辐射砂浆配比至少提前 1 周由设计院和试验确定; 铅板防护、防护门、防护窗 1 个月	提前 1 个月完成	1. 防辐射砂浆与砌体、抹灰施工同步 2. 铅板防护在砌体抹灰完成 3. 防护门、防护窗在砌体抹灰完成后

续表

序号	深化设计内容	设计周期	设计招标时间	施工穿插时间节点
医疗专项深化设计内容				
12	计算机网络机房深化设计	1~2个月；砌体施工前完成	提前2个月完成	随砌体预留预埋
13	CT、DR、MRI、DSA、PET等医疗设备房深化设计	防辐射砂浆配比至少提前1周由设计院和试验确定；设备1个月	提前1个月完成	辐射防护随砌体同步施工，设备在砌体、地坪完成后
14	物流传输系统深化设计	1~2个月；随建筑设计完成，影响建筑布局	提前2个月完成	随砌体预留预埋
15	UPS电源系统深化设计	1~2个月；随结构设计完成，荷载较大	提前2个月完成	随砌体预留预埋
16	直线加速器房深化设计	1~2个月；随主体结构设计完成，影响结构尺寸	提前2个月完成	房间结构随主体结构同步施工；设备在砌体完成后安装
其他深化设计内容				
1	综合管线排布深化设计	2~3个月	—	随砌体预留预埋
2	精装修排版深化设计(结合机电安装各系统)	1~2个月	—	砌体抹灰完成

注：1 设计招标时间为招标完成时间节点，应充分考虑设计招标周期。

2 深化设计周期包含图纸会审、修改、最终定稿出图时间，仅供参考，需根据工程体量和特点等因素具体确定。

3 施工穿插节点为现场大面展开施工的时间，应考虑预留出专业分包招标时间，包含设备采购的应考虑招采周期，尤其是进口设备应充分考虑招采及运输周期。

4 采用BIM技术进行深化设计管理：医院工程专业分包多、系统复杂，在进行二次深化设计的过程中应积极运用BIM技术，将各专业深化设计建立在一个统一的模型上，提升深化设计速度，同时便于对各专业深化设计进行综合检查。

7.3 开工前准备阶段进度管理

1. 开工前准备工作

业主的项目开工前准备工作包括：报批报建手续办理、成立项目管理机构、招标、场地三通一平、熟悉工程地质情况，场地及周边地下管线交底、组织图纸会审及设计交底等。

报批报建即按照政府部门报批报建程序和规定，根据各类审核环节的主要条件和需求，向当地建设行政主管部门报审的项目各类批准文件的计划。报批报建手续较为复杂，需先到所属地区政务窗口咨询，详细了解所需资料清单，各类手续资料应提前准备充分，及时拿到相关许可，才能使项目尽早开工，为建设期间预留足够的时间，使项目按期投入使用，开工前准备阶段常规报批报建内容见表7-3。

开工前准备阶段常规报批报建内容　　　　　表 7-3

1	初勘 (对接单位：地勘单位)	在项目方案确定后可开展初勘工作
2	图审单位确定 (对接部门：审批局)	图审单位在部分区域由建设单位自主选择，但是在有些区域图审单位需要通过摇号或招标才能确定。图审单位应尽早确定，确定后可开展地勘审查与施工图的预审工作
3	详勘 (对接单位：地勘单位)	在总平图确定后，在项目开展初步设计的过程中可开展详勘工作
4	地勘报告审查 (对接单位：图审单位)	地勘报告在施工图设计阶段需要审查完成并拿到地勘图审合格书
5	人防决定书 (对接单位：人防办)	大部分区域在获得规划许可证后可进行人防决定书的办理，人防决定书对建人防的面积与等级进行明确，个别区域在总平图审查完成后便可办理，在人防决定书办理前提前与当地人防办沟通，不宜等到规划许可证获得后才去开展该项工作，否则将对设计工作带来影响
6	初步设计与概算编制 (实施单位：设计院)	在可行性研究报告批复后，且规划方案确定的前提下，可开展初步设计及概算的编制工作，并报送相对应的发改部门进行审批，初步设计编制一般需要 30 天左右。 初步设计的批复金额直接决定了项目的投资额度，所以在初步设计编制过程中按照项目预算的定额来编制
7	初设专家评审 (对接部门：发展改革部门)	发展改革部门组织相关专家或者机构对建设单位报送的初步设计与概算进行评审，并出具评审意见，初步设计批复的金额直接决定了项目后期的建设资金，初设专家评审在有条件的情况下宜提前与相关评审专家沟通，确保最终初设批复额度靠近初设编制额度，避免对概算进行大幅削减
8	初设批复 (对接部门：发展改革部门)	发展改革部门根据初步设计与专家评审意见核发初步设计批复文件，初设批复会对投资额度进行明确。 在施工图审查合格证取得前需拿到初步设计批复文件
9	施工图设计 (对接单位：设计单位)	对项目建筑、结构、机电、幕墙、园林、海绵城市、装配式、绿色建筑、装饰装修等各个专业的施工图进行设计。 在施工图设计阶段一般根据现场进度，提前对基坑支护与桩基图纸进行提前设计，确保现场施工进度
10	超限审查 (对接部门：建设局)	结构在超过一定高度时或者形状不规则超出相关要求时需要进行结构的超限审查，超限审查一般在施工图审查的过程中由建设局组织相关专家进行审查，该工作花费时间较长，一般在一个月以上
11	施工图审查 (对接单位：图审单位)	图审单位对施工图进行审查，对过程中的意见进行修改。在图审过程中对园林、幕墙等图纸由于出图时间较晚，可以与主体施工图进行分批图审，其中需要注意的是：部分区域要求消防与装饰装修图纸一起送审
12	施工图图审合格证 (对接单位：图审单位)	施工图审查合格书中需对建筑、结构、电气、幕墙、园林、海绵城市、人防等多个专项进行审查，并且在获得图审合格前需完成人防核定书、初步设计、工程规划许可证等证件的办理，对于需降低装配率的项目需要拿到降低装配率的书面文件

2. 医疗专项报批

医院类工程除常规报批报建程序外，还另外包含了医疗专项环评和职业病危害（放射防护）预评价报告，医疗专项环评内容包含在《环境影响评价文件》中，见表 7-4。

医疗专项报批内容　　　　　　　　　　　　　　表 7-4

报批程序	具体内容
医疗专项 (对接部门及单位： 卫健委、生态厅、 疾控中心、质控中心、 建设局)	卫生学评价：在项目选址阶段、图纸设计阶段与后期竣工验收阶段需要与卫健委进行对接，开展卫生学评价。(对接卫健委)
	辐射专项评估：在项目方案确定后对部分辐射类(包含核辐射类设备)的工程在方案确定后需请第三方单位编制专项辐射环评报告，并报送省生态环境厅进行审查，拿到辐射专项环评批复，项目可以正常开工建设，并且在后期施工完成后还要进行专项验收。(对接生态厅)
	洁净工程：在项目初步方案确定后需要将洁净系统工程(手术室、ICU、中心供应室、产房、NICU、静配中心、检验科、病理科等)图纸等相关资料报送相对应的疾控中心进行审查，审查通过后才能进行现场施工(洁净系统包含空调排风系统与负压系统)，最终施工完成后还要组织专项验收。(对接疾控中心)
	医用废水：医院中的医疗废水需要通过医院的污水处理站处理达标后才能排放。其中对于有放射性的核废水需要在衰变池中进行衰减，辐射监测设备监测其达到相关标准后才能排放到医院的污水处理站进行处理
	院感审查：在项目进行初步设计阶段需将医院重点感染部门的图纸报送卫健委进行院感审查。(对接卫健委)
	静配中心：医疗机构静脉用药集中调配中心在图纸设计完成后需报送省临床药学质控中心进行评审，方案审批通过后方能开展后续施工。(对接质控中心)
	医用气体：医用气体的储量与气体管道的管径超过一定的数值需要在建设局质检部门进行备案，在医用气体施工前提前做好与相关部门的沟通。(对接建设局)

7.4　施工阶段进度管理

项目进入正式施工阶段后，是进度控制最关键的时期，此阶段进度管理的重点工作如下：

1. 施工总、年、月进度计划的编制及审查

总进度计划是施工阶段进度控制的依据，年、月度计划是总进度计划的细化，在审查各级进度计划时，必须对照里程碑计划、完成时间节点详细审查各阶段施工时间的分配及完成情况，确保进度偏差在合理范围内，并满足合同工期要求，同时在实施过程中对各级子计划的落实情况进行严格检查，及时向业主报告。

2. 关键线路的确定

关键线路为施工总持续时间最长的线路，关键线路上关键工作的完成时间决定项目完工的时间节点，一个项目的关键线路或不止一条，因此要对关键线路进行识别，确保各项关键工作按期完成，从而确保项目按期完工。

3. 全过程咨询管理单位、监理单位对进度的检查及纠偏

全过程咨询管理及监理单位受业主委托，根据合同在授权范围内对项目进行监管，业主可要求全过程咨询管理或监理单位以周为周期，在监理例会上对进度跟踪情况进行汇报，及时发现偏差并采取纠偏措施，如有必要时，亦可要求施工单位制定日进度计划，并每日以碰头会、协调会的形式对进度完成情况进行复核，实时跟踪进度完成情况。

4. 劳动力、材料、设备、机械的投入

项目的推进与劳动力、材料、设备、机械息息相关，全过程咨询管理及监理单位应根据总包单位制定的进度计划，检查各阶段资源投入情况。进度滞后的原因往往是由劳动力不足、作业面不足、材料不到位等造成，因此需提前检查，规避此类风险。

5. 资金保证

资金是项目建设的根本，业主必须对建设资金有专门计划，严格按合同支付足额的工程进度款，同时也要检查施工单位的资金使用情况、农民工工资支付情况等，防止挪用，从而为项目顺利推进提供保障。

7.5　招采进度管理

1. 招采进度管理的责任划分

（1）业主采购

当由业主采购时，对于空调、电梯、橡胶地板等周期较长的材料，需要求施工单位明确提出需求时间，便于提前采购、提前生产、及时供应。尤其是电梯、橡胶地板等，若需进口，受运输、政策、疫情（如有）等因素影响，更需提前安排，避免影响施工进度。

（2）施工采购

当由施工单位采购时，业主要督促施工单位根据进度计划制定出材料、设备等的采购计划，审核是否满足工程进度需求。

2. 招采进度管理的重点内容

招采不及时是造成工程进度计划滞后的主要因素之一，因此，要将"前置招标"的思路贯穿在招标计划当中。开工前招标内容一般为施工、监理、跟踪审计、检测监测；基础施工阶段招标内容一般为智能化、幕墙施工招标；主体施工阶段招标内容一般为洁净（手术室结构层施工前完成招标）、气体、纯水、物流等专业系统和二次装饰、空调设备等招标；室内外装饰阶段一般为景观绿化、室外配套、发电机组、变配电设备、锅炉等招标内容；室外施工阶段主要完成污水处理、标识标牌的招标。各阶段的招标内容也不应固化，总的原则是具备招标条件就启动招标。

（1）招采计划的制定见表 7-5

医疗设备招标计划　　　　　　　　表 7-5

实施阶段	设备名称	招标周期	招标完成时间	生产周期
设计阶段	直线加速器	1～2 个月	结构图纸设计开始前 2 个月	—
	物流传输设备	1～2 个月	结构图纸设计开始前 2 个月	—
	回转加速器	1～2 个月	结构图纸设计开始前 2 个月	—
	MRI	1～2 个月	结构图纸设计开始前 2 个月	—
	电梯	2～3 个月	结构图纸设计开始前 1 个月	—

续表

实施阶段	设备名称	招标周期	招标完成时间	生产周期
基础施工阶段	DR	1~2个月	砌体施工开始前3个月	—
	污水处理设备	1个月	污水处理站深化图纸开始前1个月	—
	冷却塔、冷冻机、冷却水泵	1个月	地下室封顶前2个月	—
主体施工阶段	CT	1~2个月	砌体施工开始前3个月	—
	DSA	1~2个月	砌体施工开始前3个月	—
	SPECT	1~2个月	砌体施工开始前3个月	—
	PET-CT	1~2个月	砌体施工开始前3个月	—
	医用纯水设备	1~2个月	砌体施工开始前3个月	—
	UPS	1个月	机电安装施工前2个月	—
	空调设备	1~2个月	砌体施工开始前3个月	—
	牙椅	1~2个月	机电管线安装前3个月	—
	锅炉	1~2个月	砌体施工开始前3个月	—
装饰装修阶段	液氧站	1~2个月	室外配套工程开始3个月	—

注：表格内设备招标周期为经验值，具体工程招标周期以业主单位控制时间为准；生产周期以厂家提供信息为准。

（2）招采计划与深化设计的衔接管理

1）项目管理以施工进度管理为主线，深化设计及招采进度均应以满足施工进度要求为目标，提前展开。深化设计计划和招采计划在施工进度计划的基础上，采用"倒排法"编制，即：由进度计划倒排招采计划，再由招采计划倒排深化设计计划。

2）每个分部分项工程、医疗系统或医疗设备的招采应充分考虑招标周期、材料设备生产周期及运输周期（尤其是进口设备），招采工作应在考虑以上总体周期的基础上提前完成，并要求总包单位及时提供相应的工作面。

3）深化设计单位的招标及二次深化设计工作应在充分考虑了招标和深化设计周期的基础上，提前完成相应工作。同时，应考虑该专业深化设计是否对与其有工序或工艺接口的其他专业有影响，若有影响则需在其他专业施工前完成相应深化设计工作，既可以节约施工阶段施工时间又可以避免导致后期返工。如主体结构期间可将锅炉房、风机房、消防水泵房、UPS、医疗设备等设备基础一同施工（相应的深化设计应提供设备基础图纸情况下）。

4）招采与深化设计案例解析，如图7-1所示。

①案例计划以施工进度计划为主线，深化设计及招采均围绕进度计划倒排。

②案例的二次深化设计考虑了其影响的其他专业开始时间，在其他专业开始前完成深化设计。例如：医用气体系统涉及在砌体墙上开槽埋管和预留穿墙洞口，因此在砌体施工前应深化设计完成，避免后期二次开槽；精装修深化设计排版可能导致建筑墙体微调，应在砌体施工前完成深化设计工作。

任务名称	工期	开始时间	完成时间
某医院工程深化设计和招采计划实例	180 个工作日	2020年4月10日	2020年10月6日
设计	150 个工作日	2020年4月10日	2020年9月6日
常规设计（外审相关）	105 个工作日	2020年4月10日	2020年7月23日
施工图设计	105 个工作日	2020年4月10日	2020年7月23日
专项设计（非外审）	120 个工作日	2020年5月10日	2020年9月6日
常规各专业深化设计	90 个工作日	2020年5月10日	2020年8月7日
医疗专业深化设计	120 个工作日	2020年5月10日	2020年9月6日
洁净手术室	60 个工作日	2020年7月9日	2020年9月6日
防辐射房间	60 个工作日	2020年5月10日	2020年7月8日
检验科	60 个工作日	2020年5月10日	2020年7月8日
病理科	60 个工作日	2020年5月10日	2020年7月8日
血液净化病房	60 个工作日	2020年5月10日	2020年7月8日
ICU病房	50 个工作日	2020年5月10日	2020年6月28日
医用气体	60 个工作日	2020年5月10日	2020年7月8日
污水处理站	60 个工作日	2020年5月10日	2020年7月8日
招采	150 个工作日	2020年5月10日	2020年10月6日
主要分包招标	150 个工作日	2020年5月10日	2020年10月6日
劳务招标	40 个工作日	2020年7月24日	2020年9月1日
常规专项工程招标	30 个工作日	2020年8月8日	2020年9月6日
专业医疗分包	30 个工作日	2020年9月7日	2020年10月6日
医用气体工程	25 个工作日	2020年7月9日	2020年8月2日
洁净工程	30 个工作日	2020年9月7日	2020年10月6日
检验科	25 个工作日	2020年7月9日	2020年8月2日
病理科	25 个工作日	2020年7月9日	2020年8月2日
辐射防护工程	25 个工作日	2020年7月9日	2020年8月2日
污水处理工程	25 个工作日	2020年7月9日	2020年8月2日
大型机电设备招采	30 个工作日	2020年7月10日	2020年8月8日

图 7-1　某医院工程深化设计和招采计划实例

7.6　调试、验收阶段进度管理

项目施工完成后即进入调试、验收阶段，此阶段已接近里程碑最终完成节点时间。由于医疗项目的系统较多，调试工作量较大，各系统单独调试后，还需进行联合调试，各项验收此时也同步进行，需逐一清理，确保进度节点。

1. 调试进度管理

根据建设规模的大小，所需的调试时间有所不同，医疗项目的调试涉及空调、消防、医用气体、弱电、给水排水、电梯等大项，各大项内又包含有若干小项，业主可要求各专业分包单位单独制定调试计划，由总包单位进行统筹，以总进度计划为依据合理安排调试时间，以满足使用需求。

2. 验收进度管理

1）医院工程验收特点是在整体交付前须经过各科室专项验收合格移交后，才能办理整体交付。因此，在工程收尾阶段，总包单位应根据各科室施工进度，分批邀请科室负责人进行验收，节约验收时间。

2）提前编制工程验收计划，总包应牵头及时组织验收部门进行验收，尤其是人防验收、规划验收、消防验收、节能验收、质监、园林、绿色建筑、档案等重要专项验收，应提前做好沟通。

3）施工过程中应做好自检工作，总包单位应加强自身质量管理和验收，同时监理单位做好过程质量监督，为工程一次验收合格奠定基础。

4）施工单位、监理单位应做好过程资料编制和整理工作，做好各分部分项工程过程验收。竣工验收前尽早邀请城建档案馆专家到项目进行资料检查和指导，为竣工验收和资料交档做好准备。

5）以湖北地区为例，根据《湖北省房屋建筑和市政基础设施工程联合验收管理办法》，在湖北省行政区域内依法取得施工许可证的新建、扩建、改建的房屋建筑和市政基础设施工程，全面实行竣工联合验收（其他地区按当地要求执行）。联合验收事项主要包括：建设工程规划条件核实、建设工程消防验收（备案）、人民防空工程竣工验收备案、建设工程竣工档案验收；单独办理施工许可证的装饰装修工程，纳入联合验收的事项包括：建设工程消防验收（备案）、建设工程竣工档案验收。在联合验收前需满足以下条件：

①实行告知承诺制的审批服务事项，在联合验收前应补齐相关手续。

②对违法建设和违规审批的项目，其违法建设和违规审批行为应处理完毕。

③组织完成工程质量竣工验收，并取得档案专项检查结果。

④道路、供水、供电、燃气、热力、排水、通信、广播电视等市政公用服务设施满足接入条件；规划红线内道路、节能、电梯、环卫设施、充电桩、停车场（含非机动车）、快递箱（柜）、无障碍设施（含适老化）、雨污分流、配套绿化工程或园林绿化专项工程等完成验收。

⑤从立项到竣工验收和公共设施接入服务全过程相关验收材料齐全。

⑥依法必须进行招标的工程，在申请联合验收前，应将经过建设单位和施工单位双方确认的竣工结算文件，报工程所在地工程造价管理机构审查备案。

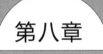

第八章

医疗建设项目投资控制

近年来，随着我国医疗项目技术和硬件配套水平的不断提升，医疗项目建设的投资额不断攀升，项目超概的风险不断加大。因此有必要建立医疗项目的全过程投资控制体系，合理管控全寿命周期的人力、物力以及财力，科学、经济地控制医院项目的工程总造价。

8.1 全过程投资控制综述

1. 投资控制的主要内容

工程建设全过程各个不同阶段，工程投资控制有着不同的工作内容，其目的是在优化建设方案、设计方案、施工方案的基础上，有效控制建设工程项目的实际费用支出，不同阶段工程造价管理主要内容如下：

（1）项目策划阶段

按照有关规定编制和审核投资估算，经有关部门批准，即可作为拟建工程项目的造价控制指标，又可基于不同的投资方案进行经济评价，作为工程项目决策的重要依据。

（2）工程设计阶段

在限额设计、优化设计方案的基础上编制和审核设计概算、施工图预算。对于政府投资工程而言，经有关部门批准的设计概算将作为拟建工程项目造价的最高限额。

（3）工程发承包阶段

进行招标策划，编制和审核工程量清单、最高投标限价或标底，确定投标报价及其策略，直至确定承包合同价。

（4）工程施工阶段

进行工程计量及工程款支付管理，实施工程费用动态监控，处理工程变更和索赔。

（5）工程竣工阶段

编制和审核工程结算、竣工决算，处理工程保修费用等。

2. 项目资金的来源

工程项目投融资是工程造价管理的基础和前提，应根据建设项目资金来源、项目规模等因素依法确定招标或采购方式。造价工程师需要理解工程项目资本金制度、资金筹措渠道与方式、资金成本与资本结构，掌握工程项目融资程序和主要方式，理解工程项目相关税收及保险规定。

3. 全过程体系模块

构建医院全过程投资控制体系模块，化解医院建设项目复杂，设定单一指标适应性差，细化指标不利操作等难题。通过对专科医院、综合医院的工程造价数据分析，将医院项目投资分为工程费用投资和医疗专项投资。其中，工程费用包括土建、装修、安装；医疗专项包括净化工程、供配电、电梯、医用气体、物流等内容，统一进行投资控制管理。

匡算项目总投资的计算公式如下：

项目总投资＝工程费用＋医疗专项费用＋工程建设其他费用＋预备费＋建设用地费（可能发生）

工程费用＝土建工程费用＋装修工程费用＋安装工程费用

医疗专项费用＝净化工程费用＋供配电柴油发电机费用＋电梯费用＋医用气体费用＋物流费用

工程建设其他费用＝工程费用×工程建设其他费用系数

预备费＝(工程费用＋工程建设其他费用)×基本预备费率

4. 投资控制

经投资主管部门或者其他有关部门核定的投资概算是控制政府投资项目总投资的依据，全过程咨询管理者应遵循已批准的项目投资估算范围、工程内容和工程标准，坚持概算不突破估算，预算不突破概算，决算不突破预算的投资控制原则，确保实现医疗项目的投资控制目标。投资控制各阶段划分和允许偏差指标见表8-1。

投资控制各阶段划分和允许偏差指标　　　　　　　　表 8-1

序号	阶段	允许误差率合理范围
1	投资估算	项目建议书阶段建设项目投资估算的综合误差率应小于15%
2		可行性研究阶段建设项目投资估算的综合误差率应小于10%
3	设计概算	建设项目的初步设计阶段设计概算的综合误差率应小于6%
4	施工图预算	施工图预算的综合误差率应小于5%
5	工程量清单	项目特征描述错误的子目数量占工程量清单全部子目数量的比例应小于3%
6		因工程量清单错误造成该招标项目招标控制价的综合误差率应小于5%
7	招标控制价	单独编制招标控制价的，招标控制价的综合误差率应小于3%
8		造价咨询企业同时编制工程量清单和招标控制价的，招标控制价的综合误差率应小于5%
9	竣工结算审核审计	竣工结算审查结果综合误差率应小于3%
10	全过程造价管理咨询	清标报告的定性应正确无误，相同口径下，清标报告的计算结果的综合误差率应小于3%
		在相同的口径下，工程计量与支付审核报告的综合误差率应小于5%
		合同价款调整成果文件，综合误差率应小于3%
11	工程造价经济纠纷鉴定成果文件	鉴定成果文件的综合误差率应小于3%

5. 投资指标

由于医疗项目的建筑表现形式以及标准设置可能相差较大，会导致投资指标有较大差别，具体情况应根据工程实际内容及工程所在地区的市场价格波动，按照动态管理的原则进行调整。

8.2　造价数据分析

医院业主在项目建设前期，特别是在方案设计或初步设计还未确定之前，均迫切想知道医院具体的造价指标，以便于进行决策和资金准备。为了获得相较于投资估算和工程概算更精准的医疗项目具体造价数据，为项目建设前期提供高价值的咨询服务，我们收集了14个医疗项目建设的造价数据指标，可以为同类型医疗建设提供造价咨询意见与参考。

8.2.1　医疗项目造价数据汇总分析

医疗项目造价数据汇总分析见表 8-2。

表 8-2

医疗项目造价数据汇总分析

序号	项目名称	类型	面积（m²）	工程费用					医疗专项			其他费用（总/单）（万元/元每m²）	总单方造价（元每m²）
				土建（总/单）（万元/元每m²）	装修（总/单）（万元/元每m²）	安装工程费·抗震支架（总/单）（万元/元每m²）	净化工程（总/单）（万元/元每m²）	供配电·柴油发电机（总/单）（万元/元每m²）	电梯（总/单）（万元/元每m²）	医用气体（总/单）（万元/元每m²）	物流（总/单）（万元/元每m²）		
1	××中心医院（2020.11~2023.6）	综合医院	231169	81249 / 3515	27193 / 1176	51265 / 2218；1382 / 60	8426 / 365	9355 / 405；1041 / 45	2595 / 112	819 / 35	3400 / 147	11053 / 478	8106
2	××人民医院（2020.10~2023.6）		259659	75377 / 2903	15523 / 598	40777 / 1570；1441 / 56	6600 / 254	2869 / 111；1044 / 40	2481 / 96	1361 / 52	2428 / 94	29861 / 1150	5774
3	××医院（2017.12~2021.8）		156800	37940 / 2420	10382 / 662	19162 / 249；1222 / 16	4695 / 299	2446 / 138；156 / 9	2739 / 175	668 / 43	1480 / 94	25883 / 1651	6738
4	××妇幼医院（2020.4~2023.4）	妇幼专科	155540	57126 / 3673	9059 / 582	31694 / 2038；655 / 42	4453 / 286	10295 / 662；—	1451 / 93	415 / 27	—	2856 / 184	7403
5	××医院心血管大楼（2019.1~2023.3）	心血单栋	54304	18829 / 3467	2676 / 493	6654 / 1225；198 / 36	5588 / 1029	505 / 93；311 / 57	535 / 99	399 / 73	—	1768 / 3257	6572
6	××医院内科综合楼（2021.10~2023.7）	内科单栋	50900	17285 / 3395	7866 / 1545	12978 / 2549；254 / 50	2000 / 393	1096 / 215；—	960 / 188	336 / 66	815 / 160	2874 / 565	5562
7	××医院门诊医技综合楼（2020.10~2023.6）	医技单栋	79850	27050 / 3388	5005 / 627	10042 / 1258；305 / 38	1154 / 3699	546 / 118；无	1498 / 188	562 / 557（床）	—	5538 / 693	5499
8	××大学医院住院楼（2020.8~2022.12）	住院单栋	31698	8144 / 2569	2730 / 861	5911 / 1865；14 / 5	—	401 / 127；204 / 64	455 / 144	528 / 167	—	1376 / 434	5797

续表

序号	项目名称	类型	面积(m²)	工程费用					医疗专项			其他费用(总/单)(万元/元每m²)	总单方造价(元每m²)
				土建(总/单)(万元/元每m²)	装修(总/单)(万元/元每m²)	安装工程费抗震支架(总/单)(万元/元每m²)	净化工程(总/单)(万元/元每m²)	供配电柴油发电机(总/单)(万元/元每m²)	电梯(总/单)(万元/元每m²)	医用气体(总/单)(万元/元每m²)	物流(总/单)(万元/元每m²)		
9	××医院应急病房楼(2020.9~2023.6)	传染专科	36732	8637/2352	4302/1171	5578/1519；82/22	1000/272	184/50；306/83	250/68	225/61	—/—	1332/363	5602
10	××医院传染病大楼(2020.12~2023.2)	传染专科	31286	8273/2644	2195/702	4170/1333；—	866/277	162/51；—	258/83	258/83	—	—	5173
11	××儿童医院(2020.6~2023.4)	儿童专科	103620	29639/2860	19118/1845	17019/1642；1897/183	4513/436	2505/242；134/13	1396/135	1118/108	1818/176	6552/632	7627
12	××医院质子大楼(2021.5~2022.12)		12500	8521/6817	2922/2338	2027/1622；133/107	—	995/796；—	173/139	2300/1840	—	990/792	13659
13	××质子楼(2022.2~2023.6)	质子单栋	16825	15142/8923	1608/1430	4374/2578；104/61	—	2102/1239；68/140(质子/非质子)、40/82(质子/非质子)	—	—	—	632/415	11501
14	××医院康复大楼(2022.4~2023.6)	康复大楼独栋	59679	22323/3740	4900/1293	外装 2331；弱电 1762；抗震支架 263	867/228.95	828/218；—	667/176	450/118	0/0	4028/675	7037

8.2.2 医疗项目造价数据分析

1. 关键性单方造价指标

通过对上述医疗项目造价数据的整理分析，我们以综合医院为例可以得出以下关键性的单方造价指标供业主参照借鉴，见表8-3。

关键性单方造价指标　　　　　　　　　　　　　　　　　表 8-3

医院类型:综合医院			
造价指标			
序号	项目	单价区间(元/m²)	参考平均单价(元/m²)
土建及安装工程费			
1	土建每平方米单价	2354～3673	3111
2	装饰装修每平方米单价	582～1176	856
3	安装工程每平方米单价	1570～2218	1936
4	抗震支架平均单价		51
医疗专项费用			
1	净化工程	254～370	319
2	医用气体	8305～11348 元/床位	10322 元/床位
3	医用物流	94～165	128
4	供配电	111～662	344
5	电梯工程	93～231	133
建安＋医疗专项总单价		5774～8106	6915

2. 综合医院单方造价差异性分析

（1）××中心医院与××人民医院土建单价差异性分析

××中心医院与××人民医院均为综合医院，且功能指标与建筑面积非常接近，但土建单方造价××中心医院为3515元/m²，××人民医院为2903元/m²，每平方米相差612元。仔细分析原因，造成单方土施工价差别较大的原因是××中心医院为三层地下室结构，而××人民医院为一层地下室，导致地下室面积相差41807m²，因此造成土建单方造价的差异。如需节约造价，建议减少地下室层数与面积。

（2）××中心医院与××人民医院安装单价差异性分析

由于××中心医院与××人民医院非常类似，多项造价数据指标较为接近，但安装工程单价却有较大差异，××中心医院安装单方造价为2218元/m²，××人民医院为1570元/m²，每平方米相差648元，两个医院的安装分项比较见表8-4。

××中心医院与××人民医院安装单价差异性分析　　　　　　　表 8-4

序号	安装工程分项	××中心医院单方造价（元/m²）（2020.11～2023.6）	××人民医院单方造价（元/m²）（2020.10～2023.6）	单方差额（元/m²）
1	给水排水系统	152.76	111.89	40.87

续表

序号	安装工程分项	××中心医院单方造价 （元/m²） （2020.11～2023.6）	××人民医院 单方造价（元/m²） （2020.10～2023.6）	单方差额 （元/m²）
2	消防喷淋系统	130.33	89.24	41.09
3	变配电	404.69	155.21	249.48
4	电力照明	179.75	404.21	−224.46
5	火灾自动报警	76.57	69.76	6.81
6	智能化	516.22	312.68	203.54
7	通风空调系统	493.47	234.37	259.1
8	冷热源	8.22	41.36	−33.14
9	抗震支架	59.82	55.52	4.3
10	锅炉燃气	9.97	21.89	−11.92
11	电梯	112.26	95.57	16.69

由表中数据对比可以看出，××中心医院在变配电、智能化、通风空调以及给水排水与消防喷淋的每平方米单价上均较大幅度高出××人民医院的单方造价，因此造成安装工程单价出现较大差异。今后如需要节约造价可在上述分项工程造价中寻求机会。

（3）医用气体单价差异性分析

通过对各类型医院医用气体造价数据的分析，医用气体造价与医院床位数有正相关关系，平均单张床位的医用气体单价区间为5320～13986元/床，最大值与最小值的差值为8666元。为了找出产生差异的原因，我们对各类型医用气体的费用组成分析见表8-5。

医用气体造价比对分析　　　　　表8-5

序号	项目名称	医用气体（万元）	床位数	单价（元/床）	备注
1	××中心医院 （2020.11～2023.6）	1050	1000	10500	包括液氧站、正、负压机房，不包括净化区医用气体
2	××人民医院 （2020.10～2023.6）	1361.75	1200	11350	包括液氧站、正、负压机房，包括传染楼、牙科真空吸引及压缩空气
3	××妇幼医院 （2020.4～2023.4）	415.24	500	8304.8	包括储罐式供氧站、正、负压机房，包括传染楼、牙科真空吸引及压缩空气
4	××医院 （2017.12～2021.8）	668	600	11133	包括液氧站、正、负压机房，还有氮气、二氧化碳等其他用途气体
5	××医院心血管大楼 （2019.1～2023.3）	399	750	5320	利用原有液氧站供氧
6	××大学医院 （2020.8～2022.12）	528	664	7951.81	利用院方新建液氧站供氧
7	××医院应急病房楼 （2020.9～2023.6）	225.42	236	9431.8	利用原有液氧站供氧

续表

序号	项目名称	医用气体(万元)	床位数	单价(元/床)	备注
8	××儿童医院 (2020.6～2022.4)	1118.86	800	13985.75	利用原有液氧站供氧,包括牙科真空吸引及压缩空气(包含大量儿童牙科用气量)

　　综上所述,医疗项目的关键造价指标与医院类型、建设标准、专业特色、功能需求有着密切的关系,不同的特色医院与建设需求对造价指标影响很大,以上是我们根据不同的建设标准与需求列举的同类型医院、不同档次的造价取值范围,可供后续同类型医院建设的业主及参建各方参考借鉴,更精准的造价数据以当时测算的概算及预算数值为准。

第九章

医疗建设项目安全管理

医疗项目作为典型的公共建筑，通常具有体量大、系统多、管线复杂等特点，其建设周期长，涉及的单位多、人员多、机械设备多，不同的建设阶段面临的风险点不尽相同，需要阶段性进行风险识别和控制，建立完备的安全管理体系，采取有效措施，预防事故的发生，保护建设者和公众的生命和财产安全。

9.1　勘察设计阶段

9.1.1　地下管线和周边环境的安全勘察

地下管线和周边环境的勘察结果直接影响到后期项目实施过程中的安全管理，例如地下雨污水管道、天然气管道、电力电缆等，如果勘察结果出现失误或偏差，将造成极大的安全隐患和风险。建议在该阶段重点关注和落实以下工作：

1）建设单位应以书面形式向勘察单位明确勘察任务及技术要求并按照规定提供相关文件资料。

2）工程建设单位应及时提供地下埋藏物（如：电力、电信电缆、各种管线管道等）、障碍物、人防等地下设施情况和地上需保护的建筑物、构筑物、古树名木等文物资料及具体位置分布图。

3）以书面形式向勘察单位提供水准点和坐标控制点。

4）向勘察单位提供现场作业环境调研情况，要求勘察单位对现场存在的相关管线等要提出相关的保护方案，尤其是现场施工空间发生变化情况下的管理方案。例如项目周边的天然气管道，在基础施工阶段存在基坑边坡沉降、位移变形影响的风险。在主体结构施工阶段存在重载车辆及材料堆放造成的影响；项目收尾阶段存在室外管道开挖的风险。

9.1.2　地质勘察安全风险管控

根据项目总体作业计划拟定工程勘察进度计划，确保勘察阶段的时间安排与项目实施阶段最不利阶段相吻合，这样对项目的安全控制和成本控制有着直接的关联性、例如地下水的勘测最好安排在汛期和地下水位最高的阶段进行勘察，这样可以确保项目实施过程中降水、支护等方案的针对性。

1. 勘察报告的具体要求

勘察报告的准确性是基坑、基础、主体结构施工安全的关键，需满足以下要求：

1）对建筑物范围内的地质构造、地层结构及均匀性，以及各岩土层的物理力学性质和工程特性作出评价。

2）有无影响建筑场地稳定性的不良地质作用，场地不良地质作用的成因、分布、规模、发展趋势、有无暗浜、暗塘、墓穴等，并对其危害程度、建筑场地稳定性作出评价，提出预防措施的建议。

3）地下埋藏情况、类型和水位幅度规律，以及地下水和土对建筑材料的腐蚀性，设计抗渗水位及抗浮水位，提出施工降水方法的建议和有关技术参数。

4）提供抗震设防烈度、分组及有关技术参数，场地土类型和场地类别，并对饱和砂土和粉土进行液化判别，对场地和地基的地震效应、场地地震安全性做出初步评价。

5）场地土的标准冻结深度。

6）对可供采用的地基基础设计方案进行论证分析，建议适当的基础形式和基础持力层，并提出经济合理的地基和基础设计方案和建议。

7）采用桩基方案时成桩的可能性分析，施工对周围环境影响分析和评价。

8）提供与设计要求相对应的地基承载力特征值及变形计算参数，预估基础沉降量，估算的期望差和桩基沉降值，并对设计与施工应注意的问题提出建议。

9）深基坑开挖的边坡稳定计算，支护设计及施工降水所需的岩土技术参数，对周围已有建筑物和地下设施的影响。

10）由设计单位提出的具体或特殊的勘察要求。

11）符合当地行政主管部门提出的行政要求和审查要求。

12）评价与建议依据明确，结果正确，方案合理可行。

13）满足相关标准规范的规定及强制性条文。

2. 地下水的勘察

地下水分为地表水和地下承压水，地表水主要赋存于上层土中，地下水的勘察结果直接影响到基坑施工阶段降水方案的选择，建议建设单位在地下水的勘察方面重点做好以下控制：

1）地下水的勘察需要在汛期或同年期地下水位最高的时间段进行勘察，确保相关数据的代表性。

2）通过抽水试验确定地下承压水的稳定水位标高，地下水的渗透系数等。

上述相关数据的确定直接影响到基坑降水方案，同时直接影响到土方开挖阶段基坑的安全及周边建筑物的安全。

3. 地下不明物的勘察

勘察阶段要重点对场地内及场地周边的各类不明物的勘察，主要勘察的重点有以下几个方面：

（1）地下障碍物

地下障碍物的勘探直接影响到基础等相关结构的施工进度及安全。建议对相关区域可以加密勘探孔。

（2）地下溶洞、夹层地质结构的勘察

前期勘探过程中若发现有地下溶洞和地质夹层等，需加密勘探孔，以便基础结构的选型和定位等。

（3）不明管道

横穿场地的不明管道，该部分管道在基坑开挖过程中，容易在基坑外部造成侧向压力，在一定极限状态下击穿基坑侧壁的止水帷幕，造成基坑侧壁渗漏、突涌等，对基坑的安全造成直接影响。

9.1.3　设计阶段安全管理

1）严格按勘察报告进行设计，设计应经济适宜，施工安全风险小。

2）设计单位应当在设计文件中注明涉及危险性较大的分部分项工程的重点部位和环节，提出保障工程周边环境安全和施工安全的指导意见，必要时进行专项设计。

3）医疗建筑尽量避免设计不成熟、不经济、施工难度大、危险性高的技术和工艺。

9.2　基坑施工阶段

9.2.1　基坑支护设计方案评审的安全管理

组织专家根据场区地质条件周边环境、深基坑工程支护形式、降水井数量、地下水的抽排方式等结合结构设计要求进行论证。

1）基坑支护设计在考虑基坑安全、投资节约的前提下，也要考虑基坑施工阶段的安全。例如考虑基坑土方开挖坡道的支护桩安全等。

2）基坑支护换撑方案要考虑基坑周边的环境，例如在基坑换撑阶段涉及回填后换撑，往往设计为了考虑造价及其他因素，考虑用土方回填，但实际过程中，土方回填受场地及环境的影响因素较大，根本无法满足设计要求，这样就增加了换撑过程中基坑及结构的安全风险。

3）基坑支护设计普遍采用混凝土换撑梁，但在基坑施工和基础结构施工过程中，由于支护结构与基础结构之间间隙较小，经常遇到换撑梁的施工无操作空间的现象。因此该部分基坑支护设计应综合考虑基础结构等影响因素，科学合理，便于施工实施。

9.2.2　基坑支护施工阶段

1）止水帷幕的施工质量直接影响的基坑侧壁的安全，实施过程中要重点对止水帷幕的施工质量进行重点控制，尤其是单位体积的水泥用量及单根桩的水泥用量要重点控制，确保土体加固的水泥用量与止水效果满足要求。

2）支护桩的保护层控制，由于支护桩属临时结构，往往在施工过程中质量控制的标准与精细化程度不高，例如泥浆相对密度的控制、钢筋结构的安装质量等。容易产生支护桩的主筋外露和保护层厚度不足等问题，直接影响到支护桩的整体受力效果，带来安全隐患。

9.2.3　土方开挖阶段的安全管理

1）根据《危险性较大的分部分项工程安全管理规定》（住房和城乡建设部令第37号），超过一定规模的深基坑土方开挖、基坑支护、降水工程施工方案必须经过专家论证，论证通过后方可实施。

2）确保土方开挖与基坑支护的协调一致，确保满足时空效应要求。土方开挖施工必须严格按照施工方案落实，施工现场经常存在的问题有：土方开挖深度超挖；基坑支护结构未达到设计强度就开挖；土方运输车辆动荷载不利影响等，上述现象均会对基坑安全造成严重影响，应予以避免。

3）土方开挖过程中，严禁基坑周边 3000mm 范围内堆载超出设计及规范要求。在土方开挖过程中，基坑侧壁会涉及土方压应力释放的现象，基坑边坡会出现变形，因此需严格控制基坑周边的堆载影响，确保基坑安全。

4）严格按要求进行基坑监测，土方开挖前，建设单位应委托具有资质的监测单位对基坑的安全状况进行监测，主要有以下安全管理重点。

监测范围：监测点位的布设需满足设计及规范要求的同时，也要结合现场的实际情况进行点位的布设。

监测频率：监测的频次在落实方案要求的基础上，也要结合天气情况进行适度调整。极端恶劣天气要加密观测。

监测数据报告的及时性，监测单位监测数据后要及时地进行整理，确保在当日必须完成监测结果的报告，同时现场监测要对现场进行观察，对基坑侧壁出现渗水、基坑边坡荷载激增等情形应重点进行观测排查，消除安全隐患。

9.2.4　降水阶段

降水实施阶段主要是在土方开挖和地下室基础施工阶段，该阶段的降水是为了满足施工要求及结构安全而实施的降水，但过度的降水和降水不到位均会有较大的影响。

1）要求严格落实降水方案的相关要求。包括降水井的设置数量，位置，排水管道的设置等。

2）要求施工单位必须有专人进行降水的管理，必须形成降水管理制度。例如地下水深度的测量管理；降水井的开启管理，降水量的记录管理等。确保土方开挖及基础施工不受影响即可。

9.2.5　基坑换撑、拆撑和回填阶段

1）支护结构换撑的施工必须严格按照设计要求落实，重点需对换撑结构的强度进行核查，防止出现换撑强度未达到，提前进行支撑梁的拆除，导致换撑梁破坏或对结构质量造成不利影响等情况发生。

2）拆除支撑梁严格执行支撑梁的拆除顺序，先次撑后主撑的原则，严禁同时拆除，或不按施工方案施工，超长拆除吊运，造成吊装安全隐患。

9.3　主体结构施工阶段

9.3.1　建筑起重机械

在医疗项目建设领域，建筑起重机械担负着主体结构、装饰装修阶段施工需要的同

时，更要服务于医疗项目本身的特点，例如屋面设备冷却塔、各类风机等吊装的综合考虑，建筑起重机械的全方位安全管理主要包括以下几个方面：

（1）起重机械现场定位的管理

起重机的现场定位是整个施工过程中的重要环节。定位合理，则工作效率高、使用方便、利于管理；定位不合理或者错误，既不能方便使用又带来安全问题。起重机械的定位需要结合在建建筑的结构特征、材料运送量、起重机械本身的技术特性及施工组织设计中对起重机的要求来综合确定。作为医疗项目而言，要综合考虑后期屋面医疗设备的吊运等。

（2）起重机械基础的管理

起重机械基础的设置位置涉及成本及基础防水两个主要方面。基础位置：根据建筑结构的形式，可以考虑将塔式起重机基座固定端与地下室底板基础结合的形式综合考虑，这样可以节约成本，同时减少后期拆除过程中的安全风险及地下室整体进度的影响。基础部位的防水：起重设备的基础前期若与地下室底板结构一体考虑，则要提前考虑好起重设备底板的防水施工及周边后浇带区域止水形式的设置，可以考虑采用后浇带预先设置止水钢板的形式，对后浇带处止水的效果较好。

（3）起重机械安装的管理

在起重机械安装前，须编写《塔式起重机械安装施工方案》，验明安装单位的资质和操作人员的证件，安装单位施工机具能力是否合理配备，检测仪器是否齐全有效，安全设施是否到位，做好安装过程的记录，特别是起重臂用点和小车的位置、拉杆的分类及数量等。安装完成后，则要对安装质量进行自检试验和及时报当地主管部门检测等。

（4）起重机械操作人员的管理

起重机械操作人员技术业务素质的好坏，对起重机械的运行有着重大的影响，所以应该培养既能操作指挥又能维修的高技能、多面手来操作使用起重机械，并保证"三定"（定机、定人、定岗位）工作的落实，加强对操作人员的培训考核，实行持证上岗，建立起重机械操作人员岗位责任制和经济承包责任制，明确职责范围，检查督促操作人员严格遵守操作规程和维修保养规程，认真填写运转、维修、消耗记录和统计报表，起重机械出现异常现象时要及时处理，不留隐患。

（5）起重机械使用过程中的安全管理

起重机械使用过程中的安全管理主要是起重机械机构的安全检查和采取安全防护措施，起重机械机构的安全检查包括：第一，提升机构的安全管理主要包括钢丝绳种类的选择，钢丝绳直径的计算，钢丝绳的使用、保养及寿命的合理确定，检查钢丝绳的断丝情况，对达到报废标准的及时报废更新；检查制动器制动性能是否良好，制动带上有无油污及制动带磨损情况；检查防脱钩装置是否可靠等。第二，起重机4个限位（制）器的管理塔式起重机必须配备行走、变幅、高度限位器及力矩限制器，并于每班工作前进行检查，确保灵敏可靠，同时应定期进行力矩限制器的试验调整。第三，塔式起重机工作机构的检查管理起升机构的检查、行走及旋转机构的检查、减速器油量情况的检查。对行走限位器进行检查，对有旋转限位的应对限位器进行检查，对行走电机防护罩、轴销进行检查，运行前必须松开夹轨器检查等。第四，电气检查检查供电电缆的破损情况、塔式起重机接地情况，检查金属结构有无漏电、力矩限制器及限位器是否正常等。

9.3.2　模板支撑体系

医疗项目建设结构施工阶段使用最多的就是模板支撑体系，特别是高大模板，一旦发生坍塌，就会造成群死群伤，产生重大人员伤亡和经济损失，必须重点控制。

1. 施工方案的编制、审批环节要多方参与

建议由建设单位组织设计单位先进行相关的重点部位进行交底，再由监理单位、施工单位、专业分包单位共同进行方案的编制审批、交底等程序的完善；涉及高大模板支撑体系的应按照《危险性较大的分部分项工程安全管理规定》（住房和城乡建设部令第37号）执行方案论证等程序。

2. 严格控制材料的进场验收环节

无论是使用钢管扣件支撑架体还是承插型盘扣支撑架体，在材料进场前均需严格按照方案要求，对进场的材料进行严格验收，同时按照规范的要求进行相关构配件的复检环节。这是确保支撑架体稳定的基础。

3. 制定严格的验收管理制度

模板支撑架体搭设、拆除，涉及高处作业、临边作业、施工荷载集中堆放等风险，需对各环节的安全管理制定严格的验收、挂牌公示、处罚等管理制度。

9.3.3　高处作业

高处作业在医疗项目领域涉及的范围也较多，除主体结构施工阶段外，在装饰装修阶段体现较为明显，例如医疗项目由于功能系统较为复杂，建筑层高通常设计在4000～6000mm之间，安装及装饰装修阶段使用移动操作平台和人字梯的现象较为普遍，所以在上述阶段的高处作业安全管理显得尤其重要。

建议制定以下管理措施：

1. 制定高处作业安全管理专项施工方案

根据项目的特点梳理高处作业的范围，建议除总包单位合同内容涉及的范围外，也要考虑医疗专项等专业施工过程中的高处作业的范围，例如医用气体管道安装、医疗设备吊塔等设备的安装等。

2. 要求各方制定严格的处罚、奖励和公示制度

高处作业的动态性较强，为有效地保证安全，建议在施工阶段制定相关的管理制度，各单位落实相关的专职管理人员，对施工现场管理除了做好各项交底外，更要加强动态的巡查管理，发现违规的及时进行纠偏，对反复出现的必须进行处罚和公示管理制度，以便起到警示作用。

3. 实施过程中的技术要求

所有高处作业应考虑提供作业平台、其次考虑提供双重保护（安全带＋安全网）、最后在上述方法不可行的情况下才考虑只用个人防坠用品作为保护。施工单位在编制施工组织设计时，凡有各类登高及洞口临边等存在坠落危险的施工作业，应根据工程特点编制坠落保护方案，组织实施高处作业需满足《建筑施工高处作业技术规范》JGJ 80—2016；且施工单位应提前做好采购计划及与各相关方的协调工作，确保人字梯、平台、栏杆与结构同步安装。

9.3.4　消防防火

1）易燃易爆危险品库房、可燃材料等与在建工程的防火间距见表 9-1。

易燃易爆危险品库房、可燃材料等与在建工程的防火间距　　　　　表 9-1

序号	在建工程	拟建场地	安全距离	管理措施	备注
1	主体工程	易燃易爆危险品库房（氧气、乙炔、油漆、防水涂料、环氧地坪漆）	不应小于 15m	方案设计阶段	监理审核
2		可燃材料堆场及其加工场、固定动火作业场（模板加工场地、临时材料进场堆放、建筑垃圾堆放场地）	不应小于 10m	实施阶段	监理动态巡查
3		临时设施（库房、生活区）	不应小于 6m		方案审核

2）施工现场严格执行动火审批制度，严格落实动火过程中的管理制度等。实施过程中要实施动态检查制度，包括动火区域的检查，动火措施的检查等。特别是对于医院项目常在老院区进行新建或改、扩建建设，应严格落实动火区域检查制度，尤其对于电焊作业，应落实接火斗、防火毯、看火员、配备灭火器等防护措施，避免焊渣引燃可燃物导致的火灾隐患。

3）施工现场的消火栓泵应采用专用消防配电线路。专用消防配电线路应自施工现场总配电箱的总断路器上端接入，且应保存不间断供电。

4）宿舍、办公用房的防火设计应符合规范要求。建筑构件的燃烧性能等级应为 A 级，当采用金属夹心板材时，其芯材的燃烧性能等级应为 A 级。

5）实施过程中的动态管理要求：

①在建工程及临时用房的下列场所应配置灭火器。

易燃易爆危险品存放及使用场所；动火作业场所；可燃材料存放、加工及使用场所；厨房操作间、锅炉房、发电机房、变配电房、设备用房、办公用房、宿舍等临时用房；其他育有或者危险的场所。

②施工单位应依据灭火及应急疏散预案，定期开展灭火及应急疏散的演练。

③设置临时室内消防给水系统的在建工程，各结构层均应设置室内消火栓接口及消防软管接口；在建工程结构施工完毕的每层楼梯处应设置消防水枪、水带及软管，且每个设

置点不应少于 2 套。

9.3.5　高处作业吊篮

1）高处作业吊篮产品应符合现行国家标准《高处作业吊篮》GB/T 19155—2017 等国家标准的规定，并应有完整的图纸资料和工艺文件。吊篮的生产单位应具备必要的机械加工设备、技术力量及提升机、安全锁、电器柜和吊篮整机的检验能力。吊篮的提升机、安全锁应有独立标牌，并应标明产品型号、技术参数、出厂编号、出厂日期、标定期、制造单位，并应附有产品合格证和使用说明书，且应详细描述安装方法、作业注意事项。

2）高处作业吊篮的支架支撑点处结构的承载能力，应大于所选择吊篮各工况的荷载最大值。

3）高处作业吊篮应由悬挂机构、吊篮平台、提升机构、防坠落机构、电气控制系统、钢丝绳和配套附件、连接件组成。

4）高处作业吊篮安装前应编制专项施工方案，经监理单位审核通过后，由安装、拆卸特种作业人员进行安装，安装作业前，应划定安全区域，排除作业障碍，并在组装前确认结构件、紧固件是否配套且完好，其规格型号和质量应符合设计要求，所有构配件应是同一家的产品。

5）悬挂机构前支架严禁支撑在女儿墙上、女儿墙外或建筑物挑檐边缘。前梁外伸长度应符合高处作业吊篮使用说明书的规定。悬挑横梁应前高后低，前后水平高差不应大于横梁长度的 2%。

6）配重件应稳定可靠地安放在配重架上，并应有防止随意移动的措施。严禁使用破损的配重件或其他代替物。配重件的重量应符合设计规定。

7）高处作业吊篮安装和使用时，在 10m 范围内如有高压输电线路，应按照现行行业标准《施工现场临时用电安全技术规范》JGJ 46—2005 的规定。

8）高处作业吊篮应设置作业人员专用的挂设安全带的安全绳及安全锁扣。安全绳应固定在建筑物可靠位置上，不得与吊篮上任何部位连接。安全绳不得有松散、断股、打结现象，且安全绳应符合现行国家标准《坠落防护安全带》GB 6095—2021 的要求。

9）吊篮正常工作时，人员应从地面进入吊篮内，不得从建筑物顶部、窗口等处或其他孔洞处出入吊篮。在吊篮内的作业人员应佩戴安全帽，系安全带，并应将安全锁扣正确挂置在独立设置的安全绳上。吊篮平台内应保持荷载均衡，不得超载运行，且吊篮内的作业人员不应超过 2 人。

10）吊篮悬挂高度在 60m 及其以下的，宜选用长边不大于 7.5m 的吊篮平台；悬挂高度在 100m 及其以下的，宜选用长边不大于 5.5m 的吊篮平台；悬挂高度在 100m 以上的，宜选用不大于 2.5m 的吊篮平台。

11）吊篮覆盖范围内下方的各类易燃材料的清理等必须完成。

9.4　装饰装修施工阶段

医疗建筑装饰验收阶段涉及的安全管理内容主要是立体交叉作业、登高作业、医疗设备的吊运安全、消防安全等，务必要提前进行相关的设计和策划，制定相关的措施及制度，落实相关风险的防范。

9.4.1　金属管道切割及焊接作业安全管理

1. 医用气体管道

医用气体管道的安装过程中，例如采用不锈钢管道安装时，施工过程中有大量的焊接作业，且作业时间区段较长，往往在医用气体管道安装过程中，室内的装饰装修也在进行交叉作业施工中，极容易造成火灾事故。医用气体管道安装焊接过程中，要尽量避开交叉作业，同时在焊接过程中要严格遵守现场焊接的相关管理规定。

2. 空调系统管道

空调系统管道安装过程中的消防管理也是装修阶段消防安全管理的重点，例如空调供回水管道安装焊接过程中主要涉及公共走道区域及管道井，在此阶段，管井的水平防火封堵均未形成，在焊接过程中，容易造成在下部楼层形成火灾隐患等。所以在该阶段要对管道安装的焊接区域要进行重点消防管控。

9.4.2　医疗设备安装的安全管理

医疗建筑在装饰装修施工收尾阶段，需要进行大量的医疗及相关的设备安装，该部分的施工既设计到结构安全的问题，也涉及安装过程中的吊运安全等。

1. 手术室净化机组

该部分设备均在装饰装修阶段进场，要严格控制好进场时间，既不影响外墙的施工，同时也不因为后期室外工程的施工，受场地的影响，既影响安全，也影响工程总体进度。

2. 屋面冷却塔

屋面冷却塔等相关设备的吊运安全要提前考虑，建议在塔式起重机选型安装时进行综合考虑，若前期未考虑，要考虑该项设备的吊运吊车需要覆盖的范围，因为医疗建筑室外部分均有地下室顶板回填区域，容易造成荷载影响，吊运难度加大或无法实施等难题。

3. 医技设备

医疗专项中的医技设备，例如伽马刀、DSA、CT 等设备的安装，要提前告知设计院，将相关设备的进场路线明确，以便提前进行相关区域的结构梁板等进行荷载考虑。

4. 纯水机房

该部分的功能设置在前设计阶段主要受门诊科室设置的影响，未考虑设置，医院往往在后期阶段进行科室的增加或变更，就涉及纯水机房的增加。该部分后期主要是涉及结构安全的问题。

9.5　调试验收阶段

医院项目系统多且复杂，后期系统调试、试运行工作量大。容易出现爆管、短路等安全风险，需要施工单位制定详细的系统调试计划与安全保障措施，预防安全风险。

9.5.1　灌水试验、强度、严密性试验

1）试验时环境温度不应低于5℃以下，如不能满足试验条件要求，建议暂停灌水试压工作，避免对管道产生损伤。

2）灌水前要求施工单位不得使用地下水进行试压，需用生活用水进行试压。

3）试压前，向系统充水时要求施工单位将管路内的空气排尽，同时做好该系统管路及末端的检查，检查是否安装堵头/三角阀（三角阀须确保为关闭状态）等；并做好局部漏水的应急措施（准备刮水器，拖把等）。

4）试压时，承受内压的金属管道应满足设计试验要求，如设计未写试验压力应大于系统工作压力的1.5倍，不低于0.4MPa。

9.5.2　通电通水

1）通电前：对低压柜与配电箱及相关设备电缆进行相关检测，并要求施工单位做好通电前的准备，做好相应的标识贴至需通电末端，并通告项目部各施工单位。

2）通电时：要求施工单位根据楼层、电井、回路，点对点送电；专业单位施工区域如需通电，提前打报告，并做相关检测，安全保护措施无误后再由专业单位送电。（建议建设单位安排后期维护人员提前介入，熟悉楼层电井及电箱的布置）

3）通电后：要求施工单位锁好电箱/电井门，严禁在电箱内私自接线。

4）通水前：要求施工单位检查末端安装情况及阀门情况，由监理复查后进行通水。（建议建设单位安排后期维护专人提前熟悉管路走向，阀门，机房设备等）

5）通水后：落实机房门管理责任人，严禁无关人员进入，如需进入维修等工作须打报告。（建议建设单位安排专人，并提前熟悉系统操作及管路系统）

9.6　运维阶段

9.6.1　医用气体

1）大于500L的液氧贮罐应放在室外，室外液氧贮罐周围5m范围内不得有通往低处的开口。室外液氧贮罐周围6m内不允许堆放可燃物和易燃物及明火，必要时可采用高度不低于2.4m的非燃烧体隔离墙分开。液氧罐上方不允许有可燃或易燃气液管线和裸露供电导线穿过。室外液氧贮罐周围应做围墙隔离，但围墙不能做成无梅花洞实体，不利于稀

释氧气。

2）汇集排室气瓶宜依据供应商建议来储存。够汇流排一组用的充满气的气瓶可以存放在同一房间或区域。从供应装置上拆下的空瓶在移走之前可暂存。满瓶和空瓶宜分开，各自的存放区域宜做好标记。

3）除连接到供气源的气瓶外，建议另外储备一些没有连接到供气源的备用气瓶储气，这种额外供应的容量计算宜考虑日常的气体用量、正常供应计划和供气系统故障时采取的应急供气量。

4）关键的护理区域可能会要求独立的气瓶储备以尽可能减少紧急情况下维修气体供应的延误。如果使用带有压力调节器的气瓶，压力调节器出口应是气体专用接头并连接有低压软管组件。

5）可燃气体或液体的容器不宜位于或接近供气系统的位置，可能使用供热系统对供气系统区域或储存区供热时，供热系统与室内空气接触的任意部分的温度不能超过 225℃ 而且避免气瓶与供热系统接触。

6）操作过程中严禁使用带有油污的手套。

7）汇集排连接气瓶过程中严禁使用金属器具敲打气瓶。

8）所有阀门开启应缓慢，防止流速过快引起发热烧毁垫片。

9）液氧罐首次使用一定要冲洗冷却罐体，应根据医疗卫生机构的最大用气量及操作人员班次看守调节压力，以免损坏设备。

10）压力容器（液氧罐、空气罐）应按特种设备安全条例按时监督检查，罐子一般 3 年 1 检，安全阀每 1 年 1 检，压力表半年 1 检。

11）二级稳压箱压力调节时应缓慢调节，以免超压损坏湿化瓶及湿化瓶爆裂伤害病人。

12）终端快速接头应按终端厂家要求采购，以免快速接头不匹配造成终端损坏、漏气、不通气等。终端接头采用氧气快速接头，氧气快速接头应区别其他快速接头，以防止插错。

13）真空瓶支架布置以便于医护人员操作为原则，一般设在真空气体终端离病人较远，也可设置在医用供应装置以外的区域。

14）如果保养操作涉及部分管道系统的关闭。

①宜与受影响区域的临床人员充分协商关闭事宜。

②任何受影响的阀门和终端宜做好标记防止误用。

15）如果保养操作涉及切断管道系统，宜进一步采取下列措施：

①确保安全的工作条件。

②将供气系统与管道隔离。

③清洁系统已清除所有污染物。

④使用前用富氧空气充满管道。

9.6.2　系统操作的安全管理

要求施工单位做好系统性操作手册，并对后勤维护人员现场进行系统的介绍与交底，对后勤维护人员进行设备操作培训并熟悉各类管井的现场情况。

9.6.3 公共区域的安全管理

1. 监控全覆盖

确保公共区域尽可能地实现监控全覆盖，定期检查监控设备的完好性。

2. 定期检查

定期对管井、风机房等进行检查，防止工作人员堆放易燃、易爆等危险性材料，形成定期检查管理制度。

3. 运维阶段消防安全

1）维护管理人员应掌握和熟悉消防给水系统的原理、性能和操作规程。

2）每季度应监测市政给水管网的压力值和供水能力，每月对消防水池、高位消防水池，高位消防水箱等消防水源设施的水位等进行一次检测，消防水池玻璃水位计两端的角阀在不进行水位观察时应关闭。

3）消防水泵和稳压泵等供水设施的维护管理应符合下列规定：

每月应手动启动消防水泵运转一次，并应检查供电电源的情况。每周应模拟消防水泵自动控制条件下自动启动消防水泵运转一次，且应自动记录自动巡检情况，每月应有检测记录；每日应对稳压泵的停泵启泵压力和启泵次数等进行检查；每季度应对消防泵的出流量和压力进行一次试验；每月应对气压水罐的压力和有效容积等进行一次检测。

4）减压阀的维护管理：每月应对减压阀组进行一次放水试验，并应检测和记录减压阀前后的压力，当不符合设计值时应采取满足系统要求的调试和维修等措施；每年应对减压阀的流量和压力进行一次试验。

5）阀门的维护管理应符合下列要求：雨淋阀的附属电磁阀应每月检查并应作启动试验，动作失常时应及时更换；每月应对电动阀和电磁阀的供电和启闭性能进行检测；系统上所有的控制阀门均应采用铅封或锁链固定在开启或规定的状态，每月应对铅封、锁链进行一次检查，当有破坏或损坏时应及时修理更换。

6）每季度应对消火栓进行一次外观和漏水检查，发现有不正常的消火栓应及时更换；每年应对系统过滤器进行至少一次排渣，并应检查过滤器是否处于完好状态，当堵塞或损坏时应及时检修。

第十章

医疗建设项目信息管理

10.1 合同管理

医疗项目涉及参建单位多、专业工程复杂，其合同管理的主要要件涵盖了合同要点分析及索赔与反索赔应对措施、合同模糊之处、未尽事宜等预控及处置措施等方面。因此需要建立完整的合同数据档案和合同网络，对各类合同文件进行管理，对过程中产生的信息数据进行辨识、分类和统计，随时掌握各项条款实施的情况和存在的问题，达到有效分配整合内外部的人员、材料、设备、技术、经济、管理等各方面资源目的。

10.1.1 合同要点分析及索赔与反索赔应对措施

1. 合同要点分析

医疗项目建设主要包含拆除工程、土建工程、装修工程、机电安装工程、医疗专项工程等，涉及总承包单位、专业分包单位、材料设备供应单位、拆除单位等不同利益相关方，主要合同内容，见表10-1。

医疗项目建设合同 表 10-1

序号	合同类型	主要合同内容
1	服务类	勘察、设计、第三方监测（基坑监测、主体结构沉降监测等）、检测（涉及材料检测、结构实体检测、室内环境检测等）
2	采购类	电梯、空调机组、锅炉、医疗设备等
3	施工类	总承包合同、专业分包合同等
4	医疗建筑专项	医疗设备安装、医用气体、ICU、手术室、放射防护等

因此，针对医疗项目组织结构和合同结构特点，其合同要点分析主要包括合同范围与责任界面、合同价款、工程变更管理、索赔程序和争执的解决、合同风险条款、支付条件、缺陷责任期7个方面。

（1）合同范围与责任界面

医疗项目工作范围和功能要求是项目实施的重要基础，要及时审核工程项目的各种功能要求在合同中是否表述清楚，同时书面要求投标人对投标文件中相关资料和数据进行核实与确认，例如勘察报告、场地标高、地下管线、周边构筑物的影响等。

1）合同文件组成。

及时对合同的组成文件进行收集整理，同时应按《中华人民共和国民法典》（以下简称《民法典》）中规定的合同先后解释顺序完备合同资料。

2）合同范围表述。

核实投标报价的项目工作范围与合同中表述的内容是否一致，合同工作范围描述是否准确，切忌出现诸如"另有规定外的一切工程""承包人可以合理推知需要提供的为本工程实施所需的一切辅助工程"之类含糊不清的工程范围描述。

3）责任界面划分。

注意总承包单位的责任范围与建设单位的责任范围之间的明确界限划分，如明确逾期付款违约金、建设单位对施工场地的移交义务、建设单位完成其他发包工程的责任、其他承包单位影响施工的责任、招标文件中有关设计要求技术参数准确性的责任；明确有无排除"间接损失"的条款，其次注意有无承包人最高责任限额的规定。

（2）合同价款

医疗项目合同价款内容较为复杂，但其原则应是在投资总目标控制值之内。合同分析重点关注采用的计价方法及合同价格所包括的范围，如固定总价合同、单价合同、成本加酬金合同或目标合同等。工程量计量程序、工程款结算（包括进度付款、竣工结算、最终结算）方法和程序。合同价格的调整，即价格调整方法，计价依据、费用索赔的条件、索赔有效期规定。合同实施的环境的变化对合同价格的影响，例如通货膨胀、汇率变化、国家税收政策变化、法律变化时合同价格的调整条件和调整方法。附加工程的价格确定方法。

（3）工程变更管理

1）工程变更程序：在合同实施过程中，制作工程变更工作流程图，并交付相关的职能人员。

2）工程变更的补偿范围：如果承包合同规定，建设单位有权指令进行工程变更，建设单位对所指令的工程变更的补偿范围是仅对重大的变更，且仅按单个建筑物和设施地坪以上体积变化量计算补偿费用。这实质上排除了工程变更索赔的可能。

3）工程变更的索赔有效期：由合同具体规定，一般为 28 天，也有 14 天的。一般这个时间越短，对承包单位管理水平的要求越高，对承包单位越不利。这是索赔有效性的保证，应落实在具体工作中。

（4）索赔程序和争执的解决

依据相关合同条款，重点分析索赔报告。通常有：合同的法律基础及其特点；合同的组成及其变更情况；合同规定的工程范围；工程变更的补偿条件、范围和方法；对方的合同责任；合同价格的调整条件、范围、方式以及承担的风险；工期调整条件、范围和方法；违约责任；争议的解决方法等方面。

（5）合同风险条款

合同中应明确风险分配原则。风险在能预见的范围内，尽量通过约定进行明确，在不可预见或预见不准确时，尽量避免一切责任由某方承担的不平衡条款。

（6）支付条件

若项目属于私有投资项目，资金支付严格按合同条款中相关要求执行。

若项目属于政府投资项目，其合同价款的支付条件与比例应按照相应地方政府投资项目资金管理制度与规定执行，其支付条款还应按照项目建设周期予以提前计划，避免承包单位垫资过多，增加资金压力和利息负担。

（7）缺陷责任期

1）明确缺陷责任范围。

因施工质量原因造成的质量问题，由承包单位负责维修。因建设单位使用不当和管理不善造成的问题不属于维修范围，或由承包单位修复，但费用由建设单位支付。尤其应明确对设备的运营维护管理责任，明确延长缺陷责任期等约束性条款。

2）明确缺陷责任期后跟踪管理。

任何一项缺陷或损坏修复后，经检查证明其影响了工程或工程设备的使用性能，应要求承包单位重新进行合同约定的试验和试运行，试验和试运行的全部费用应由责任方承担，相应的缺陷责任期应按照合同约定延长。

2. 索赔与反索赔应对措施

医疗项目配套专业多，各配套专业之间容易相互干扰，造成工期与费用索赔。任何索赔事件的出现，都会造成工程拖期或成本加大，增加履行合同的困难，对于建设单位和承包单位双方来说都是不利的。因此，应从预防索赔风险发生着手，以工程建设合同文件为依据，预判工程实施过程中可能导致索赔的内部与外部因素，及时收集整理相关证据资料，防止或减少索赔事件发生。

（1）索赔的预控措施

1）计划管理。

对项目的投资、工期和质量要有一个符合实际的计划，推行限额设计，严格控制工程造价，减少结算和付款风险。

2）合同管理。

认真研究合同条款的内涵，要充分考虑到工程在未来建设和结算中的各种可能的风险，把工程建设管理紧扣在合同之内。

3）过程管理。

对工程材料质量、施工质量、工期进行全面的监督，对施工过程中的签证材料进行严格的审查，分清责任，对于承包单位自己责任造成的一切损失，一律不予签证；应该签证的及时核实和签证，对于无法核实的，超过时限的不予签证；承包单位擅自变更的不予签证。

4）信息管理。

积累完整资料，为索赔控制提供有效依据。

①各类计划、技术、申报、指令、通知、纪要等资料。

②隐蔽、分部分项工程验收和开竣工报告。

③设计变更、工程进度款、工程量等签证文件。

④监理日志、监理月报。

（2）索赔与反索赔应对措施见表10-2和表10-3：

索赔及应对措施　表10-2

索赔事项	索赔内容	应对措施
工程设计变更	在合同履行过程中,发生设计变更往往会影响承包单位的局部甚至整个施工计划的安排,造成承包单位重复采购、人力及施工机械重新调整,等待修改设计图纸、对已完工程进行拆除,这必然造成施工成本比原计划增加,工期比原计划长	在招标文件内加以说明,在承包合同内明确注明合同总价是否包含此类费用,确定费用的具体结算原则及方式,工期如何调整。施工过程中对设计变更组织各方进行评估,主要对变更方案的合理性进行审查,同时要实行多方案比选

续表

索赔事项	索赔内容	应对措施
未按合同约定支付工程预付款或进度款	建设单位不按合同约定支付工程预付款或进度款的,属于违约责任	在招标文件加以说明及承包合同明确可能存在延后支付的风险,可采取如在合同中明确其延后的最长账期,或采取其他金融信用工具支付,避免因延期付款而导致建设单位资金成本增加和被追究违约责任
物价上涨	物价上涨造成建设成本增加	在招标文件加以说明,在承包合同中明确注明合同总价包含此类风险费用,注明如果发生此类事件,此类费用的具体结算原则及计算方式
工程延期	在施工中,常常会发生一些未能预见的干扰事件使施工不能顺利进行,使用预定的施工计划受到干扰,造成工期延长	一是对阶段性计划的风险进行分析,提前告知承包单位可能预见的风险点,提前制定相关的预案;二是对过程实际发生的数据进行记录,核实承包单位索赔的内容是否属于关键线路,若属关键线路的影响,给予实际影响的工期签认

反索赔及应对措施　　　　　　　　　　　　　　　表 10-3

反索赔事项	反索赔内容	应对措施
工程质量	当承包人的施工质量不符合施工技术规程要求时,或使用的设备和材料不符合合同规定,甲方有权向承包单位追究责任。一般要求承包单位在规定的时间内,对有缺陷的产品进行修补,对未验收通过的部位进行返工	项目监理机构要严格履行监理对材料、设备、隐蔽工程验收的义务,同时对不合格工程质量及时地收集相关的数据,落实反索赔的相关资料,提供反索赔证据
工期延误	承包单位应按照合同约定支付延期竣工违约金	工期的索赔分节点工期延误和总节点工期延误,实施过程中应按照合同约定的阶段节点目标和总的节点目标计划进行检查,同时收集承包单位节点延误的原因,为反索赔提供依据
工程保修	在保修期未满以前,由承包单位负责修补的工程,建设单位有权向承包单位追究责任。如果承包单位未在规定的期限内完成修补工作,建设单位雇佣他人来完成工作,发生的费用由承包单位承担	工程运营保修阶段是对工程建设质量的全面检验,实施过程中应对现场的各类故障等情况进行全面跟踪,同时进行综合分析,确定责任方,为反索赔提供依据
其他事项	根据承包合同,承包单位存在因不履行合同或不完全履行合同而造成其他违约行为,造成建设单位受到损失时,建设单位均可以提出索赔	仔细分析合同文件和合同风险,提前制定预控措施

10.1.2 合同模糊之处、未尽事宜等预控及处置措施

1. 合同模糊之处、未尽事宜的预控措施

造成合同模糊之处、未尽事宜等现象的主要原因多种多样,其中准备不足、标准不明等是主要因素。

(1) 加强前期工作研究

做好总体计划工作,细化总体建设工作任务分解和管理职能分解,设立专门人员加强合同策划、决策、执行和检查等管理工作。

（2）加强合同界面研究

合同工作范围和工作内容应提前研究，合同模糊之处、未尽事宜等主要是界面不清所造成的。

（3）重视招标文件之合同文本编制

若项目属于政府投资项目，应采用国家标准合同文本，重点对招标文件中的合同文本进行认真设计，尤其是合同专用条件内容。

（4）规范合同条款

1）可以确定的事项：与国家标准合同文本及类似工程合同文本进行对比分析，从法律、技术、管理、经济等专业视角，对可以确定的事项应在合同中表述精准，并通过告知、承诺等方式予以明确澄清，或在相关技术文件如设计图纸、技术标准中予以明确。

2）暂时无法确定的事项：可参照类似工程合同文本内容，对无法确定的技术、经济、时间和标准等事项，应明确该类事项的启动条件、确定流程和确定方式（如签订专项协议或补充协议或新协议等）。

2. 合同模糊之处、未尽事宜的处置措施

任何合同不可能完美没有瑕疵，合同里的模糊条款、未尽事宜的，往往是双方引发利益与观念争议或分歧的诱因。应从合同管理角度出发，围绕项目利益最大化，根据不同类型的争议与分歧进行处置。具体处置措施如下：

（1）组织专题会议

针对建设项目实施过程中的质量、技术、进度等问题，避免分歧或争议当事人矛盾升级，发挥全过程咨询管理单位或监理单位组织协调职能，通过当面沟通解释说明等方式予以处置。

（2）促成补充协议

全过程咨询管理单位或监理单位应在减少损失甚至没有损失的情况下，通过补充协议方式促成分歧双方达成谅解。

（3）制定项目争议调解机制

由建设单位、总承包单位、全过程咨询管理单位或监理单位等组成项目争议解决委员会，及时化解因合同模糊、未尽事宜等情况造成的冲突与矛盾。

（4）按照法律规定处理

按照《民法典》中的法律规定，当事人就有关合同内容约定不明确，适用下列规定：

1）质量要求不明确的，按照国家标准、行业标准履行；没有国家标准、行业标准的，按照通常标准或者符合合同目的的特定标准履行。

2）价款或者报酬不明确的，按照订立合同时履行地的市场价格履行；依法应当执行政府定价或者政府指导价的，按照规定履行。

3）履行地点不明确，给付货币的，在接受货币一方所在地履行；交付不动产的，在不动产所在地履行；其他标的，在履行义务一方所在地履行。

4）履行期限不明确的，债务人可以随时履行，债权人也可以随时要求履行，但应当给对方必要的准备时间。

5）履行方式不明确的，按照有利于实现合同目的的方式履行。

6）履行费用的负担不明确的，由履行义务一方负担。

（5）法院诉讼或仲裁

10.2　项目信息管理特点

医疗项目作为公共建筑中最复杂的建筑之一，其信息种类繁多，涵盖面广，更需要综合信息管理。信息管理是对于工程建设全过程阶段所涉及资料的收集、分类、整理、编制等一系列相关工作的管理活动，不仅能反映工程的全过程管理，也是判断工程质量等级的重要依据，更能对事故调查起到关键性作用，为后续工程建成后运行维护及审计工作提供技术支撑。由于医疗项目专业多、系统多、医疗专项复杂，在医疗项目建设过程中，存在项目信息统计量大、信息传递不及时、工程资料同步性差、业务审批流程多等现象，严重影响了工程资料的真实性、有效性和可追溯性。

因此，信息管理是医疗项目建设工程管理的一项重要管理内容，其管理质量和成果对整个工程建设具有重要的意义。只有健全组织架构、完善相关制度、充分利用信息化等手段，进行精细化管理，方可实现资料管理的规范化、标准化，进而为工程质量、安全、进度、投资及后期运营等提供可靠保证。

10.3　全生命周期信息管理

医疗项目全生命周期信息管理是指从医疗项目的规划、设计、建造、运营、维护等各个阶段，对其相关信息进行全方位的收集、记录、管理和利用。通过全生命周期的信息管理，可以确保医疗项目信息的完整性和可追溯性，提高医疗项目的管理效率和管理质量。

1. 工程各阶段信息管理的相关要求

1）规划设计阶段：根据医院的需求进行详细的规划设计，并在此阶段建立相应的档案。

2）建筑施工阶段：及时记录施工过程中的各种资料信息，如施工图纸、施工组织设计/方案、监理规划/细则、检验批/隐蔽/分项/分部/单体工程验收记录等。

3）运营管理阶段：建立医疗设备管理、维修保养和安全监控等专业档案。

4）维护与改造阶段：记录医疗设备的检修、维护和更换情况，并记录建筑改造的历史和变更。

5）拆除阶段：记录医疗项目的拆除过程和拆除后的所有资料，以备未来可能需要的借鉴。

2. 信息管理的具体内容

（1）建立项目信息管理系统

1）建立 WBS 工作结构分解：从质量、合同、造价、安全、市场行为等多个维度出发，将工程主要建设管理内容 WBS 分解为各个子项目和工作包，并对各个子项目和工作包进行信息统一编码。

2）构建资料文件目录：根据国家工程建设法律法规、标准规范及各省、市的规定与要求，以工程验收、交付使用及后期正常运维为目标，构建资料文件体系及细目。

3）建立信息管理制度：包括信息收集、存储、使用和销毁流程、学习培训制度等。

（2）建立标准化信息管理体系

信息管理贯穿于建设工程的全过程，衔接工程的各个阶段、包含各个参建单位和各个管理方面。根据相关规范、规程的要求，为了进一步规范工程信息管理，提高信息管理人员的执业素质和履职履责能力。全过程咨询管理或监理单位可以利用自身的企业标准体系，如：《工作流程标准化指南》《成果标准化工作指南》《工作标准示范文本》等，作为规范化、标准化开展资料管理工作，圆满完成工程建设各项目标的指导性文件。工程信息按此进行收集、加工、整理、分发、存储和归档，可做到"及时整理、真实完整、分类有序"。

（3）信息的收集、汇总、整理

1）在施工准备阶段，各类信息的来源较多、较杂，由于相关各方相互了解还不够，信息传递的渠道没有建立，收集有一定困难。所以，必须尽快建立适合工程实际的信息管理系统，规范各方的信息行为，确保信息传递渠道畅通。

2）进入施工阶段，信息来源相对比较稳定，主要是施工过程中随时产生的数据信息，收集起来比较单纯，容易实现规范化管理。所以，必须统一相关各方的资料格式，实现信息资料管理的标准化、代码化、规范化，并由各参建单位指定专人进行信息资料的分级收集、管理。

3）在竣工保修期阶段，信息管理工作主要是按照国家《建设工程文件归档整理规范》和各省、市有关城建档案管理的要求，对施工阶段日常积累的信息进行最后的汇总和归类整理，并督促施工单位完善全部工程信息资料的收集、汇总和归类整理。

（4）信息资料的检索和传递

1）无论是存入档案库还是存入计算机的资料，必须确保查找方便，并做好编目分类工作。利用健全的检索系统使报表、文件、资料、人事和技术档案既保存完好，又便于迅速查找。

2）为确保工程各参建单位之间信息的有效传递，利用报表、图表、文字记录、电信、各种收发、会议、审批及计算机等传递手段，将资料管理规范化、流程化。

（5）信息资料收集的具体内容

1）施工准备期。主要内容有：报批报建相关文件；方案深化设计、初步设计、施工图设计、专业工程设计及施工图预算；工程合同；施工条件信息；施工组织设计、施工方案；施工单位施工准备资料信息；图纸会审和设计交底记录；开工前的监理交底记录；开工报告等。

2）施工实施期。主要内容有：施工方案；原材料、构配件、设备等资料信息；设计、质量、进度、投资、合同资料信息；各种施工与验收记录；各种实验测试报告；事故处理记录；各种协调会议记录；工地安全生产与文明施工信息；施工索赔相关信息；影像资料记录等。

3）竣工交档期。主要内容有：工程准备阶段文件；监理文件；施工资料；竣工图；竣工验收资料等。竣工交档期相关信息的收集，应按现行《建设工程文件归档规范》GB/T 50328—2014 和《建设工程监理规范》GB/T 50319—2013 执行，并据其进行资料的收集、汇总、归类整理和存档。

10.4 信息化技术运用

1. 工程信息化管理体系

工程信息化管理是"项目五化"的重要组成部分，信息化管理由管理平台、管控要求（管理制度和安全策略）两部分组成，如图 10-1 所示。

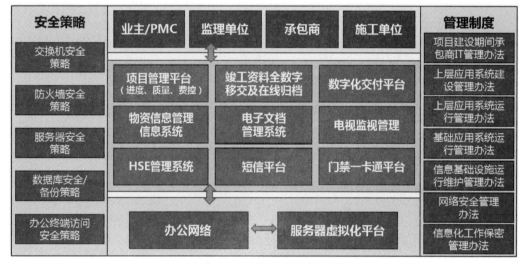

图 10-1 工程信息化管理体系

为提高资料管理的信息化水平，全过程咨询管理或监理单位可以利用其自主研发的工程协同管理平台，对工程项目设计、采购、施工等环节进行管理，帮助建设单位从进度、质量、HSE、投资、合同等方面对项目进行控制，使建设单位、监理单位、施工单位、设计单位等各个参建单位在同一平台上协同工作，消除信息孤岛，建立数据互通、共享机制，所有过程数据有据可查，并最终形成归档资料。

比如：某企业的协同管理平台含有 12 个管理主项，61 个功能模块，并通过充分利用 BIM 技术，结合无人机、执法记录仪、三维激光扫描仪等设备，实现建设单位对项目执行状态、质量、安全、进度动态等进行信息化管理，满足项目群或单一项目的运行状态监管，有效解决医疗项目在建设过程中存在的管理界面多、进度影响因素复杂、工程质量要求高、安全管理难度大、项目统计量大、信息传递不及时、工程资料同步性差、业务审批流程多等诸多问题，相关界面如图 10-2、图 10-3、图 10-4、图 10-5 所示：

图 10-2　协同平台界面

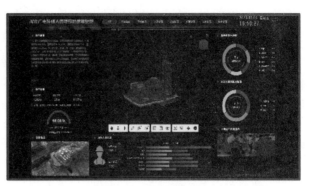

图 10-3　驾驶舱界面

图 10-4　项目辨识界面

图 10-5　项目资料管家界面

2. 信息管理系统具体应用内容

（1）质量管理

在质量管理方面，将会运用到如下功能：

1）分部分项工程辨识。按照《建筑工程施工质量验收统一标准》GB 50300—2013 规范内容，进行项目分部分项工程辨识勾选。

2）在线编制。实现监理规划、监理细则等监理文档的线上协同编制。

3）在线审批。对需要审批的工程文件，如施工组织设计、施工方案、专项施工方案等，由相关参建方在平台内进行审批工作。

4）移动端应用。旁站、巡视、材料进场审核等监理现场工作均由移动端完成，包括内容记录、照片上传等功能。

5）问题及隐患处理。通过该功能实现线上问题发现及整改的闭环处理。

6）项目资料管家。将监理过程文档归类存储在平台上，并生成二维码随时查看文档内容。

（2）安全管理

在安全管理方面，以危险性较大的分部分项工程的管理为核心，将运用如下功能：

1）危险性较大的分部分项工程辨识。将危险性较大的分部分项工程及其特征写入平台，由监理单位进行辨识勾选。

2）在线编制。同质量管理部分内容，对安全监理规划及安全监理细则进行线上协同编制。

3）在线审批。同质量管理部分内容，对专项施工方案等工程安全文件进行线上审批。

4）危大专项巡视。在移动端巡视功能中，额外开发危大专项巡视，依照企业标准对人员、机械、环境、材料进行全方位巡视检查。

5）特种作业人员管理。通过录入特种作业人员信息，及时提醒上岗证有效时间及保证现场作业"人证合一"。

6）文明施工管理

在文明施工管理方面，通过"安全文明施工检查系统"从围挡、裸土覆盖、道路清洗等七个方面对本项目安全文明施工进行全过程管控，并在后台实时统计检查情况。

（3）BIM辅助应用

1）720°现场全景VR图。

通过特定软件的合成技术，将无人机拍摄的多张现场地面远景图合成一个720°全景VR图，可更好地展示现场施工的全貌，如图10-6所示。

图10-6　720°合成VR图

2）无人机的应用。

①配合建设单位进行场地 RTK 测绘，保留现场原始影像资料，实时准确地计算土石方的挖填方量，规避后续项目审计对于土方工程量质疑。

②在项目建设过程中进行全方位、多角度航拍，全面记录项目建设过程，为项目形成影像资料进行积累。

③通过无人机拍摄可以进行现场施工进度对比、质量管理，需要对重点部位进行检查而工程师又不方便到达的，可以进行空中拍摄检查，同时对现场安全管理也能发挥重要的作用。

④无人机鸟瞰项目部署实施情况，随时了解和掌握现场动态，利于"五化"信息化管理工作的空间开展。

⑤辅助工程师系统化处理问题，缺陷管理。利于统筹纠偏，持续改进，抓好质量、安全、进度、用工等控制，达到可靠放心、创新高效的管理目标，践行"有形化、可量化、有价值、可感知"的服务理念。

⑥4G 无线图传功能（远程监控）如图 10-7 所示。

图 10-7　4G 无线图传

3）BIM 轻量化展示。

开发了 BIM 三维图形展示功能，使建设单位、监理单位、施工单位、设计单位都能比较直观地掌握项目的全貌，提升了不同专业间、不同参与方对项目的协同能力，如图 10-8 所示。

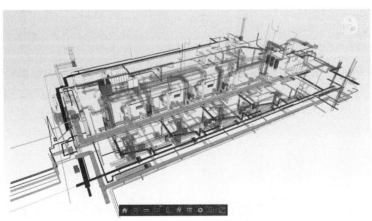

图 10-8　BIM 技术应用

第十一章

BIM 技术在医疗系统中的应用

11.1　医疗项目运用 BIM 技术的重要性

在当今快速发展的数字时代，建筑行业的发展也越来越注重数字技术的应用。BIM 技术作为一种新兴的数字技术，已经在建筑行业得到广泛应用。BIM 技术是一种数字化管理工具，即通过虚拟环境的预演来有效规避实际过程中存在的问题，减少额外浪费。通过 BIM 技术，可以更加准确地制定建筑设计方案和施工计划，从而减少设计错误和施工缺陷的出现。BIM 技术还可以实现设计和施工各阶段的协同与互动，促进项目价值实现，提升项目质量品质，如图 11-1 所示。

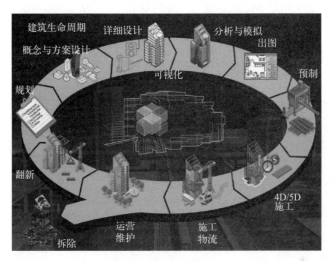

图 11-1　BIM 技术运用

医院建设作为一个复杂且精细的建筑工程，需要面对众多的技术问题和管理挑战。医院建设相对于一般公建项目而言，涉及医疗专项较多、系统配置复杂、专业要求高、对使用功能及效果有着严苛要求。这就需要在建设过程中精确地制定设计方案，提高管理效率，减少额外浪费。传统的建筑设计和施工方式往往需要大量的人力和时间，还容易出现设计错误和施工缺陷，而 BIM 技术可视化、协调性、模拟性、优化性和可出图性的特点能够提供一个高效、精准、集成化的解决方案，提高管理效率、提升项目品质。

11.2　BIM 技术在三级医疗规划中的应用

随着我国医疗事业的不断发展，人民群众对医疗服务的需求也不断增加，医院规模越来越大，设备和设施也越来越复杂。如何提高医院的建设和管理水平，降低医疗服务的成本，提高医疗服务的质量和效率，成了摆在参建、运营各方面前的一个重要问题。在这个背景下，BIM 技术的热潮为医院建设和管理带来了新的机遇和挑战，它可以在整个建筑生命周期内实现信息的共享和流转，从而提高建筑设计、施工和管理的效率和质量。在医院建设和管理中，BIM 技术的应用涵盖了医院规划、设计、施工、管理、运营和维护等各个环节，如图 11-2、图 11-3、图 11-4 所示。

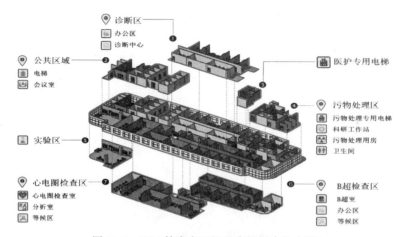

图 11-2　BIM 技术在三级医疗规划中的应用

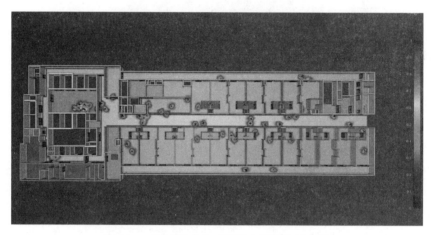

图 11-3　BIM 技术在三级医疗规划中的应用

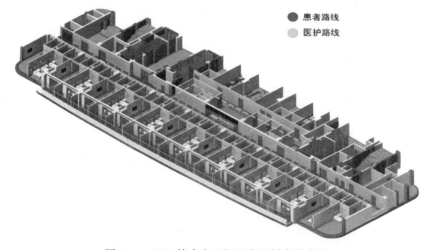

图 11-4　BIM 技术在三级医疗规划中的应用

在医院规划和设计中，BIM 技术可以帮助医院规划者和设计师更好地理解医院的功能需求和空间布局，提高医院规划、设计的效率和质量。通过 BIM 技术，设计师可以在数字模型上进行多种方案的模拟和比较，包括楼层布局、功能分区、设备选型、通风、照明、环境等多个方面。在模拟设计过程中，BIM 技术可以自动生成各种统计数据和图表，如建筑面积、空间利用率、设备容量等，从而帮助建设单位更好地评估和优化方案。

在医院施工和管理中，BIM 技术可以帮助建筑施工人员更好地协调和管理建筑施工进程，提高施工效率和质量。通过 BIM 技术，施工人员可以在数字模型上进行施工进度计划的模拟和优化，制定施工任务的详细步骤和工艺流程，协调各种专业工程的施工工作，提前识别和解决工程问题，减少交叉作业隐患，减少碰撞问题返工。在施工过程中，BIM 技术还可以实现对施工进度、质量、安全和成本等方面的实时监控和管理，帮助项目管理人员及时了解和掌握项目进展情况，提高项目管理的效率和水平。

在医院运营和维护中，BIM 技术可以帮助医院管理人员更好地掌握医院的设备和设施情况，提高设备和设施的维护效率和质量。通过 BIM 技术，医院管理人员可以在数字模型上查看设备和设施的详细信息，包括位置、型号、使用寿命、维修记录等，了解设备和设施的状态和运行情况，以便及时进行维修和保养。同时，BIM 技术还可以帮助医院管理人员进行设备和设施的更新、升级、规划，提高医院设备和设施的使用效益。

通过 BIM 技术，可以促进医院规划、设计、施工、管理、运营和维护的信息化、数字化、智能化，提高医院建设和管理的效率和质量，降低医院运营的成本，提高医疗服务的质量和效率，为人民群众提供更好的医疗服务。

11.3　BIM 技术在管线综合中的应用

在现代医疗设施中，BIM 技术的使用越来越受欢迎，因为它能够降低医疗管道系统的协调、管理工作难度。通过使用 BIM 技术，医疗项目可以确保以更高效和更具成本效益的方式设计、建造和维护管道系统，如图 11-5 所示。

图 11-5　BIM 技术在管线综合中的应用

BIM 技术在医疗管道系统管理中的主要优势之一是能够创建集成所有相关信息的单一、统一模型——包括来自工程图纸、设备规格和材料明细表的数据——将所有关联信息集成在一个地方，建设单位可以在设计阶段中及早发现潜在问题和冲突，并在施工开始前进行必要的更改，如图 11-6 所示。

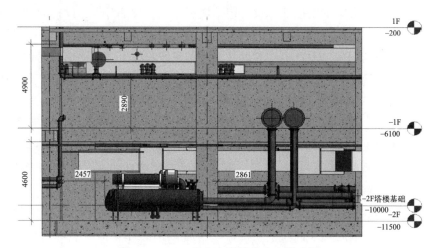

图 11-6　BIM 技术在管线综合中的应用

另外，BIM 技术可以改善参与医疗管道系统管理的不同利益相关者之间的沟通和协作。通过拥有一个统一的模型，所有利益相关者都可以访问相同的信息，从而减少沟通不畅和错漏的可能性。这在医疗设施中尤为重要，因为管道系统对设施的运行至关重要，任何问题都可能造成严重后果。BIM 技术还可以协助优化医疗管道系统。通过模拟不同的场景，建设单位可以确定管道系统最有效的布局，确保它们以最高效率运行。这可以节省能源并改善环境绩效，并降低运营成本，如图 11-7 所示。

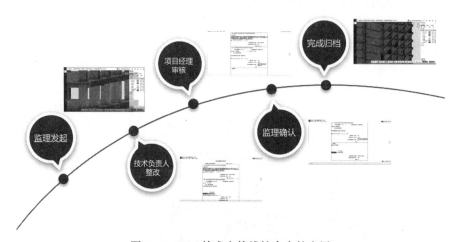

图 11-7　BIM 技术在管线综合中的应用

总之，BIM 技术在医疗管道系统的管理中起着至关重要的作用。它能够整合所有相关信息、识别潜在问题和冲突、创建详细的 3D 模型以及促进沟通协作，使其成为建设单位及参建各方的宝贵工具。此外，BIM 技术可以提高施工和维护流程的效率和成本效益，优化管道系统布局，BIM 技术的使用应被视为任何医疗项目管理策略的重要组成部分。

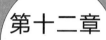

第十二章

医疗建设项目数字化验收及移交

12.1　数字化验收内容及方式

随着 BIM 技术和三维激光扫描仪的不断发展和普及，越来越多的医疗建设项目开始采用这些手段进行验收工作。这些新技术不仅可以提高验收的精度和效率，还可以减少人力资源和时间的浪费，如图 12-1、图 12-2、图 12-3 所示。

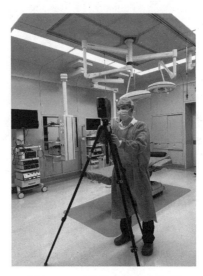

图 12-1　三维激光扫描仪扫描

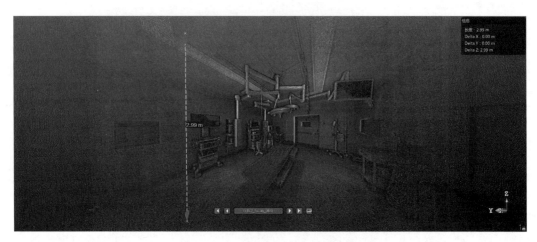

图 12-2　三维激光扫描仪扫描成果

三维激光扫描仪是医疗建设项目验收中的工具之一。三维激光扫描仪可以对医疗建筑进行快速、精确地扫描和测量，将建筑物的每个细节都精准地捕捉下来，并生成精度高的三维点云数据。利用这些数据，验收人员可以在电脑上进行三维建模和分析，快速找出设计和施工中存在的问题。同时，三维激光扫描仪还可以将建筑物的实际情况与 BIM 模型进行比对，验证设计和施工的准确性，确保医疗建筑的安全性和稳定性，如图 12-4 所示。

图 12-3　三维激光扫描仪扫描

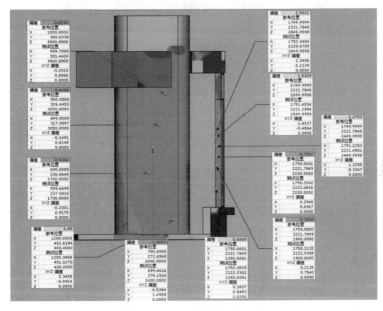

图 12-4　三维激光构件扫描

　　BIM 技术和三维激光扫描仪的结合应用可以极大地提高验收的准确性和效率。通过使用 BIM 模型和三维激光扫描仪，可以实现对医疗建筑的全方位、高精度的数字化检查，将建筑设计与实际建造的过程进行无缝连接，减少建筑缺陷，提高工作效率，节省成本，提高质量，两者的结合应用对医疗建设项目的验收工作具有重要意义。通过数字化手段检查，可以有效减少人工差错和漏检现象，提高验收的准确性和效率，同时也能够提高项目的管理水平和建筑质量，为医院提供更加安全、舒适、高效的医疗环境。

12.2　数字化移交

数字化移交是指将建筑物和设备的信息以数字化手段从建设阶段向使用阶段传递的过程。在医疗项目中，数字化移交是一个非常重要的环节，因为医院的各个部门需要及时准确地获得建筑物和设备的信息，以保证医院的正常运营。传统的移交方式主要是通过纸质文档和 2D 图纸的形式进行，这种方式存在着信息不全面、传递效率低下、易于遗漏等问题。因此，数字化移交成为现代医疗建设中的必备环节，如图 12-5 所示。

图 12-5　数字化移交

BIM 技术可以在数字化移交中起到非常重要的作用。首先，BIM 技术可以将建筑物和设备的信息以三维模型的形式呈现，这样可以更加直观地展示建筑物和设备的各个细节。其次，BIM 技术可以将建筑物和设备的信息以数字化的方式存储，这样可以更加方便地进行管理和维护。最后，BIM 技术可以实现各个部门之间的信息共享，从而保证各个部门之间的协调配合，减少信息遗漏和误差，从而提高医院的运营效率。

第十三章

医疗建设项目全过程审计风险防控

13.1　审计风险防控的必要性

审计是由国家授权或接受委托的专职机构和人员，依照国家法规、审计准则，运用专门的方法，对被审计单位的财政、财务收支、经营管理活动及其相关资料的真实性、正确性、合规性、合法性、效益性进行审查和监督，评价经济责任，鉴证经济业务，以维护财经法纪、改善经营管理、提高经济效益为目标的一项独立性的经济监督活动。

为加强国家的审计监督，维护国家财政经济秩序，提高财政资金使用效益，促进廉政建设，保障国民经济和社会健康发展，国家设立了《中华人民共和国审计法》。

现如今越来越多的项目由政府投资建设，国有资产占主导地位，特别是医疗项目，不仅可以带动周边经济发展，还是民生工程，造福当地百姓，各级领导和各类组织机构均参与其中，容易产生廉政与审计风险。因此对国有企业、国有金融机构和国有资本占控股地位或者主导地位的企业、金融机构的资产、负债、损益以及其他财务收支情况，进行审计监督已成为建设管理的规定动作，必须引起足够的重视。

医院项目的建设单位，大多数为国有企业，是项目的首要责任方，更是被审计的第一人，如何在项目建设中做到清廉、清白、清楚，工作无失误尤为重要，因此本章整理了项目建设中涉及审计的主要问题与注意事项，可以帮助建设单位更好地管控项目，更好地规避国家审计中容易出现的风险。特别是我们总结了最近几年各类大型医疗项目的审计实例报告后，通过站在审计单位的角度和其提出的问题清单，由终及始，倒推出项目管理过程中存在的不足与缺陷，并提出针对性措施与合理化建议，为建设单位出谋划策、建言献策，使项目全过程管理更加规范化和标准化，能有效规避审计风险，节省国家资金，避免腐败，提高社会效益。

13.2　项目立项阶段的注意事项

1）问题：概算编制不合理、不充分，后期施工超概算。

案例：某大型医疗项目，工程费用概算金额约 7 亿元，实际投资约 9 亿元，实际比概算超支约 2 亿元，超概算约 29%。

避免措施：编制概算时应进行充分考虑和论证，可对比同类项目概算，也可以请专家进行论证，多提合理需求，适当放大概算。

2）问题：投资估算、项目概算不细化，与结算无法对应。

案例：某大型医疗项目，项目概算未在投资估算基础上进一步细化编制，使其无法与施工图设计、项目实施阶段的费用划分相对应，未能有效地控制整个工程造价。

避免措施：细化项目概算，充分做好项目决策，编制分部分项概算清单，减少施工图变更。

3）问题：工程总承包单位（EPC）未按初步设计批复要求进行施工图设计，其变更未经过审批同意，超过一定要求及规模的设计变更未向原审批部门重新报批。

案例：某大型医疗项目，施工图设计中，部分内容与经批复的初步设计内容要求不一致，代建单位未就上述相关变化事宜向当地卫健局报批，未见当地卫健局报原审批部门审批的相关资料，具体如下：

①住院楼的层数比初步设计减少1层，减少建筑面积约 3611.24m²。

②经批复的项目初步设计中不包括核医学用房，施工图设计中增加核医学用房，增加建筑面积约 3358m²。

③经批复的项目初步设计中海绵城市建设要求为屋面绿化面积 3769.63m²，可渗透硬化地面 73061.18m²，下沉绿化面积 43515.21m²，施工图设计中未设计屋面绿化，可渗透硬化地面为 40610m²，下沉绿化面积为 1900m²。

避免措施：前期充分做好初步设计调研工作，全面细致进行初步设计，加强对工程变更等相关事项的监督管理，完善变更管理相关制度办法，保障项目建设依法依规。

4）问题：概算漏项，导致地方政府专项债券资金建设期利息以及专项债券发行费等费用无概算资金来源。

案例：某大型医疗项目，初步设计概算显示项目总投资中不含地方政府专项债券"一案两书"编制费、建设期利息以及专项债券发行登记费等专项债券资金相关费用，批复概算中也未列入上述建设期利息等专项债券资金相关费用。

避免措施：严格执行《建设项目设计概算编审规程》CECA/GC 2—2015 中 5.1.6 条"应列入项目概算总投资中的几项费用，一般包括建设期利息等"规定，加强对项目概算编制工作的管理。

5）问题：用地预审与选址意见书核发之前，违规批复可行性研究报告，导致批复的项目建设内容与项目用地范围不符。

案例：某大型医疗项目，项目可行性研究报告违规在核发建设项目用地预审与选址意见书之前批复，导致可行性研究报告批复的项目建设内容与项目用地范围不符，选址意见书中的用地面积为 143975.03m²，项目可行性研究报告的批复显示项目总用地面积为 144034.51m²。

避免措施：严格执行《建设项目用地预审管理办法》（国土资源部令第68号）第十五条"未经预审或者预审未通过的，不得批复可行性研究报告、核准项目申请报告"的规定，加强管理督导。

6）问题：未按节能审查要求进行节能措施设计。

案例：某大型医疗项目，项目初步设计及施工图设计中，未按项目节能审查意见书要求设计雨水回收系统及中水收集系统等节能措施，未在住院楼设计中采用太阳能热水系统。

避免措施：加强对项目节能工作的管理，严格按节能审查意见书设计相应图纸。

7）问题：施工许可证尚未办理，未经图审违规开始施工。

案例：某大型医疗项目，项目施工许可证未办理，未办理图审，项目已开工建设，施工许可证办理和图纸审查工作滞后。

避免措施：加强对工程基本建设程序工作的管理，及时办理施工许可证，及时进行图纸审查，可以请代建、项管单位代办，督促其办理。

8）问题：征地拆迁未签订合同，扩大征地拆迁范围，未按规定要求在征地批准后将养老保险对象进行公示，征地拆迁资金结余款长期闲置。

案例：某大型医疗项目，未严格落实合同制，项目征地拆迁工作未签订合同，红线外征地 57.48 亩并征收房屋 1537.05m²，涉及金额约 852.05 万元（红线外），项目征地获得批准，未按规定对享受养老保险补偿的对象及标准予以公示，项目征地拆迁资金结余 7195.57 万元长期闲置。

避免措施：严格履行合同，按规定执行政策，资金原则上应用于当年使用完毕，尽快形成实物工作量。

9）问题：项目基建资金未按要求设立专用账户。

案例：某医疗建筑项目，未按《中央预算单位银行账户管理暂行办法》规定，中央预算单位只能开设一个基本建设资金专用存款账户，用于核算本单位使用的各种基建资金。

避免措施：严格执行中央、省市财务管理规定，基建项目应设立专款专户，做好学习和自查工作。

13.3　招标、投标阶段的注意事项

1）问题：专项工程二次招标涉嫌围标，部分工程未公开招标或先施工后招标。

案例：某医疗项目综合楼，室外工程施工招标，中标单位与其他 2 家投标单位的投标文件中，有 4 项清单特征描述错误完全一致，34 项清单项目定额组价与招标控制价一致，涉嫌围标。暂估价工程弱电、智能化，总包单位自行邀请招标确定，未经过公开招标确定，桩基、幕墙、消防单位开标之前就在从事该项目工作。

避免措施：加强招标、投标过程监督，督促招标代理机构，评委认真履职，严格执行招标、投标有关规定，确保项目招标、投标工作合法合规，完善相关制度办法，规范招标、投标管理工作。

2）问题：招标控制价存在清单描述不合理的情况。

案例：某大型医疗项目，招标清单中排水管道穿楼板套管应根据实际类型单独列清单，不宜在管道安装清单内包含此内容。

避免措施：编制清单时应熟悉定额，合理合规套用定额，对清单应进行二次审核，招标控制价建议分别聘请非同一家专业的咨询单位进行编制、审核，确保其准确性和完整性。

3）问题：合同中标单价中存在不平衡报价等问题。

案例：外墙弹性涂料 80 元/m²，控制价约 20～30 元/m²。

避免措施：评标时做好清标工作，对投标文件中异常数据进行筛选、整理。

4）问题：招标清单中对于常规材料或者信息价发布的主材价格（如消防阀门、给水

排水阀门），不应放入材料暂估价。

案例：某大型医疗项目，消防阀门、给水排水阀门是材料暂估价。

避免措施：编制清单时应将常规材料和有信息价的主要材料编入清单内，尽量减少暂估价和暂估材料，避免后期二次招标，程序烦琐影响工期，工程造价无法准确控制，容易超概算。

5）问题：施工合同条款不严谨。

案例：某大型医疗项目，合同中对于需调差的主要材料约定不明，在执行材料调差过程中与施工单位产生分歧。

避免措施：编制合同时应参考各类规范，参照同类项目合同进行对比，同时可以聘请专业律师审理合同，保证合同的严谨性。

6）问题：二次招标进度缓慢，总工期延误。

案例：某大型医疗项目，幕墙、装饰、专项工程方案确定较慢，二次招标进度缓慢，影响总工期，导致工期延误，与合同工期不符。

避免措施：尽早确认二次招标工程施工方案，及时进行二次招标，做好项目推进衔接工作。

7）问题：招标清单及控制价、结算审核未进行复审。

案例：某大型医院新院区项目，招标清单及控制价、结算审核未走复审流程，相关数据存在不准确性。

避免措施：建议招标清单及控制价、结算审核增加复审流程，确保准确性。

8）问题：总包中标金额承诺下浮，修改了投标文件实质性内容，存在法律风险。

案例：某大型医疗项目，施工单位承诺在中标金额的基础上再下浮 5%，修改了投标文件实质性内容，存在法律风险。

避免措施：建议严格按招标文件、投标文件内容签订施工合同，减少法律风险。

9）问题：设计合同未响应招标文件内容。

案例：某大型医疗综合楼项目，设计招标金额 700 多万元，实际合同签订金额为 300 多万元，将中标范围内的室内装修、幕墙、弱电设计另行发包给其他单位。

避免措施：加强项目管理，项目建设中按照招标文件内容签订相应合同，规避相关责任风险。

10）问题：设计由无资质的个人设计。

案例：某大型医疗项目，基坑支护项目由无资质的个人设计，此人非中标设计单位的职工，个人账户收取了设计费。

避免措施：严格按国家规定选择参建单位，规范政府采购行为，同时加强对参建单位履约行为的监管力度。

11）问题：未执行《必须招标的工程项目规定》。

案例：某大型医疗建筑项目，某专业分包单位，施工单项合同估算价在 400 万元人民币以上，未进行公开招标。

避免措施：严格执行《必须招标的工程项目规定》（国家发展和改革委令第 16 号）的

相关要求，加强管理和审查，应该招标的工程项目必须招标。

13.4 建造阶段的注意事项

1) 问题：签证单计算拆除的工程量与实际不符，多结算价款。

案例：

①某大型医院新院区建设项目，病人电梯门套由直角改为外八形签证单，拆除墙面干挂砖，根据现场实际拆除工程量计算，原报送工程量为 777.60m²，调整工程量 583.20m²，调整金额约−43.01 万元；

②天花转换层铁骨架，签证单报送工程量为 36.606t，调整工程量 34.08t，调整金额约−40.59 万元。

避免措施：认真测量签证单拆除工程量，督促监理、跟踪审计据实核量，多级审批，联合汇签。

2) 问题：变更不合理，原施工内容返工，导致浪费。

案例：某大型医院新建院区项目，地下室厨房及办公区域，吊顶以上墙面及顶棚油漆施工完成后，施工图才变更需做吊顶，浪费油漆工作量。

避免措施：设计阶段应充分考虑各类方案，尽早确定构造做法，施工阶段尽量减少变更，若有变更应尽快决策和下发变更通知单，减少返工浪费。

3) 问题：未按图纸施工，结算多计工程量。

案例：

①某大型医疗科研楼项目，根据现场勘查凸出墙面的混凝土梁现场未抹灰，调整金额约−5 万元。

②某大型医疗项目，窗帘盒部分房间钢骨架、吊顶转换层钢骨架未按图施工，按现场实际情况进行调整。

③某大型医疗项目，石膏板吊顶水平面阻燃板基层未施工，与竣工图不符。

避免措施：加强现场管理，按图施工，据实结算，若现场施工困难，应及时进行设计变更，在竣工图里体现，做好竣工图审核工作。

4) 问题：未按合同约定品牌采购材料、设备、构配件。

案例：某大型医疗项目，配电工程多功能仪表合同约定品牌为"南自诺博特"，合同单价 990～1651 元/个，实际采购非此品牌，单价为 350 元/个，多结了工程价款。

避免措施：加强对工程质量及计量工作的管理，在确保工程质量合格的前提下据实调整。

5) 问题：总包单位项目经理履约不到位，其他单位擅自变换投标人员。

案例：某大型医疗综合楼项目，合同约定项目经理每月在施工现场实际不少于 22 个工作日，实际查阅监理例会纪要等资料，项目经理平均每周到场 2 次，设计、监理、代建单位擅自更换项目管理人员，未报委托人同意。

避免措施：加强合同履约管理，严格规范建设项目设计和现场代建、施工、监理单位人员的管理。

6）问题：总包单位违规分包，涉及金额较多，涉嫌转包给个人实施。

案例：某大型医疗建设项目，总包单位将部分精装工程分包给无资质单位施工，桩基分包单位将工程违规再次分包，桩基工程劳务分包购买了混凝土，判定为分包再分包，房屋拆除工程和土方工程工程款打入个人账户。

避免措施：加强现场管理，加强分包及合同管理，严格审核施工单位资质，人员资格，及时发现和纠正现场管理中出现的问题，确保项目质量。

7）问题：施工过程中变更较多，结算增加造价。

案例：某大型医疗项目，给水排水、暖通、消防、电气系统在施工阶段变更较多，如排水、消防、暖通管道材质变更等，导致结算造价增加。

避免措施：充分做好前期决策工作，尽量较少设计变更，特别是装饰、安装材料品牌、质量的变更，严格进行造价控制。

8）问题：未按要求出具环境保护监测报告，第三方检测服务委托不合规，涉嫌违法分包。

案例：某大型医疗项目，项目建设期间未按要求出具环境保护监测报告，见证取样等检测业务未经建设单位委托，而是由施工单位自行委托。

避免措施：加强对项目环保工作的管理，严格执行《建设项目环境保护管理条例》（国务院令第 682 号）第十六条的规定和《建设工程质量检测管理办法》的规定，加强分包及合同管理，完善相关制度办法，保障项目建设依法依规。

9）问题：部分材料进场未按规定复检，未报验，检验报告等资料不实。

案例：某大型医疗项目，空调送风管绝热材料、照明光源、照明灯具及其附属装置，混凝土中使用的液态无机纳米抗裂减渗剂、墙面和天花矿棉吸声板、天花负离子生硅晶板等材料，均未见第三方检测机构出具的材料复验报告，部分未向监理报验，型号不同的三份电缆桥架的检验报告编号相同，岩棉板检验报告的中心编号与条形码编号不一致。

避免措施：加强材料进场验收管理，加强资料收集和整理工作，各方对资料内容的真实性、完整性、有效性负责。

10）问题：项目推进缓慢，导致地方专项债资金滞留，拖欠工程总承包单位建设款，工程总承包单位欠付中小企业工程分包及材料采购款项。

案例：某大型医疗项目，项目开工 2 年多，建设专项债券资金使用不足，实际支付工程款累计与实体工程量不符，欠付工程总承包单位工程建设款，工程总承包单位欠付中小企业工程分包及材料采购款项。

避免措施：严格履行合同，积极推进项目前进，妥善解决拖欠问题。

11）问题：项目超付进度款，未施工内容已支付工程款。

案例：某大型医疗项目，项目正在施工工程桩，但进度款支付已到主体结构，存在超付进度款现象。

避免措施：加强进度款审核工作，严格按照实体进度支付进度款，规范国有资金的使用。

12) 问题：项目重大变更，金额较大，影响工期，项目指挥部未执行"三重一大"规定。

案例：某医疗建设项目，病房卫生间地面砖已贴，但后期平面布局要变化，导致拆除地面砖、回填层及中间隔墙，重新做水电布置，防水、回填和贴砖，影响工期和造价，变更未经集体讨论。

避免措施：严格执行"三重一大"规定，即重大事项决策、重要干部任免、重大项目投资决策、大额资金使用。"重大事项决策、重要干部任免、重要项目安排、大额资金的使用，必须经集体讨论做出决定"。

13) 问题：建设单位对预算资金使用规则不熟悉。

案例：某医疗建设项目，建设单位对中央《财政预算资金拨付管理暂行办法》和湖北省《经济建设项目资金预算绩效管理规则》文件不熟悉，拨款金额或拨款使用的预算科目出现错误，未及时纠正。

避免措施：做好财政预算资金相关文件的交底和学习工作，落实相关规定，阶段性进行财务自查工作。

13.5 材料、设备认质认价阶段的注意事项

1) 问题：部分认质认价单小组成员签字但未盖章，材料认价个别存在无三家及以上报价的情况。

案例：某大型医院新院区建设项目，认质认价单未盖章，个别无三家及以上报价。

避免措施：严格执行项目认质认价管理规定，及时做好签字、盖章工作，做好相关资料收集和整理，无三家及以上的认质认价单应重新组织认质认价工作，严禁盲目签字。

2) 问题：按合同约定，公开招标的材料、设备暂定价及专业工程暂估价由发包人组织招标并提供工程量清单，招标控制价为最高限价，而实际过程中招标人为总包单位。

案例：某大型医院新建院区项目，合同约定二次招标的项目招标人为发包人，但实际过程中由承包人实施。

避免措施：严格履行合同要求，也可在合同中明确招标为联合招标，发包人和承包人共同组织招标，在招标阶段参与其中，留下痕迹。

3) 问题：施工期装饰材料和安装材料市场价，存在认质认价程序确定的材料价格偏高于市场平均水平的情况。

案例：

①某大型医疗项目，认质认价确定的材料价格偏高，防排烟就地缆绳控制装置认质认价 4000 元/套，明显高于市场价，按 680 元/套单价调整。

②某大型医疗综合楼项目，室内精装修吊顶高晶板，认质认价确定为 135 元/m²，同期市场价为 61 元/m²，定价过高。

避免措施：认质认价期间充分做好市场调研和考察，价格应在合理利润内，加强材料

定价工作的监督管理，据实结算，节约国家建设资金，控制好工程成本。

4）问题：根据项目规定，认质认价的材料、设备价格原则上不得突破暂定价，实际存在认质认价的材料、设备价格超过暂定价。

案例：某大型医疗项目，部分认质认价后的价格超过了暂定价。

避免措施：认质认价过程中尽量不要超过暂定价，确定暂定价时应考虑充分。

5）问题：认质认价单中材料商报价龙骨不计费用，但结算却计取了。

案例：某大型医疗项目，藻钙板吊顶、铝扣板吊顶，根据认质认价单中材料商报价龙骨不计费用，结算应扣除。

避免措施：认质认价相关文件应作为结算的重要依据，认质认价材料应齐全，涉及造价内容应完整，清晰，结算时应重点对照。

6）问题：合同清单内材料品牌变更，后期认质认价后调增金额较大。

案例：某大型医院新院区建设项目，合同清单内装饰、安装材料品牌变更，后期认质认价后调增金额较大。

避免措施：充分做好前期决策工作，考虑周到，使用当下高质量、经济性的材料，在可研阶段就确定好材料品牌，尽量不变更品牌。

7）问题：材料的认质认价单中未明确价格的组成明细。

案例：某大型医疗项目科研楼项目，材料的认质认价单中未明确价格的组成明细。

避免措施：建议材料的认质认价单中明确价格的组成明细，便于结算和审计。

13.6　竣工结算阶段的注意事项

1）问题：钢筋、模板、混凝土、砌体工程量计算误差。

案例：

①竣工资料审核钢筋工程量，原报送工程量为 9179.808t，调整工程量 64.233t，调整金额约 -35.49 万元。

②原报送砌体工程量为 20176.56m³，调整工程量 201.96m³，调整金额约 -14.16 万元。

避免措施：认真核实竣工图工程量，结合跟踪审计情况，督促结算审计单位认真计算项目工程量。

2）问题：结算按竣工图计量计价，但实际因变更未施工。

案例：某大型医院新院区建设项目，裙楼 2 层屋面的面砖未做，变更取消为绿化屋面，结算时计取了屋面砖工程量，调整工程量 852.75m²，调整金额约 -7.89 万元。

避免措施：认真核对现场最终施工情况，结算时应多勘查现场，扣减未施工内容。

3）问题：装饰装修铝单板、墙布、钢质门等工程量，现场与结算不一致。

案例：

①某大型医院新院区建设项目，裙楼钢质门现场实际工程量与结算不一致，调整工程量 27.07 樘，调整金额约 -12 万元。

②裙楼白色铝单板（异形柱）工程量，调整工程量 143.05m^2，调整金额约 -8.5 万元。

避免措施：结算时应多勘察现场，对比结算工程量，督促结算审计认真按实际情况进行工程量审核。

4）问题：安装工程工程量重复计取。

案例：

①某大型医疗项目，地下室空调补水管与给水排水专业存在重复，核减空调补水管与给水管重复计算的工程量。

②空调水管道不锈钢软接头保温工程量已计算在管道保温工程量内，核减送审的不锈钢软接头保温工程量。

避免措施：结算审计时各专业应经常进行沟通，找出重复计算的工程量，总负责人应牵头组织协调，对各专业工程量进行复核。

5）问题：安装工程冷冻机房内阀门实际与结算不一致。

案例：某大型医疗项目，地下室制冷机房部分阀门规格、类型和数量，竣工图纸与现场实际不符，按实际调整。

避免措施：结算时应多勘察现场，对比结算工程量，督促结算审计认真按实际情况进行审量，施工过程中应按图进行检查，督促施工单位和监理单位落实相关职责，按图施工。

6）问题：结算计算时计价失误，重复计价。

案例：某综合医院科研楼项目，结算中综合脚手架（超高层），高度超过 3600mm 的费用已包含在原投标综合脚手架内，重复计价，调整金额约 -15.5 万元。

避免措施：熟悉投标清单，对比结算报审内容，重复计取的应进行扣除。

7）问题：结算时套用定额子目时重复计价。

案例：某大型综合医院项目，签证单套用定额子目"A7-87 有梁板胶合板模板钢支撑"工作内容均已包含有梁板模板搭设及拆除。

避免措施：合理套用定额子目，查询重复计价地方，及时扣除已包含内容的量价。

8）问题：结算综合单价与合同单价不一致，多结工程款。

案例：某大型综合医院项目，风机支架以及管道绝热送审综合单价与合同综合单价不一致，调整成一致。

避免措施：结算时严格审核结算综合单价，对比合同综合单价，不一致时应及时调整。

9）问题：未及时办理竣工结算。

案例：某大型医疗综合楼项目，竣工验收 1 年后，仍有五项主要项目未进行工程项目结算，涉及金额 2000 多万元。

避免措施：严格执行相关规定，及时完成竣工结算等相关工作，大型项目一般不得超过 3 个月。

13.7 审计相关资料的注意事项

审计工作一般在项目竣工验收后进行，有的项目在1年后，有的甚至5年后进行审计，而审计时需要提供的资料基本上是建设期所有的重要资料，所以有关资料的保存和留档非常重要，不仅可以证明管理履职痕迹，还可以为审计工作提供便利，缩短审计周期，本节根据以往审计项目情况，列出了审计单位需要的资料目录清单（见表13-1），供大家在建设过程中注重收集和整理。

审计需提供资料清单

表13-1

序号	资料名称	备注
一、建设单位资料		
1	项目可行性研究报告，项目申请、立项、批复等文件、资料	
2	项目投资概算批复、项目征地、项目环评等批复文件、资料	
3	设计方案审查论证资料	
4	设备及材料采购、施工、勘察设计、监理招标、投标文件、评标资料与投标资料	
5	工程施工、勘察设计、监理合同、补充协议书	
6	招标设计图、施工图、竣工图	
7	工程变更及现场签证资料	
8	施工单位送审结（决）算资料	
9	工程质量监督注册登记	
10	工程、财务等内部控制制度及相关管理制度文件汇编	
11	会计报表、账簿及会计凭证；各项台账、辅助账（含电子版）	
12	银行对账单、银行流水及余额调节表	
13	跟踪审计报告、审计工作底稿、审计成果文件、施工单位报审资料	
14	项目签订的所有合同（施工、采购、勘察设计、监理等）管理台账（含电子版）	
15	与项目建设有关的文件（发文收文）、会议纪要、工作计划（总结）、工程进度等相关文件资料	
16	施工期间主要材料市场信息价	
17	招标、投标资料；所有参加资格预审单位的预审文件； 中标单位及未中标单位的投标文件、投标预算书； 资格预审报告、评标报告	
18	业主项目管理制度	
19	分期计量资料	
20	编制的竣工决算相关资料（包括项目概况、竣工财务决算表、交付使用资产表、项目概算执行情况表等）	
21	该项目向有关部门申报办理土地使用权证、房屋建筑物所有权证的相关资料	
22	预留尾工工程及费用的计提依据	
23	资金的计划文件及实际到位资金的情况	
24	建设、施工、设计、监理、跟踪审计等单位各部门的联系人姓名、职务、电话	

续表

序号	资料名称	备注
二、监理单位资料		
1	监理大纲、监理规划、监理实施细则	
2	监理日记及旁站记录、巡检记录、监理周报、监理月报	
3	会议纪要、监理指令	
4	开工报告	
5	施工测量放线报验单	
6	工程材料、构配件、设备报审表	
7	工程质量检验、工序验收资料	
8	监理工作总结	
9	工程变更单	
10	监理人员名单及职责分工、监理部人员变更资料	
11	所有进场原材料见证取样资料、台账(含电子版台账)	
12	专项施工方案审批资料	
13	施工配合比审批资料	
14	隐蔽工程施工照片(电子版)	
15	工程专业分包和劳务分包情况,分包单位资质证明资料;分包单位业主批复资料	
16	分期计量的审核记录(进度款支付审核记录)	
三、施工单位工程资料		
1	工程概、预、结算书及工程进度支付报表	
2	经监理审批的施工组织设计及专项施工方案、相关图纸	
3	图纸会审、工程变更、变更单价审批资料	
4	现场签证资料	
5	主要材料差价证明材料	
6	主要材料(水泥、砂、石、钢材、钢管、炸药、预制构件等)材质合格证明,进场交货单	
7	复测记录、工程定位测量、放线记录	
8	监理例会纪要、施工例会纪要	
9	经监理签字认可的实际工程量计算式	
10	技术交底资料	
11	关键工序、隐蔽工程的施工记录、验收资料、施工照片(含电子版)	
12	相关基础定额、文件资料	
13	施工日志、施工月报、现场施工记录	
14	各分项工程质量检验资料、工序报验资料、桩基检测资料(静载、小应变等)	
15	建设各方来往文件、函件、会议纪要	
16	现场工程量复核资料	
17	主要管理人员名单及职责分工、项目部人员变更资料	
18	其他相关资料	

续表

序号	资料名称	备注
四、施工单位财务资料		
1	财务报表、账本(包括材料台账,纸质及电子账均要求提供)、财务凭证、银行对账单;财务电子账要倒出序时账	
2	所有的经济合同(包括材料采购、设备租赁、劳务协作或劳动人事、工程分包、内部承包责任协议等)、合同管理台账(统计资料应同时提供电子版)	
3	材料采购台账,进出库台账及入库单等证明资料,包括电子及纸质资料	
4	工程专业分包和劳务分包情况,分包单位资质证明资料	
5	对分包单位验工计价资料(含劳务分包)	
6	各施工单位自开工以来,接受内部、外部审计、检查后,检查单位出具的检查结论性文件及落实、整改情况的相关资料	
7	各施工单位制订的各种内部控制制度及管理制度和制度执行、考核情况的相关文件、资料	
8	在报送工程及财务资料时,要一并报送有单位领导签字和盖有单位公章的承诺书(样本附后)	
9	其他相关资料	
五、征地拆迁相关资料(如有就按下列内容提供)		
1	与项目征迁有关的文件(发文收文)、会议纪要、工作计划(总结)、工程进度等相关文件资料	
2	房屋拆迁许可证	
3	红线范围图(CAD电子档)	
4	征拆前期实物调查资料	
5	执行征拆补偿标准的批复文件、安置计划和方案	
6	征拆报批报建批文	
7	征拆概算投资明细	
8	征拆资金来源、支出明细	
9	征拆资金拨付程序及拨付款清单	
10	财务账簿(含电子账)(如果单独建账)	
11	一户一档资料	
12	对外签订与征地拆迁有关的合同、协议等,如委托拆迁合同、购置还建房协议等	
13	跟踪审计报告	
14	其他相关资料	

第十四章

医疗建设项目全过程咨询参考数据

14.1　综合医院建设规划设计指标参考

14.1.1　综合医院床均建筑面积（见表14-1）

综合医院床均建筑面积　　　　　　　　　　　　　　　　表 14-1

医院类别	医院名称	床位数	总建筑面积(m²)	床均建筑面积(m²)	参考床均面积(m²)
综合医院	××人民医院	1200	259659.96	216.38	200～250
	××中心医院	1000	231169.50	231.17	
	××医院	600	118380.00	197.30	
	××人民医院	1000	244175.00	244.18	
	……	…	…	…	

14.1.2　综合医院七项用房参考面积比例（见表14-2、表14-3）

综合医院七项用房床均建筑面积指标（m²/床）　　　　　表 14-2

床位规模	200床以下	200～499床	500～799床	800～1199床	1200～1500床
床均建筑面积指标	110	113	116	114	112

综合医院七项用房面积参考分配指标（%）　　　　　　表 14-3

医院类别	急诊部	门诊部	住院部	医技科室	保障系统	业务管理	院内生活
综合医院	4%	13%	40%	26%	10%	4%	3%

14.2　造价参考数据

14.2.1　综合医院土建参考造价（见表14-4）

综合医院土建参考造价　　　　　　　　　　　　　　　表 14-4

医院类别	医院名称	床位数	建筑面积(m²)	土建造价(万元)	单方造价	参考单方造价(元)
综合医院	××人民医院（2020.10～2023.6）	1200	259659.96	75377.18	2903	2400～3600
	××中心医院（2020.11～2023.6）	1000	231169.50	81249.89	3515	
	××医院（2017.12～2021.8）	600	156800.28	37940.33	2419	
	……	…	…	…	…	

14.2.2　综合医院装修参考造价（见表 14-5）

综合医院装修参考造价　　　　　　表 14-5

医院类别	医院名称	床位数	建筑面积 （m²）	装修造价 （万元）	单方 造价	参考单方造价 （元）
综合医院	××人民医院 （2020.10～2023.6）	1200	259659.96	15523.84	598	600～1200
	××中心医院 （2020.11～2023.6）	1000	231169.50	27193.43	1176	
	××医院 （2017.12～2021.8）	600	156800.28	10382.4	662	
	……	…	…	…	…	

14.2.3　综合医院安装参考造价（见表 14-6）

综合医院安装参考造价　　　　　　表 14-6

医院类别	医院名称	床位数	建筑面积 （m²）	安装造价 （万元）	单方 造价	参考单方造价 （元）
综合医院	××人民医院 （2020.10～2023.6）	1200	259659.96	40777.65	1570	1200～2200
	××中心医院 （2020.11～2023.6）	1000	231169.50	51265.07	2218	
	××医院 （2017.12～2021.8）	600	156800.28	19162.16	1222	
	……	…	…	…	…	

14.2.4　综合医院抗震支架参考造价（见表 14-7）

综合医院抗震支架参考造价　　　　　　表 14-7

医院类别	医院名称	床位数	建筑面积 （m²）	抗震支架造价 （万元）	单方 造价	参考单方造价 （元）
综合医院	××人民医院 （2020.10～2023.6）	1200	259659.96	1441.66	56	50～80
	××中心医院 （2020.11～2023.6）	1000	231169.50	1382.82	60	
	××医院 （2017.12～2021.8）	600	156800.28	1222.00	77	
	……	…	…	…	…	

14.2.5　综合医院电梯参考造价（见表 14-8）

综合医院电梯参考造价　　　　表 14-8

医院类别	医院名称	床位数	建筑面积（m²）	电梯造价（万元）	单方造价	参考单方造价（元）
综合医院	××人民医院（2020.10～2023.6）	1200	259659.96	2481.50	96	100～200
	××中心医院（2020.11～2023.6）	1000	231169.50	2595.00	112	
	××医院（2017.12～2021.8）	600	156800.28	2739.00	175	
	……	…	…	…	…	

14.2.6　综合医院医疗专项参考造价（如表 14-9、表 14-10、表 14-11 所示）

净化工程参考造价　　　　表 14-9

医院类别	医院名称	床位数	建筑面积（m²）	净化造价（万元）	单床造价（万元）	参考单床造价（万元）
综合医院	××人民医院（2020.10～2023.6）	1200	259659.96	6600.75	5.5	5～9
	××中心医院（2020.11～2023.6）	1000	231169.50	8426.43	8.4	
	××医院（2017.12～2021.8）	600	156800.28	4695	7.8	
	……	…	…	…	…	

医用气体参考造价　　　　表 14-10

医院类别	医院名称	床位数	建筑面积（m²）	医用气体造价（万元）	单床造价	参考单床造价（万元）
综合医院	××人民医院（2020.10～2023.6）	1200	259659.96	1361.75	1.13	0.8～1.2
	××中心医院（2020.11～2023.6）	1000	231169.50	819.528	0.82	
	××医院（2017.12～2021.8）	600	156800.28	668.00	1.11	
	……	…	…	…	…	

物流系统参考造价 表 14-11

医院类别	医院名称	床位数	建筑面积（m²）	物流系统造价（万元）	单方造价	参考单方造价（元）
综合医院	××人民医院（2020.10～2023.6）	1200	259659.96	2428.57	94	90～150
	××中心医院（2020.11～2023.6）	1000	231169.50	3400	147	
	××医院（2017.12～2021.8）	600	156800.28	1480.79	94	
	……	…	…	…	…	

14.3 配电容量参考数据（见表 14-12）

配电容量参考数据 表 14-12

医院类别	医院名称	床位数	建筑面积（m²）	配电容量 W/m²	参考配电 W/m²	参考负载率	参考变压器容量 VA/m²
综合医院	××人民医院（2020.10～2023.6）	1200	259659.96	123.6	100～120	0.8～0.9	90～100
	××中心医院（2020.11～2023.6）	1000	231169.50	95.8			
	××妇幼医院（2020.4～2023.4）	500	155540.00	97.8			
	……	…	…	…			

14.4 柴油发电机参考数据（见表 14-13）

柴油发电机参考数据 表 14-13

医院类别	医院名称	床位数	建筑面积（m²）	需保障的荷载容量 W/m²	参考保障容量 W/m²	参考转换系数	参考柴发功率 W/m²
综合医院	××人民医院（2020.10～2023.6）	1200	259659.96	46.2	30～45	0.6～0.7	20～30
	××中心医院（2020.11～2023.6）	1000	231169.50	30.4			
	××妇幼医院（2020.4～2023.4）	500	155540.00	20.0			
	……	…	…				

14.5　空调容量参考数据（见表 14-14）

表 14-14

空调容量参考数据

医院类别	医院名称	床位数	地上建筑面积（m²）	参考空调面积比例	冷指标（W/m²）	参考装机与计算比值	参考装机容量 W/m²
综合医院	××人民医院（2020.10～2023.6）	1200	191627.00	0.8～1.0	130～200	0.9～1.0	120～200
	××中心医院（2020.11～2023.6）	1000	121330.00				
	××妇幼医院（2020.4～2023.4）	500	80540.00				
	……	…	…				

14.6　电梯配置参考数据

14.6.1　门诊、医技扶梯配置参考数量（如图 14-1 所示）

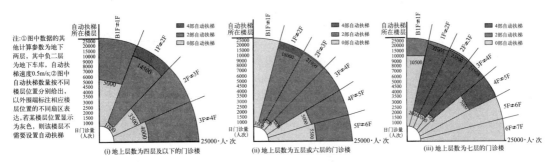

图 14-1　电梯配置参考数据

　　一般情况下，门诊、医技楼栋每层配置扶梯 2 台（一上一下），门诊量达到 20000 人及以上时建议每层配置 4 台。

14.6.2　门诊、医技电梯配置参考数量（见表 14-15）

表 14-15

门诊、医技电梯数量可参照以下表电梯速查表配置

日门诊量/人次	3层	4层	5层	6层	7层	日门诊量/人次	3层	4层	5层	6层	7层
1000	1	2	2	2	2	4000	4	5	5	6	6
1500	2	2	2	3	3	4500	5	5	6	6	7
2000	2	3	3	3	3	5000	5	6	7	7	8
2500	3	3	3	4	4	5500	6	6	7	8	8
3000	3	4	5	4	5	6000	6	7	8	8	9
3500	4	4	5	5	5	6500	6	7	9	9	10

续表

日门诊量/人次	3层	4层	5层	6层	7层	日门诊量/人次	3层	4层	5层	6层	7层
7000	7	8	9	10	11	16500	19	21	23	25	25
7500	7	9	10	10	11	17000	19	21	23	26	26
8000	8	10	11	10	12	17500	20	22	24	27	27
8500	9	10	11	12	13	18000	20	22	25	27	28
9000	10	10	12	13	14	18500	21	23	26	28	28
9500	10	11	12	13	14	19000	21	24	26	29	29
10000	10	12	12	13	15	19500	22	25	27	30	30
10500	11	12	13	14	16	20000	23	25	28	30	31
11000	11	13	13	15	17	20500	23	26	29	31	31
11500	12	13	15	16	17	21000	24	26	29	32	32
12000	13	13	15	17	17	21500	24	27	30	33	33
12500	13	14	16	17	19	22000	25	27	31	34	34
13000	13	15	17	18	20	22500	25	28	31	35	35
13500	13	15	17	18	21	23000	26	29	32	35	35
14000	14	16	17	19	22	23500	26	30	33	36	36
14500	14	17	19	20	23	24000	27	31	34	37	37
15000	15	18	20	21	23	24500	28	31	34	38	38
15500	17	19	21	24	24	25000	29	32	35	38	39
16000	18	20	22	25	24						

14.6.3 住院楼电梯配置参考数量（见表 14-16）

住院楼电梯配置参考数量　　　　　　　　　　　　表 14-16

床位数	电梯台数																		
	8层	9层	10层	11层	12层	13层	14层	15层	16层	17层	18层	19层	20层	21层	22层	23层	24层	25层	26层
500	3	3	3	3	3	3	4	4	4	4	4	4	4	4	4	4	4	4	4
550	3	3	3	3	4	4	4	4	4	4	4	4	4	4	5	5	5	5	5
600	3	4	4	4	4	4	4	4	4	5	5	5	5	5	5	5	5	5	5
650	4	4	4	4	4	4	5	5	5	5	5	5	5	5	6	6	6	6	6
700	4	4	4	4	5	5	5	5	5	5	5	5	6	6	6	6	6	6	6
750	4	4	5	5	5	5	5	5	6	6	6	6	6	6	6	6	6	6	7
800	4	5	5	5	5	6	6	6	6	6	6	6	6	7	7	7	7	7	7
850	5	5	5	5	6	6	6	6	6	7	7	7	7	7	7	7	7	7	8
900	5	5	5	6	6	6	6	6	7	7	7	7	7	7	8	8	8	8	8
950	5	6	6	6	6	6	7	7	7	7	7	7	8	8	8	8	8	8	9
1000	5	6	6	6	6	7	7	7	7	7	8	8	8	8	9	9	9	9	9
1050	6	6	6	7	7	7	7	7	8	8	8	8	9	9	9	9	9	9	9
1100	6	6	7	7	7	7	8	8	8	8	8	8	9	9	9	9	9	9	10
1150	6	7	7	7	8	8	8	8	8	9	9	9	9	10	10	10	10	10	10
1200	7	7	7	7	8	8	8	8	9	9	9	10	10	10	10	10	10	10	11
1250	7	7	8	8	8	8	9	9	9	9	10	10	10	10	11	11	11	11	11
1300	7	8	8	8	8	9	9	9	10	10	10	10	11	11	11	11	11	11	12
1350	7	8	8	8	9	9	10	10	10	10	10	10	11	11	11	11	11	11	12
1400	8	8	8	9	9	9	10	10	10	10	11	11	11	11	12	12	12	12	13
1450	8	8	9	9	9	10	10	10	11	11	11	11	12	12	12	12	12	12	13
1500	8	9	9	9	10	10	11	11	11	11	12	12	12	12	13	13	13	13	13

14.7　UPS 参考数据（见表 14-17）

UPS 参考数据　　　　　　　　　　　　　　　　表 14-17

医院类别	医院名称	床位数	建筑面积（m²）	需保障的荷载容量 W/m²	参考保障容量 W/m²	参考 UPS 配置功率 W/m²
综合医院	××人民医院（2020.10～2023.6）	1200	259659.96	5.0	5～6	5～6
	××中心医院（2020.11～2023.6）	1000	231169.50	5.96		
	……	…	…	…		

14.8　医疗专项验收参考交付标准（见表 14-18～表 14-29）

暖通空调系统验收交付标准　　　　　　　　　　表 14-18

项目	内容
资料移交项目	1. 图纸会审记录、设计变更通知书和竣工图。 2. 主要材料、设备、成品、半成品和仪表的出厂合格证明及进场检(试)验报告。 3. 隐蔽工程验收记录。 4. 工程设备、风管系统、管道系统安装及检验记录。 5. 管道系统压力试验记录。 6. 设备单机试运转记录。 7. 系统非设计满负荷联合试运转与调试记录。 8. 分部(子分部)工程质量验收记录。 9. 观感质量综合检查记录。 10. 安全和功能检验资料的核查记录。 11. 净化空调的洁净度测试记录。 12. 新技术应用论证资料
质量检查项目	1. 风管表面平整、无破损、接管合理;风管连接处以及风管与设备或调节装置的连接,无明显缺陷 2. 风口表面应平整,颜色一致,安装位置正确,风口可调节部件应能正常动作。 3. 各类调节装置的制作和安装应正确牢固,调节灵活,操作方便。防火及排烟阀等关闭严密,动作可靠。 4. 制冷及水管系统的管道、阀门及仪表安装位置正确,系统无渗漏。 5. 风管、部件及管道的支、吊架型式、位置及间距符合相关规范要求。 6. 风管、管道的软管位置应符合设计要求,接管正确、牢固,自然无强扭。 7. 通风机、制冷机、水泵、风机盘管机组的安装应正确牢固。 8. 组合式空调机组外表平整光滑、接缝严密,组装顺序正确。 9. 消声器安装方向正确,外表面应平整无破损。 10. 绝热层的材质、厚度符合设计要求;无断裂和脱落,保温钉分布均匀,数量符合规范,法兰部位绝热层厚度不小于风管绝热层的 0.8 倍,室外防潮层或保护壳应顺水搭接,无渗漏。 11. 风口与风管的连接应严密、牢固,与装饰面紧贴,表面平整不变形,调节灵活可靠,同一厅、室相同风口安装高度应一致,排整齐
综合效能试验	1. 送回风口空气状态参数的测定与调整。 2. 空调机组性能参数的测定与调整。 3. 室内噪声的测定

续表

项目	内容
综合效能 试验	4. 室内空气温度和相对湿度的测定与调整。 5. 冷水系统湿度、压力检测与调整。 6. 通风(排烟)风速、风量测试。 7. 室内静压的测定与调整。 8. 防排烟系统综合效能试验的测定项目,模拟状态下安全区正压变化测定及烟雾扩散试验等。 **室内采暖计算温度** {表}

室内采暖计算温度

用房名称	计算温度(℃)
病房	20～24
诊室、检查、治疗室	18～24
患者浴室、盥洗室	22～26
一般手术室、产房	20～24
办公、活动用房	18～20
无人活动用房(如药品库)	≥10

洁净系统交付验收标准　　　　表 14-19

项目	内容
资料移交 项目	1. 图纸会审记录、设计变更通知书和竣工图。 2. 主要材料、设备、成品、半成品和仪器、仪表的出厂合格文件及进场检查、检验报告。 3. 隐蔽工程检查验收记录。 4. 工程设备、部件、附件,洁净室墙体、顶棚、门窗以及风管系统、管道系统安装及检验记录。 5. 管道试验记录,高纯气、高纯水的纯度检测记录。 6. 设备单体试运转记录。 7. 系统无负荷联合试运转及调试记录。 8. 分部质量综合检查记录,包括空气过滤器的泄漏检查等
质量检查 项目	1. 各种管道、净化空调设备、自动灭火装置等的安装应正确、严密、牢固,其偏差应符合有关规定。 2. 各类调节装置、阀门、附件应严密,调节灵活、操作方便。 3. 净化空调设备、风管系统及送回风口无灰尘。 4. 洁净室的内墙面、顶棚内表面、地面、各类管道,应光滑、平整、不起尘、色泽均匀,地面无静电现象。 5. 穿越洁净区域的各类管线、送回风口、配电盘柜等穿越处的密封可靠、严密
检测项目	1. 空气洁净度等级测定(生物洁净室还应进行浮游菌、沉降菌测定)。 2. 静压差测试。 3. 风速或风量测试。 4. 高效过滤器的检漏检测。 5. 温度、相对湿度。 6. 室内气流流型。 7. 自净时间。 8. 室内照度测定。 9. 防静电性能测定。 10. 噪声测定;微振测定。 11. 洁净室内高纯水、高纯气系统应进行供应配管的试压、泄漏量和污染状况的测试
综合性能 验收	1. 洁净室的综合性能检测和评定,应委托第三方有资格的检测单位进行。 2. 洁净室各系统已调试完成,并至少稳定运行超过 24h。 3. 对洁净应再次进行全面清洁,按规定确定检测人员(含配合人员)的人数,制定进出洁净室的制度,并列出携带进入洁净室的仪器、工具等清单

续表

项目	内容	
综合性能验收	洁净室必测项目	
	序号	项目
	1	Ⅰ级洁净手术室手术区和Ⅰ级洁净辅助用房洁净度为局部5级区的地面以上1200mm工作面的截面风速和速度不均匀度
	2	Ⅱ~Ⅳ洁净手术室和洁净辅助用房的换气次数以及Ⅱ、Ⅲ级手术室风口下无速度盲区
	3	新风量
	4	末级过滤器检漏
	5	手术室的严密性
	6	静压差
	7	Ⅰ级洁净用房开门后内600mm空气洁净度
	8	空气洁净度级别
	9	温湿度
	10	噪声
	11	照度
	12	甲醛、苯和总挥发性有机物(TVOC)浓度
	13	细菌浓度
	14	谐波畸变率

供、配电系统交付验收标准　　　　　　　表 14-20

项目	内容
资料移交项目	1. 图纸会审记录、设计变更通知书和竣工图。 2. 主要材料、设备、成品、半成品和仪表的出厂合格证明及进场检(试)验报告。 3. 隐蔽工程验收记录。 4. 设备安装及检验记录。 5. 设备通电试运行记录。 6. 接地、绝缘电阻测试记录。 7. 系统非设计满负荷联合试运转与调试记录。 8. 分部(子分部)工程质量验收记录。 9. 观感质量综合检查记录。 10. 安全和功能检验资料的核查记录
质量检查项目	1. 高压开关柜与低压配电屏设置在同一房间内,其高压柜与低压配电屏间距不应小于2000mm。 2. 高、低压配电室的门要向外开,应设置送风、排风、气体灭火系统,及防鼠挡板、泄爆口;空调设备设置有效降低电气设备运行时温升的安全保护措施。 3. 高压配电室内各种通道的最小宽度,单列布置(柜后维修通道800mm,柜前操作通道;固定式柜2000mm),双列背对背布置(柜后维修通道1000mm,柜前操作通道1500mm);双列面对面布置(柜后维修通道800mm,柜前操作通道固定式柜2000mm)。 4. 低压配电屏前后通道最小宽度,固定式(单列布置;屏前通道1500mm,屏后通道1000mm),(双列背对背布置;屏前通道2000mm,屏后通道1000mm),(双列面对面布置;屏前通道2000mm,屏后通道1000mm),抽屉式(单列布置;屏前通道1800mm,屏后通道1000mm),(双列面对面布置;屏前通道2300mm,屏后通道1000mm),(双列背对背布置;屏前通道1800mm,屏后通道1500mm)。 5. 配电房低压柜各电力电缆应悬挂标志牌并注明线路编号、电缆型号规格、起止点,且挂装应牢固

续表

项目	内容
质量检查项目	6. 高低配电室电力设备,高压速断开关应定期检测,其高压电缆及变压器应进行耐压试验。 7. 配电房照明灯具及风管禁止安装在电力设备上方。 8. 配电房电力设备接地母线(镀锌扁钢)可靠联接及接地电阻值测试不大于 4Ω,且变压器中性点可靠连接。 9. 配电房低压电力电缆桥架出口设置及数量,其桥架内电缆排布的总截面积不能超过电缆桥架总容量的 40%。 10. 配电房电缆沟支架水平间距应为 80cm,其双侧支架交错安装,支架均衡承载。 11. 供配电电力电缆敷设转弯半径不应小于电缆外径 10D,其电缆绝缘摇测电阻值不应小于 10MΩ。 12. 配电房上墙内容:①配置高低压配电房牌,加编号区分;②供配电系统线路模拟板(配电系统图);③警示牌(机房重地　非请勿入);④变配电室值班安全工作制度;⑤配电房安全管理制度

给水排水系统交付验收标准　　　　　　　　　　　　表 14-21

项目	内容
质量检查项目	1. 管道安装应横平竖直、铺设牢固,坡度符合要求,阀门、龙头安装平正。 2. 管道穿过结构伸缩缝、抗震缝及沉降缝敷设时,在墙体两侧采取柔性连接。 3. 室内给水管道施工技术要求 (1)管道及配件安装 ①冷热水管道上下平行安装时热水管道应在冷水管道上方,垂直安装时热水管道应在冷水管道左侧。 ②给水水平管道应有 2‰~5‰ 的坡度坡向泄水装置。 ③给水引入管与排水排出管的水平间距不得小于 1000mm。 ④水表应安装在便于检修,不受暴晒、污染和冻结的地方。 (2)室内给水管道系统水压试验: ①室内给水管道的水压试验必须符合设计要求。当设计未注明时,各种材质的给水管道系统试验压力均为工作压力的 1.5 倍,但不得小于 0.6MPa。 ②金属及复合管给水管道系统在试验压力下观测 10min,压力下降值不应大于 0.02MPa,然后降到工作压力进行稳查,应不满不漏;塑料管给水系统应在试验压力下稳压 1h,压力下降值不得超过 0.05MPa,然后在工作压力的 1.15 倍状态下稳压 2h,压力下降值不得超过 0.03MPa,同时检查各连接处不得渗漏
检验检测	1. 承压管道系统和设备及阀门水压试验。 2. 排水管道灌水、通球及通水试验。 3. 雨水管道灌水及通水试验。 4. 给水管道通水试验及冲洗、消毒检测。 5. 卫生器具通水试验,具有溢流功能的器具满水试验。 6. 地漏及地面清扫口排水试验。 7. 消火栓系统测试。 8. 采暖系统冲洗及测试。 9. 安全阀及报警联动系统动作测试。 10. 锅炉 48h 负荷试运行

医用气体系统交付验收标准　　　　　　　　　　　　表 14-22

项目	内容
资料移交项目	1. 气体管道压力测试记录
质量检查项目	1. 医用气体管道应选用紫铜管或不锈钢管,负压吸引和手术室废气排放输送管可采用镀锌钢管。管道、阀门和仪表附件安装前应进行脱脂处理。 2. 供氧管道不应与电缆、腐蚀性气体和可燃气体管道敷设在同一管道井或地沟内。敷设有供氧管道的管道井,宜有良好通风

项目	内容
质量检查项目	3. 氧气管道架空时,可与各种气体、液体(包括燃气、燃油)管道共架敷设。共架时,氧气管道宜布置在其他管道外侧,并宜布置在燃油管道上面。供应洁净手术部的医用气体管道应单独设支吊架。 4. 除氧气管道专用的导电线外,其他导电线不应与氧气管道敷设在同一支架上。 5. 病区及洁净手术部内的氧气干管上,应设置手动紧急切断气源的装置。 6. 穿过墙壁、楼板的氧气管道应敷设在套管内,并应用石棉或其他不燃材料将套管间隙填实。氧气管道不宜穿过不使用氧气的房间,必须通过时,在房间内的管道上不应有法兰或螺纹连接接口。 7. 新建医用气体系统应进行各系统的全面检验与验收,系统改建、扩建或维修后应对相应部分进行检验与验收。 8. 检验与验收用气体应为干燥、无油的氮气或符合相关规范规定的医疗空气。 医用气体的终端压力 医用气体表见下

医用气体的终端压力

医用气体	供气压力(MPa)
氧气	0.40～0.45
氧化亚氮	0.35～0.40
医用真空	−0.03～−0.07
压缩空气	0.45～0.95
氮气	0.80～1.10
氩气	0.35～0.40
二氧化碳	0.35～0.40

物流传输系统交付验收标准　　　　　　　　　　　　　表 14-23

项目	内容
质量检查项目	1. 启动及停止均有缓冲,无撞击、平稳接收,系统周转箱传输全过程保持水平状态。血液标本传送前后指标无变化。 2. 系统无润滑油泄漏、无超标噪声污染,系统不对其他设备产生电磁干扰。 3. 系统易管理、易维护、易升级,系统具有故障恢复能力,传输中如发生断电,数据不会丢失,来电后能自动恢复,继续完成原定传输指令,整机系统具有故障自诊自动排除功能。 4. 系统应具有防止通过工作站点将相关科室的空气带到另外的科室造成空气交叉感染的功能措施。 5. 医院物资管理平台软件,需能保证物资传输与物资管理的同步,实现物资管理的自动化和信息化。 6. 传输速度:水平传输速度:0.8～1m/s;垂直传输速度:不小于 1.75m/s

防扩散、防污染系统交付验收标准　　　　　　　　　　表 14-24

项目	内容
质量检查项目	1. 医疗机构病区和非病区的污水,传染病区和非传染病区的污水应分流,不用二级处理＋消毒工艺或深度处理＋消毒工艺;执行预处理标准时宜采用一级处理或一级强化处理＋消毒工艺。 2. 负压隔离病房应符合下列规定: (1)给水管道应设置倒流防止器。 (2)排水立管不应在负压隔离病房内设置检查口或清扫口。 (3)排水管道的通气管口应高出屋面不小于 2000mm,通气管口周边应通风良好,并应远离一切进气口。 (4)排风机应与送风机连锁,排风机先于送风机开启,后于送风机关闭。 (5)排风高效过滤器的安装应具备现场检漏的条件;否则应采用经预先检漏的专用排风高效过滤装置。 (6)排风口应高出屋面不小于 2000mm,排风口处应安装防护网和防雨罩。 (7)对病房的医、患通道,污染区与半污染区、半污染区与清洁区的过渡房间应进行出入控制,并应具有识别出入人员的功能。识别及相关的开启装置应易于操作

续表

项目	内容
质量检查项目	(8)病房内控制显示盘、开关盒宜采用嵌入式安装,与墙体之间的缝隙应进行密封处理,并应与建筑装饰协调一致。 (9)配电箱应设在污染区外。 3. 污染区和半污染区所有墙面、顶棚的缝隙和孔洞都应填实密封。有压差要求的房间宜在合适位置预留测压孔,其孔径应与所配的压力表孔径一致,测压孔未使用时应有密封措施。 4. 呼吸道传染病房内排(回)风口下边沿离地面不宜低于100mm,上边沿不宜高于600mm;排(回)风口风速不宜大于1.5m/s。 5. 污染区和半污染区排风管道的正压段不宜穿越其他房间,排风机应设置在室外排风口附近。 6. 污染区和半污染区电气管线应暗敷,设施内电气管线的管口应采取可靠的密封措施。 7. 进入污染区和半污染区气体管道,应设套管,套管内管材不应有焊缝与接头,管材与套管间应用不燃材料填充并密封,套管两端应有封盖。 8. 负压隔离病房内供病人使用的医用气体支管上的止回装置应靠近病房位置。 9. 负压手术室及负压隔离病房的空调设备监控应具有监视手术室及负压隔离病房与相邻室压差的功能,当压差失调时应能声光报警。 10. 通风空调系统的电加热器应与送风机连锁,并应设无风断电、超温断电保护及报警装置。严寒地区、寒冷地区新风系统应设置防冻保护措施。 11. 麻醉废气排放系统、负压吸引系统应安装性能符合设计要求的过滤除菌器。负压隔离病房内不应安装各类灭火用喷头。 12. 非负压隔离病房区消防管道应避开负压隔离病房区,不能避开时,应采取防护措施。非负压隔离病房区消防管道的阀门不应设置在负压隔离病房区。 13. 污染区和半污染区的排烟口应采用常闭排烟口。

负压隔离病房环境指标检测项目

序号	项目
1	送风量(换气次数)
2	新风量
3	排风量
4	静压差
5	温度
6	相对湿度
7	噪声
8	照度
9	病房内气流流向
10	排风高效空气过滤器全部检漏
11	送、排风机连锁可靠性验证

污水处理系统交付验收标准　　　　　　　　　　　表 14-25

项目	内容
质量检查项目	1. 医疗机构病区和非病区的污水,传染病区和非传染病区的污水应分流,不得将固体传染性废物、各种化学废液弃置和倾倒排入下水道。 2. 传染病医疗机构和综合医疗机构的传染病房应设专用化粪池,收集经消毒处理后的粪便排泄物等传染性废物。

续表

项目	内容
质量检查项目	3. 化粪池应按最高日排水量设计,停留时间为 24~36h。清掏周期为 180~360 天。 4. 医疗机构的各种特殊排水应单独收集并进行处理后,再排入医院污水处理站:①低放射性废水应经衰变池处理。②洗相室废液应回收,并对废液进行处理。③口腔科含汞废水应进行除汞处理。④检验室废水应根据使用化学品的性质单独收集,单独处理。⑤含油废水应设置隔油池处理。 5. 传染病医疗机构和结核病医疗机构污水处理宜采用二级处理＋消毒工艺或深度处理＋消毒工艺。 6. 综合医疗机构污水排放执行排放标准时,宜采用二级处理＋消毒工艺或深度处理＋消毒工艺;执行预处理标准时宜采用一级处理或一级强化处理＋消毒工艺。 7. 消毒剂应根据技术经济分析选用,通常使用的有:二氧化氯、次氯酸钠、液氯、紫外线和臭氧等。①采用紫外线消毒,污水悬浮物浓度应小于 10mg/L。照射剂量 30~40mJ/c·m^2,照射接触时间应大于 10s 或由试验确定。②采用臭氧消毒,污水悬浮物浓度应小于 20mg/L,臭氧用量应大于 10mg/L,接触时间应大于 12min 或由试验确定。

综合医疗机构和其他医疗机构水污染物排放限值(日均值)

序号	控制项目	排放标准	预处理标准
1	粪大肠菌群数/(MPN/L)	500	5000
2	肠道致病菌	不得检出	—
3	肠道病毒	不得检出	—
4	pH	6~9	6~9
5	化学需氧量(COD)浓度/(mg/L)	60	250
6	生化需氧量(BOD)浓度/(mg/L)	20	100
7	悬浮物(SS)浓度/(mg/L)	20	60
8	氨氮(mg/L)	15	—

医疗废物系统交付验收标准　　表 14-26

项目	内容
资料移交项目	1. 竣工档案资料齐全,通过专项验收 2. 竣工验收申请文件主要包括: (1)竣工验收申请报告。 (2)工程竣工总结报告。报告应全面反映工程建设的主要内容和相关情况。 (3)试运行报告(附工艺运行记录、试焚烧报告、环境监测记录)。 (4)环境保护、安全卫生、消防、档案等主管部门的单项验收意见。 (5)工程档案资料目录(包括各项招标、投标资料、监理报告、项目建设单位组织的工程质量验收报告等)。 (6)批准、备案文件。主要包括环境影响评价批复文件、可行性研究报告批复文件、投资计划文件、初步设计和概算批复、土地使用证书、施工许可证、水电气等供应证明(协议)等
质量检查项目	1. 试运行符合设计要求,运行情况正常。其中,焚烧系统应有三次以上在设计工况下连续 72h 稳定运行的工艺运行记录和污染物排放监测记录,其他处理系统应有两次以上运行工艺记录和污染物排放监测记录,以充分证明设施建设符合设计要求,能够满足设施运行所需的性能和质量要求以及安全、环保要求。 2. 危险废物贮存和处理处置设施、设备及配套的污染防治设施符合国家或者地方环境保护标准和安全要求,有与所经营的危险废物类别相适应的处置技术和工艺。 3. 供水、供电、道路、排水、供气等公用设施具备投入生产的条件。 4. 焚烧系统现场检查重点包括:试焚烧过程记录和评估情况;工艺操作参数控制范围、围是否符合运行规定,自动控制系统是否稳定、有效;尾气处理系统能否达到国家排放标准要求;在线监测系统能否有效运行,焚烧后产生的飞灰是否安全贮存;应急处理系统是否完善、有效等。 5. 安全填埋系统现场检查重点包括:废物稳定化/固化是否已建立有效的配比测试工作制度;工程建设内容是否完整、符合要求;环境影响评价批复和水文地质勘查提出的要求是否落实;施工质量保证体系是否完善、有效;施工记录和监理记录是否齐全、完整和规范;防渗系统材料是否有质检合格证明材料,工程材料质量是否符合设计和国家有关标准的要求,防渗层铺设完整性等

无障碍与疏散系统交付验收标准 表 14-27

项目	内容
质量检查项目	1. 疏散指示灯安装牢固,灯具常亮,便于观察,指向准确。 2. 无障碍停车位、轮椅通道、扶手或缘石坡道等无障碍设施,无障碍标识明显。 3. 轮椅通行的室内走道宽度装修后不小于 1200mm,且走道地面应采用平整但不应光滑的材料;室内患者通道为无障碍通道,地面应平整、防滑、反光小,斜向扶梯下部空间净高＜2000mm 处应安全挡牌。 4. 无障碍厕所厕位外设置无障碍通用标志。无障碍厕所内除设坚固耐用的金属成品挂衣钩(1200mm高)外,还应设置放物台,距地面 450mm 处设求助按钮。 5. 报告厅设置轮椅席位,并设置陪护席位。每个轮椅席位的占地面积 1100mm×800mm。轮椅席位处地面上设置无障碍标志。 6. 人行走道和通路(包括门内外)地面如有高差时不应大于 15mm,并应以斜面过渡

智能化系统交付验收标准 表 14-28

项目	内容
资料移交项目	综合布线系统福禄克测试记录
质量检查项目	1. 摄像机应通电检测,工作应正常,在满足监视目标视场范围要求下,室内安装高度离地不宜低于 2500mm,室外安装高度离地不宜低于 3500mm,应考虑防雷、防雨措施。 2. 摄像机及其配套装置(镜头、防护罩、支架等)安装应牢固,运转应灵活;视频线、控制线和电源线外露部分应用软管保护,并不影响云台的转动;云台的安装应牢固,转动时无晃动,云台的转动角度范围应满足要求。 3. 出入口控制设备各类识读装置的安装高度离地不宜高于 1500mm;感应式读卡机在安装时应注意可感应范围,不得靠近高频、强磁场;电控锁安装应符合产品技术要求,安装应牢固,启闭应灵活。 4. 对讲主机(门口机)可安装在单元防护门上或墙体主机预埋盒内,对讲主机操作面板的安装高度离地不宜高于 1500mm,操作面板应面向访客,便于操作;对讲分机(用户机)安装位置宜选择在住户室内的内墙上,其高度离地 1400~1600mm。 5. 电子巡查系统在线巡查或离线巡查的信息采集点(巡查点)的数目应符合使用要求,其安装高度离地 1300~1500mm。 6. 信号线缆和电力电缆平行敷设时,其间距不得小于 300mm;信号线缆与电力电缆交叉敷设时,宜呈直角;多芯线缆的最小弯曲半径应大于其外径的 6 倍。 7. 电源线与信号线、控制线应分别穿管敷设;当低电压供电时,电源线与信号线、控制线可以同管敷设。 8. 明敷的信号线缆与具有强磁场、强电场的电气设备之间的净距离宜大于 1500mm,当采用屏蔽线缆或穿金属保护管或在金属封闭线槽内敷设时,宜大于 800mm

标识系统交付验收标准 表 14-29

项目	内容
质量检查项目	1. 一级导向标识的设置应根据各医院的实际情况进行设置,应符合人的视觉习惯,并能保证人体在离目标标识牌前 2000~10000mm 处开始就能清晰辨认标识上的有效文字和内容。 2. 医院名称标识一般应设置在医院主入口处或主建筑物等醒目位置。外形尺寸大小由医院根据实际情况设置。如需夜间发光,应采用节能设施的照明设计,其支架应由专业单位设计、安装,并确保其安全。 3. 总平面图应设置在医院的各个入口处或门诊大厅内明显位置,采用立地式方式,其外形尺寸规格范围为:高(1800~2200mm)×宽(2400~3400mm);采用斜台面方式,其外形尺寸规格为:高(1000~1200mm)×宽(700~1400mm)×长(1500~2000mm),平面图必须清晰,需要有指北方向和平面图设置的当前位置。 4. 道路及建筑导向标识、各单体建筑名称标识采用立地式或贴墙式两种方式。立地式外形尺寸规格范围为:高(1800~2400mm)×宽(500~900mm);贴墙式外形尺寸根据所安装高度和安装墙面大小来确定。 5. 无障碍通道标识上图形符号及有效文字离地为 1200mm。 6. 急救通道标识建议使用红色(色值为 C0 M100 Y100 K0)。 7. 室外宣传栏规格为高 2200mm×宽 3000mm

续表

项目	内容			
质量检查项目	医院标识导向分级			
	一级导向	二级导向	三级导向	四级导向
	户外、楼宇标牌	楼层、通道标牌	各功能单元标牌	门牌、窗口牌
	建筑单体标识，建筑出入口标识，道路指引标识，服务设施标识，总体平面图，户外形象标识	楼层索引，楼层索引及平面图，大厅、通道标识，公共服务设施标识，出入口索引	各功能单元标识，各行政、会议单位标识，各后勤保障单位标识	各房间门牌，各窗口牌，公共服务设施门牌

第十五章

运营管理

15.1 运营管理特点

医院运营管理是医院开展各项工作的基础，是医院正常运行的根本保障，是优质医疗服务不可缺少的组成部分。现代化医院管理工作主要包括医疗技术管理（含医疗、保健、科研、教学等）、经营服务管理（含绩效、宣传、客服等）和后勤服务管理三大部分。医院后勤管理是医院物业、物资、总务后勤、收费、招标采购、设备、信息化、基本建设等工作的总称，涉及多个部门，包括衣、食、住、行、水、电、气、冷、热等诸多方面，是医院运营系统中非常紧密的基础环节，是医院管理中的不可或缺的重要部分。本章的运营管理主要指医院的后勤服务管理。主要包括医院后勤运营管理、建筑与环境管理、保障设施管理、交通管理、安全与应急管理、保洁与废物管理、餐饮与商业服务管理、后勤信息化管理。

15.2 运营管理当前的主要问题

当前我国医院后勤服务管理改革滞后于医疗技术管理改革和经营服务管理改革，医院后勤部门普遍存在人力不足、专业水平有限的情况，这制约了医院管理及服务水平的进一步提升。存在的主要问题如下：

15.2.1 条块分割的多头管理

传统医院后勤工作往往分为总务后勤、基建、信息、设备、招标采购等多部门管理，看似是符合专业化分工，实则是形成条块分割的多头管理状态，存在诸多弊端。过分细化的分工，工作之间的协调难度增加，从而影响了总体的工作效率和工作质量。而且由于医院后勤工作琐碎庞杂，很多工作存在交叉很难彻底厘清归属，容易造成扯皮互相踢皮球，管理混乱效率低下。以后勤设施设备运维保障工作为例，设备运维存在水电气维保、暖通维保、消防维保和医疗设备维保等多个系统，由于智能化科技的快速发展，上述系统的边界越来越模糊，相互无缝连接，甚至互相重叠，密不可分。某一个设备出现问题很可能涉及多个系统，而传统的医院后勤设施设备运维保障管理是条块化的多头管理，由于各系统的边界不清甚至重叠，临床一线使用科室可能不知道该报哪个部门维修，造成运维效率低下，甚至互相推诿扯皮。此外，条块化多头管理，每一个部门均需要安排值班，值班人员重叠，加重运维人力成本。

15.2.2 传统医院后勤队伍职业化专业化水平不高

传统医院后勤工作的从属性特点导致医院领导对后勤专业人才引进、培养和管理不够重视，后勤人员普遍存在文化水平不高、知识结构、职称结构、年龄结构不合理等问题，专业化服务水平不高。很多医院随着医院的发展建设，增设了很多现代化的后勤设施设备，发现传统的后勤队伍人员不能够满足这些后勤设施的运维管理要求，被迫开始引进一些专业后勤管理人才，但却缺乏对这些人才的系统性培养，很少像医护人员一样派出进修学习，后勤管理人才在同等学历和职称水平的情况下，薪酬水平往往远低于医护人员，也低于人才市场薪酬水平，并且缺乏升迁的机会，很容易造成人才流失，甚至因人才离职面临技术断层的问题。因此传统的医院后勤队伍越来越难以满足现代化医院对高水平专业化后勤保障的需求。

15.2.3　传统医院后勤服务管理机制不完善

多年来医院管理改革多侧重于医疗和经营方面，例如实施医疗核心制度、科研奖励制度、绩效考核制度等，缺乏后勤服务管理机制的创新建设。传统医院后勤服务工作往往缺乏科学严格的标准化体系、质量管理体系和绩效考核制度，不能用明确的绩效考核指标来衡量工作完成情况，医院后勤员工的服务数量和质量不能实现与经济收入挂钩，做多做少、做好做坏都一样，甚至会出现干多酬少的情况，久而久之会影响后勤人员的工作积极性，严重影响后勤服务的效率和质量。部分医院后勤工作长期得不到重视，后勤员工埋头苦干，而曝光率低，因为缺乏身份与劳动价值的认同，员工薪酬水平较低，与医院评优评先基本绝缘，获得感较弱，导致后勤员工主动服务意识较弱，工作热情较低，并且条块化多头管理容易出现踢皮球现象，影响后勤服务的效率和质量，进一步又引起临床一线和领导的不满意，陷入恶性循环的尴尬局面。

15.3　运营管理社会化、一体化、智慧化的改革建议

由于传统的医院后勤运营管理存在上面所述条块分割多头管理、人员职业化专业化水平不高、管理机制不完善的诸多弊端，因此很多医院为了提升后勤服务的专业化水平，采取社会化改革的措施，将各种后勤服务发包给专业化的企业，包括安保、保洁、临床支持、物业维修、设备维保、饭堂等，把专业的事情交给专业的机构和专业的人去做。经过后勤社会化的多年实践，取得了大量的成果，也出现了新的问题。因此，需要医院后勤管理部门与社会化专业服务单位一起，利用先进的信息化技术手段，对医院的后勤运营服务开展一体化、智慧化的系统管理，提升整体后勤服务的水平和能力，满足不断提升的医疗服务需求。以下是关于医院后勤运营管理改革的相关方案与建议。

15.3.1　医院后勤运营管理的原则和方法

由中国医学装备协会医院建筑与装备分会组织和领导，北京建筑大学作为主编单位，针对性地编制了团标《医院后勤运营管理评价》T/CAME 43—2022，给出了医院后勤运营管理、建筑与环境管理、保障设施管理、交通管理、安全与应急管理、保洁与废物管理、餐饮与商业服务管理、后勤信息化管理、效益评价、提高与创新评价的原则与方法。

1. 主控要求

1）应有针对医院后勤整体的运营保障、设备维修、服务保证的规章制度和服务措施。

2）应制定完善的管理制度、服务、持续改进和检查监督标准及流程。

3）应有针对突发事件的应急措施和相应的管理制度。

2. 一般要求

（1）组织管理

1）医院对后勤管理有文件支撑和相应要求，有关文件、资料齐全。

2）有对医院后勤管理统筹部门或专门领导小组，并有科学的组织架构，统一领导，分级负责，人员岗位职责明确，责任落实到位。

3）医院后勤运营管理人员熟练掌握医院后勤各项评价内容、熟悉医院后勤服务各相关规定和要求。

4）制定科学、合理的工作人员培训制度、计划及方案，并严格落实，做好培训的组织以及相关记录文件的保存，提供真实有效的培训考核佐证资料。

5）建立医院后勤运营管理宣传机制，开展宣传活动，并有相关的记录。

（2）规划管理

1）制定医院后勤管理工作方案，根据医院的工作重点和发展需求进行深化完善。

2）医院后勤管理工作方案包含质量、安全、感染防控、节能节水、患者满意度、职工满意度、成本控制等措施。

3）明确量化目标、财务目标、时间目标和满意度评价目标，建立考核和奖惩机制。

（3）实施管理

1）实施医院后勤内部奖惩制度，并提供相关佐证资料。

2）医院后勤管理工作方案有效实施，并有相应的持续改进措施。

15.3.2　建立医院后勤部门针对社会化专业服务的精细化管理体系

医院后勤部门一方面要依托专业化公司提供后勤服务，另外一方面要对社会化服务进行全过程的精细化管理。外包公司负责医院后勤服务，医院对其进行精细化管理，二者分工明确，医院有管有放，达到资源效益最大化。医院对社会化外包服务的精细化管理体现在以下几个方面：

1. 招标阶段的精细化管理

1）供应商入围：医院根据外包服务的具体情况选择业内信誉好、实力强的外包服务公司，后勤部门应联合法务及财务部门对外包服务公司进行细致的资格审查，审查内容应包含：资质文件、商业信誉、履约能力、既往经营及相关活动中有无不良记录等等。除此以外，还应该重点关注其合作意愿以及医疗机构服务的相关经验等，将不合格的供应商"拦在门外"。

2）招标阶段：结合医院实际情况精心编制招标文件，招标文件中应明确投标人的注册资金、行业资质、既往业绩等硬性要求，严禁不具备条件、无医院服务业绩、无行业资质的普通物业公司进入。招标文件将与后期运维管理紧密结合，将人员配置、服务标准、考核办法、管理手册、运维记录等条款写入招标文件中，明确招标文件作为服务合同的一部分。科学合理划分各因素评标权重，确定评标细则。

3）现场考察：一方面组织所有投标人到医院现场进行勘查、答疑，一方面组织医院相关部门到服务商的服务现场进行实地考察，了解其服务情况，掌握第一手信息。

4）核心人员考核：由于对后期服务的特殊重要性，在评标过程中医院应要求把投标人预设的管理人员和核心岗位人员作为评标的一部分，参与到招标过程中，通过考察其简历和现场答辩考核其履职能力。

5）招评标组织：医院相关专业部门共同组成招标、投标委员会全程参与整个招标过程，从多个层面考量，集思广益，选择最优供应商。整个招标过程应本着公平、公开、公正的原则，不做最低价招标，而是选择效益比最佳的服务商。

2. 合同签订阶段的精细化管理

合同是医院对外包公司主要的约束手段和依据。合同签订时要制定完善的合同细则，合同需由医院的法务部门进行法律条款的相关审查后，执行合同会签制度，审计、财务将会对经济风险进行监督与把控。如合同内有不利于医院的条款，或其他不合理陷阱，应要求外包公司对合同条款进一步地修改或协商，保障医院的合法利益。合同内除需明确规定双方的权利义务关系外，还要纳入监管考核制度、惩罚措施、费用结算方式、争议解决办法等，通过合同约束，来保证外包公司持续、稳定地提供优质服务。后勤部门还需将管理中涉及的风险问题与外包公司明确，一旦发生此类事件，由外包公司承担相应的后果。

3. 管理阶段的精细化管理

医院实行后勤专业化服务的外包后，医院仍要承担相关的责任，不能完全依赖外包公司管理。医院首先要履行好指导和监督的角色，其次医院后勤管理部门还应体现服务职能，做好医院各部门和社会化外包公司之间的桥梁，将两者更好地衔接起来，发挥应有的作用。

1）制度和流程精细化管理：精细化管理要求制度和流程的精细化，精细化的管理制度要求在制度制定的时候要将管理责任进行明确地划分，当出现问题的时候，实行责任到位，这样能够大幅提升社会化公司和服务人员的工作积极性，提高他们的工作认真度。这对后勤管理效率的提升有很大的帮助。标准化的流程应充分与医院相关部门沟通，结合实际情况拟定，这样一方面可以在服务上与医院更好地衔接，另一方面便于对服务进行针对性的监督管理和考核。

2）形成与医院实际相符合的完整的标准化管控体系和绩效考核体系：结合制度和标准化流程拟定完整的监督考核体系，内容涵盖日常服务、专项工作、培训考核等，考核体系奖惩明确，依托奖惩体系，客观公正、规范透明的有效监管。通过日常巡检、不定期抽查、专项检查相结合的方式落实服务内容，坚持持续质量改进的理念提升服务质量。

在监管考核的主导下完善绩效分配机制，实现经济利益与服务质量相挂钩。通过经济手段调节，可以最大程度地体现效率优先、多劳多得的原则，充分调动外包公司和员工的积极性和创造性，提高员工责任感和工作积极性，将压力转化为动力，促进后勤社会化服务外包达到预期目标。

3）应急管理是保障医院安全环境的重要管理内容。应急管理指的是对医院一些突发事件的管理，应急管理必须要保证管理的效果，在医院发生危急情况的时候，应急管理体系要及时采用措施对其做好处理，最大限度地避免医院出现伤亡事故。

例如水电气设备的应急管理，水电气是医院日常运行中不可或缺的重要设备支撑，这些设备一旦出现问题，将会导致医院进入全面瘫痪的状态，不仅影响医院的正常运行，严重的还会导致经济财产损失乃至生命安全威胁。

因此在精细化应急管理中，医院应该建立完善的应急管理体系和应急管理制度，要结合物业社会化服务有针对性地拟定各类突发事件应急机制，外包公司的员工与本院职工共同培训、共同考核，保障应急工作"无死角"。

4. 做好社会化服务的"终止"管理

社会化外包公司与医院深度结合，一旦退出会全面影响医院保障工作，直接影响医院医疗工作的运行，为保证后勤服务的连续性，应做好以下工作：

1）引入和培养核心岗位人员，随着医疗后勤社会化改革的深入，对医院后勤管理者的素质要求也越来越高，后勤管理者不仅应该是全才还应是专才，不仅要懂管理还要懂专业，不仅要懂全局还应掌握细节，做到对医院后勤各服务条线胸有成竹，了如指掌，当后勤社会化服务发生问题时能快速掌握关键节点，及时优化调整。

2）对社会化外包服务人员加强人文关怀，尤其是表现优异的服务人员，使之对医院有归属感和认同感，医院管理人员要熟悉和了解服务人员。

3）在合同中明确合同过渡期的条款，用合同来约束社会化服务公司，与新的服务公司做好交接服务，为医院后勤服务留有余地。

4）在社会化公司进场前将交接工作精细化，社会化公司工具及耗材采购和使用权明确，账物清晰，保障"应急物资储备和切换"。

5）招标过程中要有针对性地选择几家同类社会化公司作为备选，做到"有备无患"，成规模的医院和集团化的医疗机构可以有目的地引入多家服务公司，一方面引入竞争，一方面作为应急备选。

6）后勤部门应该根据外包服务特点建立此类突发事件的应急预案和流程，流程要明确到每个点，一旦发生突发事件应立即启动应急预案。

15.3.3　利用信息化技术建立后勤指挥管理体系

随着医院智慧化建设的推进，互联网医院、日间诊疗服务模式、一站式诊疗服务等创新智慧医疗服务模式的开展，传统的医院后勤保障服务已经不能满足智慧医疗服务模式的需求，需要构建以物联网为核心的医院后勤一体化、智能化管理系统，包括人员定位智能调度网、设施物资管理网、设备运维监控网、智能安全监控网、智能仓库物流网等，以实现医院后勤服务的智慧化管理，其主要内容如下：

1. 人员定位智能调度网

通过物联网技术实现对所有在岗服务人员的实时定位和智能化科学调度，实时了解工人的位置和工作状态，及时进行调度，实现高效的后勤保障服务，节约人力成本。

2. 设施物资管理网

使用二维码技术，对所有建筑房间、空间和设施、物资全部数字化管理并定位。某个房间只要扫描门上二维码，就可以查询到房间的位置、门牌、面积和房间内配置的设施物资清单及照片等。

3. 设备运维监控网

对所有后勤设备运行情况进行在线监控，包括空调、照明等，实现智能及远程开关控制。登记所有后勤设备的参数、维保记录、维保周期、维保内容，提前预警维保时间，提醒按时维保。

4. 智能安全监控网

通过物联网、视频监控、脸部识别、电子围栏、红外线探测等技术，实现对医院内人、物、火灾的监控预警，当任何异常现象出现或正在进行，系统即会立刻报警，提醒安保人员并实时记录，提升医院的安全管理水平。

5. 智能仓库物流网

使采购物资出入库实现数字化登记管理，并与医院医疗信息系统和采购合同管理系统对接，实现仓库实时动态的库存管理。通过数据分析预测各种物资在不同时期的日使用量，降低物资耗材的库存量，并与智能物流系统对接，实现高效的物流配送服务。

6. 智能膳食服务网

通过网络技术实现所有膳食菜品的网上预订、实时选择及消费，并与物流网结合，及时配送到窗边和值班室。还可以对菜品点评反馈，为员工、患者选菜提供参考。

7. 智能采购管理网

对所有采购审批、招标、合同签订与执行进行数字化、智能化管理。采购物资的设备参数与智能仓库物流网、设施物资管理网、设备运维监控网无缝对接，实现设备的智能化运维管理。

以上包括但不限于的智能管理板块通过医院后勤一体化、智能化管理平台系统紧密连接，相互融合，以实现医院后勤运营的智慧化管理。

15.3.4 重视医疗项目的建设后评价

任何医院的建设发展都是一个长期的过程，绝不是一次性工程，它随着医院的运营发展与壮大不断进行着后续的新建及改扩建工程。鉴于不能只有一次经验而没有二次教训，本着吃一堑长一智的原则，一个医疗项目建成交付后很有必要开展项目后评价工作，以终为始，优化决策、设计与过程管理，为后续建设提供宝贵经验与借鉴，不断提升医疗项目的建设管理水平。

医院项目的后评价是项目全过程咨询管理与运维的一个重要组成环节，但当前往往不被重视，国家也无相应的强制性要求与相关预算费用。但是医院项目本身的专业性、复杂性的特点，且同类项目有着很强的类比性，因此，医院建设项目的后评价不仅可以论证项目预期目标和管理效果的达成程度，更重要的是，通过医院投入运营后发现的问题，总结项目设计和建设管理的经验教训，开展相关循证设计工作，对于提高未来新项目的决策与管理水平、提高投资效益，具有很好的借鉴价值。

1. 建设后评价内容与作用

（1）吸取项目管理的经验教训，提高项目管理水平

由于医疗项目建设管理活动是一项非常复杂的系统工程，需要各参建单位、各专业部门的全方位配合与协调。项目能否顺利完成并取得预期的收益，既取决于项目建设相关的诸多因素，又取决于相关部门之间的相互协调与密切配合。项目后评价通过对已建成项目的各个环节进行全面分析论证，可以全方位地总结项目管理的经验教训，对于指导医院未来的项目管理，提高管理水平有着极其重要的作用。

（2）有利于提高项目决策的科学性

项目执行的依据是前期评价工作，但要检验项目前期评价中所做预测是否准确，就需要后评价来验证。完善合理的项目后评价体系以及科学的评价制度，一方面可以增强项目前期评价活动的准确性和科学性，另一方面还可以利用项目后评价的结果，及时纠正项目决策中的问题，使未来的项目决策与管理更加科学。

（3）有利于开展循证设计，优化与完善设计方案

通过后评价明确项目建设之初的设计指标与建成使用后的差距与原因，对以往分散的设计成功和失败经验进行统计与归纳总结，为后续新建设计方案提供实质性的指导，避免重走弯路和重复性失误，形成良性的循证设计循环机制，为下一步设计提供设计库基础数据支持，不断优化与完善医疗项目设计方案。

（4）提高投资效益

项目后评价是一个发现问题和总结经验的过程，特别对于项目的投资管理可以提供有意义的经验数据，从而提高后续项目的投资效益。

（5）监督作用

项目后评价与项目的前期评价、实施监督相结合，三者构成了对投资活动的全生命周期的监督机制。

2. 医院建设后评价标准

中国的医院建成使用后评价起步较晚，一直未得到有效的重视，制度性驱动力不足，也缺乏统一的后评价标准体系。目前正式发布的后评价标准是北京市自然科学基金重点研究项目《医院建筑使用后功能和环境评估标准体系》。其主要内容如下：

（1）评价对象

《综合医院使用后评价标准体系-SHAPE》用于评价运营二年以上的大型综合医院，

针对每个医院的评价侧重在五大方面——安全性（Safety）、人性化（Humanity）、建筑功能和空间（Architecture）、物理环境（Physics）、效率（Efficiency）。

（2）SHAPE 评价体系的评价内容

安全性（Safety）：主要针对医院建筑设计上的安全隐患进行评价。

人性化（Humanity）：主要针对医院无障碍系统、空间导识系统、环境设施系统进行评价。

建筑功能和空间（Architecture）：主要针对综合医院四个医疗系统：门诊系统、急诊系统、住院系统、医技系统的功能与空间进行评价。

物理环境（Physics）：主要针对医院声环境、光环境、热环境进行评价。

效率（Efficiency）：主要针对医院功能布局和交通系统的效率进行评价。

参考文献

［1］ 中华人民共和国国家卫生和计划生育委员会．医院洁净手术部建筑技术规范 GB 50333—2013 ［S］．北京：中国建筑工业出版社．

［2］ 中国建筑科学研究院．洁净室施工及验收规范 GB 50591—2010 ［S］．北京：中国建筑工业出版社．

［3］ 上海市建筑学会．医用气体工程技术规范 GB 50751—2012 ［S］．北京：中国计划出版社．

［4］ 国家卫生和计划生育委员会规划与信息司．综合医院建筑设计规范 GB 51039—2014 ［S］．北京：中国计划出版社．

［5］ 中华人民共和国卫生健康委员会．综合医院建设标准 建标 110—2021 ［S］．北京：中国计划出版社．

［6］ 工业和信息化部电子工业标准化研究院电子工程标准定额站．电磁屏蔽室工程施工及质量验收规范 GB/T 51103—2015 ［S］．北京：中国计划出版社．

［7］ 医疗功能房间详图集 ［M］．杨磊．南京：江苏凤凰科学技术出版社．2021.6．

［8］ 建筑施工质量通病防治手册第四版 ［M］．彭圣浩．北京：中国建筑工业出版社．2012.9．

［9］ 建筑工程质量通病防治手册（土建部分）［M］．广州市建设工程质量监督站．广州市建筑业联合会．北京：中国建筑工业出版社．2011.6．

［10］ 国家卫生健康委员会属（管）单位基本建设项目造价标准研究报告 ［R］．国家卫生健康委规划发展与信息化司．上海投资咨询公司．2018.11．

［11］ 综合医院住院部建筑用后评价标准研究 ［D］．罗璇．北京：北京建筑大学．2014.6．

［12］ 中国医院建筑思考．格伦访谈录 ［M］．格伦．北京：中国建筑工业出版社．2015.6．

［13］ 智慧时代医院建设新思维 ［M］．黄远湖．南京：江苏凤凰科学技术出版社．2022.4．

［14］ 新建综合医院设计的重点与难点 ［M］．章开文．胡亮．朱家丰．北京：中国质量标准出版传媒有限公司．2022.3．

［15］ 京津冀地区三甲综合医院高层病房楼电梯流量分析研究 ［D］．白昕洲．河北：河北工程大学．2019.6．

［16］ 大型综合医院门诊楼自动扶梯及电梯数量配置方法研究 ［J］．龙灏．张玛璐．城市建筑．2016.7.27-29．

［17］ 现代医院建筑设计参考图集 ［M］．张九学．北京：清华大学出版社．2012.12．

致谢与展望

　　本书是首册从全过程工程咨询管理角度探讨医院建设管理的参考图书，在编制过程中得到了华中科技大学同济医学院附属同济医院、华中科技大学同济医学院附属协和医院、武汉大学人民医院、武汉大学中南医院、华中科技大学同济医学院附属武汉中心医院、湖北省中医院、华中科技大学同济医学院附属湖北妇幼保健院、华中科技大学同济医学院附属武汉儿童医院、武汉科技大学附属天佑医院、华中科技大学同济医学院附属金银潭医院、华中科技大学协和京山医院、武汉市第一医院、武汉市优抚医院、武汉市精神卫生中心、湖北省第三人民医院、红安县人民医院、湖北民族大学附属民大医院、美的控股和祐国际医院等业主领导及专家的大力支持与指导，吸收消化了很多宝贵的意见与建议，在此表示由衷的感谢！

　　同时本书还要感谢二十多年来，几十个医院建设项目的各参建单位、项目负责人与一线监理人员，特别是对于不同类型医疗项目的数据收集、整理、汇总，耗费了大量的人力、物力与一线管理人员的时间与精力。编制过程中，中韬华胜公司的汪成庆董事长、周玉锋总经理、杨江林总工程师也对本书的修订完善进行了悉心指导，提出了很好的修订意见，在此一并表示衷心的感谢！

　　本次付梓的"医疗建设项目全过程工程咨询服务指南"是想通过大量医疗项目实际建设管理案例分析与建设大数据的整理研判，总结出一套以数据驱动为内核的管理方法论体系，以期减少或解决医院建设管理中普遍存在的缺陷与顽疾问题，减少医院交付后的种种遗憾与不足，探索出一套行之有效的针对医疗项目全过程管理的方法论，为医院建设的管理痛点问题提出创新的解决方案，使得医疗项目更好地契合医院未来运营发展需求。

　　由于编者水平有限，加之时间仓促，不足之处在所难免，欢迎广大读者批评指正。编制本书的目的更多的是想借这一次思考与总结点燃有关医疗项目全过程管理总结的燎原星火，以期待后续医院建设项目数据的不断积累与完善，海量数据的积累会大大提高管理分析的覆盖面，会不断修正离散偏差与特殊个例，不断优化与促进医疗项目全过程管理的方法论模型，最终将助力医院的全过程建设管理工作，不断提升我们的建设管理咨询服务品质，提高医院运营效率，最终推动医院高质量发展，实现"健康中国"的建设目标。